ABITUR-TRAINING GEOGRAPHIE

de Lange · Erdmann · Eßer · Koch
Neumann · Philipp · Schweins

Geographie

Grundkurs · Leistungskurs

STARK

ISBN 978-3-86668-561-1

www.stark-verlag.de
1. Auflage 2012

Inhalt

Autoren

ELISABETH DE LANGE
Eine Welt – divergierende Bevölkerungsentwicklungen

NINA ERDMANN
Verkehrs- und Kommunikationsnetze weltweit

DR. JOSEF EßER
Eingriffe in geoökologische Kreisläufe in ariden Räumen
Wirtschaftsfaktor Fremdenverkehr in seiner Bedeutung für Zielregionen
Tertiärisierung – von der Industrie- zur Dienstleistungsgesellschaft (Kap. 1–3, 5)

RAINER KOCH
Herausgeber und Autor folgender Kapitel:
Raumwirksamkeit globaler Zusammenarbeit: Weltwirtschaft und Welthandel
Transformationsprozesse und Raumordnung in Europa

JÜRGEN NEUMANN
Entwicklung von Räumen in den Klima- und Vegetationszonen
Siedlungsentwicklung und Raumordnung
Tertiärisierung – von der Industrie- zur Dienstleistungsgesellschaft (Kap. 4)

DR. ANKE PHILIPP
Probleme und zukunftsfähige Lösungsansätze globaler Ressourennutzung
Ernährungspotenzial für eine wachsende Weltbevölkerung
Konzepte für nachhaltiges Wirtschaften in der Einen Welt

ULRICH SCHWEINS
Die Bedeutung von Standortfaktoren für die Industrie

Vorwort

Liebe Schülerinnen und Schüler,

Sie werden in absehbarer Zeit die schriftliche oder mündliche Abiturprüfung im Fach Geographie ablegen. Dieser Trainingsband wird Ihnen dabei helfen, sich erfolgreich darauf vorzubereiten.

Der nachfolgende **Wegweiser** zeigt auf, in welchem der insgesamt 13 Kapitel welche inhaltliche Vorgabe des NRW-Schulministeriums für das Zentralabitur aufgegriffen und bearbeitet wird; alle Vorgaben sind in diesem Band berücksichtigt worden.

Foto-Einstiegsseiten bringen Ihnen den jeweiligen Themenschwerpunkt optisch nahe. Die folgenden Kapitel enthalten alle wesentlichen Aussagen zum jeweiligen Thema, zeigen Sachverhalte an Einzelbeispielen, verallgemeinert und modellhaft auf. **Fachspezifische Materialien** (Karten, Grafiken, Tabellen, Luftbilder, Schemata, Modelle) unterstreichen die Sachaussagen und belegen diese anhand aktueller Daten. In **blauen Kästen** finden Sie glossarähnliche Definitionen von Fachbegriffen, deren exakte Verwendung für Sie im Zusammenhang mit der Bewertung Ihrer Darstellungsleistung wichtig ist.

Anhand von **Zwischencheck**-Aufgaben können Sie sich nach jedem Hauptgliederungspunkt vergewissern, ob Sie die Aussagen und Informationen richtig erfasst und gespeichert haben.

Mithilfe der **abiturähnlichen Teilaufgaben** am Ende jedes Kapitels, die die offiziellen Operatoren des Zentralabiturs aufweisen, können Sie Ihre Methodenkompetenz im Zusammenhang mit den auszuwertenden Materialien sowie Ihre Sachkenntnisse überprüfen. Der **Lösungsteil** am Ende des Trainingsbands liefert Ihnen Gewissheit, in welchem Umfang Sie bereits Kenntnisse besitzen.

Ein ausführliches **Stichwortverzeichnis** erlaubt Ihnen einen schnellen Zugriff auf Kern- und Fachbegriffe, die im Übrigen im Text blau hervorgehoben werden.

Insgesamt können Sie mit diesem Trainingsband selbstständig die im Unterricht behandelten Inhalte und Methoden wiederholen und trainieren und sich effektiv auf Oberstufenklausuren und vor allem auf das Abitur vorbereiten.

Autoren und Verlag wünschen Ihnen viel Erfolg!

Abitur-Wegweiser

Die 13 Teilkapitel dieses Trainingsbandes sind exakt auf das Zentralabitur in NRW abgestimmt und berücksichtigen sämtliche inhaltlichen Schwerpunkte 2014 und 2015. Egal, ob Sie kurz vor der Prüfung die gesamten abiturrelevanten Inhalte wiederholen oder gezielt einzelne Wissenslücken schließen möchten – auf Ihrem Weg zum Abitur sind Sie mit diesem Buch gut gerüstet! Zur leichteren Orientierung werden im Folgenden die Bezüge der Trainingsband-Kapitel zu den offiziellen Vorgaben aufgezeigt.

Inhaltlicher Schwerpunkt: „Raumstrukturen und raumwirksame Prozesse in der Wechselwirkung von natürlichen Systemen und Eingriffen des Menschen"

NRW-Vorgaben für das Abitur 2014/2015	Hier finden Sie sie im Buch
„Ursachen und Folgen von Eingriffen in geoökologische Kreisläufe"	Eingriffe in geoökologische Kreisläufe in ariden Räumen (S. 1–21)
„Ökologische Prinzipien und zukunftsfähige Maßnahmen in der Industrie, Land-, Forst- oder Fischereiwirtschaft im globalen ökonomischen Zusammenhang"	Probleme und zukunftsfähige Lösungsansätze globaler Ressourcennutzung (S. 23–45)
„Das Spannungsfeld von Landschaftszerstörung und -bewahrung im Zusammenhang mit Freizeitgestaltung" sowie „Wirtschaftsfaktor Fremdenverkehr in seiner Bedeutung für Zielregionen" (inhaltlicher Schwerpunkt: „Tertiärisierung als Motor für die räumliche Verteilung von Arbeitsplätzen und Warendistribution")	Wirtschaftsfaktor Fremdenverkehr in seiner Bedeutung für Zielregionen (S. 47–62)
„Klima- und Vegetationszonen in ihrer unterschiedlichen Bedeutung für die Entwicklung von Räumen"	Entwicklung von Räumen in den Klima- und Vegetationszonen (S. 63–84)

Inhaltlicher Schwerpunkt: „Raumstrukturen und raumwirksame Prozesse im Spannungsfeld von wirtschaftlichen Disparitäten und Austauschbeziehungen"

NRW-Vorgaben für das Abitur 2014/2015	Hier finden Sie sie im Buch
„Ernährungspotenzial für eine wachsende Weltbevölkerung zwischen Subsistenzwirtschaft und Agrobusiness"	Ernährungspotenzial für eine wachsende Weltbevölkerung (S. 85–103)
„Wandel von Standortfaktoren in seiner Wirkung auf industrieräumliche Strukturen"	Die Bedeutung von Standortfaktoren für die Industrie (S. 105–125)
„Verkehrs- und Kommunikationsnetze in ihrer Bedeutung für die Verflechtung und Gestaltung von Räumen"	Verkehrs- und Kommunikationsnetze weltweit (S. 127–147)
„Tertiärisierung als Motor für die räumliche Verteilung von Arbeitsplätzen und Warendistribution" (ohne „Wirtschaftsfaktor Fremdenverkehr in seiner Bedeutung für Zielregionen")	Tertiärisierung – von der Industrie- zur Dienstleistungsgesellschaft (S. 149–163)
„Veränderung von Konsummustern und Wertorientierungen als wesentliche Voraussetzungen für nachhaltiges Wirtschaften in der Einen Welt"	Konzepte für nachhaltiges Wirtschaften in der Einen Welt (S. 165–182)

Inhaltlicher Schwerpunkt: „Raumstrukturen und raumwirksame Prozesse im Spannungsfeld von Aktionen und Konflikten sozialer Gruppen, Staaten und Kulturgemeinschaften"

NRW-Vorgaben für das Abitur 2014/2015	Hier finden Sie sie im Buch
„Raumbedarf und Tragfähigkeit im Zusammenhang mit demografischen Prozessen"	Eine Welt – divergierende Bevölkerungsentwicklungen (S. 183–203)
„Siedlungsentwicklung in Abhängigkeit von soziokulturellen und politischen Leitbildern"	Siedlungsentwicklung und Raumordnung (S. 205–230)
„Raumwirksamkeit globaler Zusammenarbeit in Abhängigkeit von soziokulturellen Rahmenbedingungen"	Raumwirksamkeit globaler Zusammenarbeit: Weltwirtschaft und Welthandel (S. 231–248)
„Zusammenwachsen oder Desintegration von Räumen aufgrund politischer Vorgaben und kultureller Prägung"	Transformationsprozesse und Raumordnung in Europa (S. 249–274)

Eingriffe in geoökologische Kreisläufe in ariden Räumen

Moderne Kreisberegnungsanlage in Colorado. Diese Art der Bewässerung verbraucht relativ wenig Wasser und reduziert die Evaporation.

1 Klimatische und vegetationsgeographische Differenzierung der Trockengebiete

Weltweit sind je nach Definition zwischen 30 und 40 % der Landfläche **Trockengebiete**. Sie bilden die Lebensgrundlage für rund zwei Mrd. Menschen.

In ariden Gebieten weicht die Zirkulation des Wasser(dampf)s im System Erde-Atmosphäre in mehrfacher Hinsicht vom üblichen globalen **Wasserkreislauf** ab (siehe folgende Abb.).

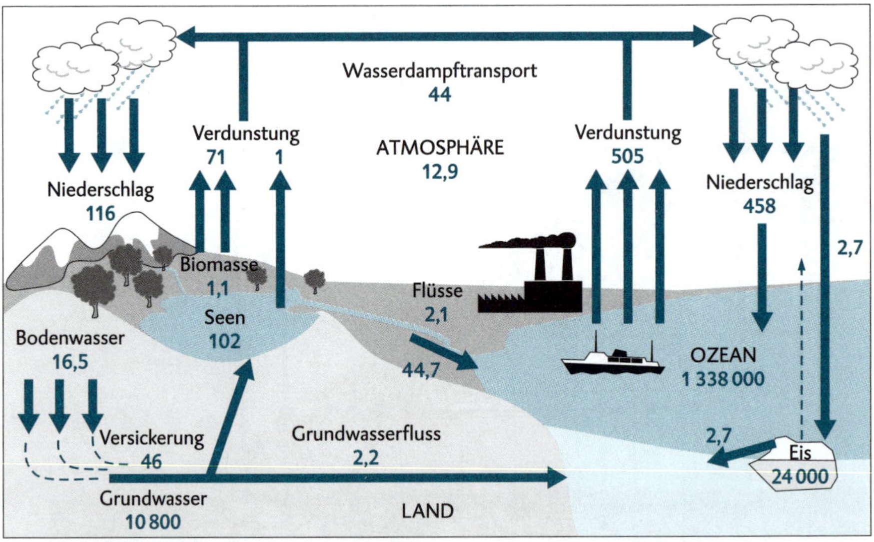

Globaler Wasserkreislauf (Werte in 1 000 km³/Jahr)

- Nach den seltenen Regenfällen fließt ein Großteil des Niederschlagswassers flächenhaft in **Schichtfluten** ab, bevor es versickern kann.
- Abgesehen von **Fremdlingsflüssen** (siehe S. 13) fehlt in ariden Gebieten eine Entwässerung zum Meer durch ganzjährig fließende Flüsse. Die meisten Flussbetten führen nur periodisch oder episodisch nach Starkregen Wasser und versickern in Senken, Becken oder flachen Endseen.
- Diese Endseen sind häufig versalzt, da der **Bodenwasserstrom** v. a. aufgrund der starken Sonneneinstrahlung aufwärts gerichtet ist, was an der Oberfläche zu Salzanreicherungen führt.
- Auch in Trockengebieten gibt es Grundwasser, v. a. entlang der (die meiste Zeit des Jahres trockenen) Flussbetten und unter Senken und Becken.

- Neben dem Grundwasser existiert vielfach in Tiefen von mehreren hundert Metern **fossiles Tiefenwasser**, das in früheren geologischen Epochen entstanden ist und gegenwärtig nicht mehr ergänzt wird (siehe S. 18).

Als **arid** bezeichnet man ein Klima dann, wenn der gefallene Niederschlag vollständig verdunstet. Ist das Klima nicht ganzjährig, jedoch überwiegend (d. h. > sechs Monate) arid, spricht man von **semiaridem** Klima. Arides und humides Klima trennt die **Trockengrenze**, an der sich Niederschlag und Verdunstung die Waage halten. Komplexe Ariditätsindizes, in deren Berechnung mindestens Niederschlagsmenge und Temperatur, bei einigen Autoren zusätzlich Verdunstung, Luftfeuchtigkeit usw. eingehen, erlauben die Unterscheidung arider und **extrem arider** Gebiete. Von Letzteren spricht man, wenn die potenzielle Verdunstung mehr als doppelt so hoch liegt wie der Niederschlag (12 % der Landfläche).

Polwärts schließen an die Feuchtsavannenzonen ausgedehnte **tropische Trocken- und Dornsavannen** mit einer immer längeren ariden Jahreszeit an: Die in den Trockensavannen 4,5–7, in den Dornsavannen nur noch 2–4,5 Monate lange Regenzeit mit Niederschlagswerten zwischen 300–1 000 mm fällt in die Sommermonate **(Zenitalregen)**. Die Tagesschwankung der Temperatur ist größer als die Jahresschwankung – deutliche Hinweise auf tropisches Klima.

Die tropischen Dornsavannen gehen allmählich in **Halb-** und schließlich in **Vollwüsten** über. Wenn überhaupt, fallen Niederschläge zunehmend als winterliche **Zyklonalregen** und die Jahresschwankung der Temperatur wird größer als die Tageschwankung – der Bereich des subtropischen Trockenklimas ist erreicht.

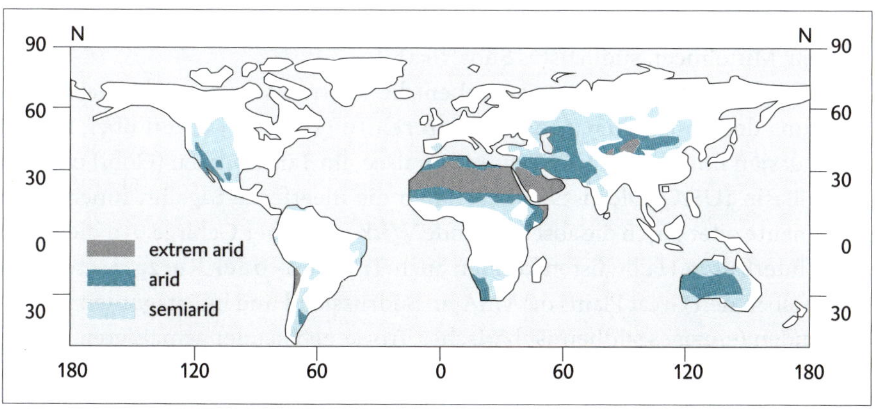

Verteilung der Trockengebiete auf der Erde

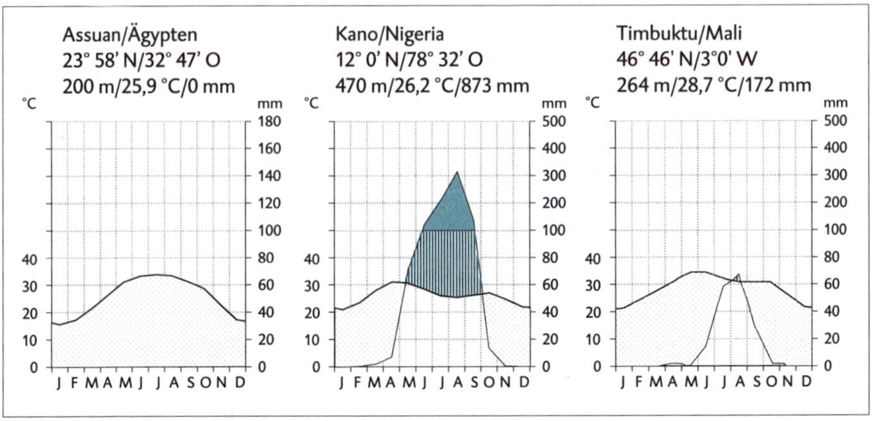

Beispiele für subtropisches Trockenklima (Assuan), wechselfeuchte Tropen (Kano) und afrikanische Dornsavanne (Timbuktu)

Der **subtropische Hochdruckgürtel** und die trockenen **Passate** sind für die Entstehung der größten Wüstengebiete der Erde (Sahara, Arabische Wüste, inneraustralisches Outback) verantwortlich. Auf annähernd gleicher geographischer Breite liegen an den Westküsten der Kontinente einige andere extrem aride Gebiete: die **Küstenwüsten** Namib und Atacama sowie die Küstenwüste Niederkaliforniens, die ihre Entstehung kalten Meeresströmungen verdanken (Benguelastrom, Humboldtstrom, Kalifornien-Strom). Feuchtigkeit spenden hier lediglich Meernebel (in Südamerika Garua genannt), entstanden durch das Aufeinandertreffen warmer maritimer Luft mit jenen kalten Meeresströmungen.

An den Westküsten der Kontinente schließen semiaride Klimagebiete mit ausgeprägt sommertrocken-winterfeuchtem Charakter und **Hartlaubvegetation („mediterranes Klima")** die Subtropen polwärts ab (Mittelchile, Kalifornien, Mittelmeer, südlichstes Südafrika).

In Nordamerika und Eurasien gehen die subtropischen Trockengebiete in Richtung der gemäßigten Zone in **winterkalte (Halb-)Wüsten** über, z. B. in Zentralasien um Kaspisches Meer und Aralsee, im Tarimbecken (Gobi) oder im Great Basin (USA). Dies ist bedingt durch die meerferne Lage im Inneren der Kontinente oder durch die abschirmende Wirkung hoher Gebirge. An die Stelle der winterkalten Halbwüsten können auch **Trocken- oder Kurzgrassteppen** treten, so in den Great Plains der USA, in Südrussland und in Patagonien im Lee der Anden (einziges südhemisphärisches Trockengebiet der gemäßigten Zone).

Abgesehen von den Wüsten und Halbwüsten, wo der fehlende Pflanzenbewuchs jede Humusbildung verhindert (Skelettböden), besitzen die Böden in den semiariden Gebieten durchaus eine gewisse Fruchtbarkeit. Die geringen Niederschlagsmengen halten nämlich die Auswaschung von Nährstoffen in Grenzen. So findet man in den semiariden (Sub-)Tropen braunrote Böden und Vertisole, in den semiariden Mittelbreiten humose braune Prärieböden, alle durchaus agrarisch nutzbar. Äußerst fruchtbar sind dank eines mächtigen humosen A-Horizonts die Schwarzerden (Tschernoseme) der winterkalten Steppen.

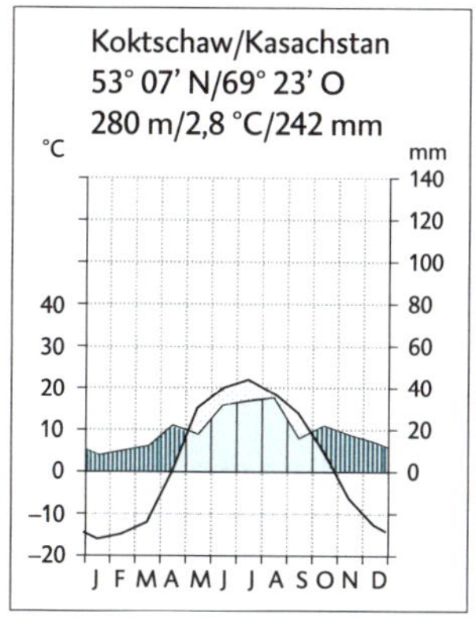

Beispiel für winterkaltes Trockenklima

Zwischencheck

- Stellen Sie die klimatische Gliederung der Trockengebiete der Erde in einer Skizze dar.
- Ergänzen Sie diese um eine vegetationsgeographische Gliederung.

2 Traditionelle Formen der agrarischen Nutzung in Trockengebieten

Im Allgemeinen wird die **agronomische Trockengrenze**, d. h. der Bereich, von dem an kein **Regenfeldbau** (kein Anbau ohne künstliche Bewässerung) mehr möglich ist, mit 300–500 mm/Jahr angegeben. Bei einzelnen Kulturpflanzen kann die Trockengrenze deutlich höher liegen, z. B. benötigt Baumwolle im Regenfeldbau mindestens 1 000 mm/Jahr. In den Tropen und Subtropen ist es möglich, die agronomische Trockengrenze durch den Anbau relativ ertragsarmer Kulturpflanzen (Hirse, Erdnuss, Kichererbse, Sesam) ohne größere Wasseransprüche und bei nur einer Ernte/Jahr in Richtung der Trockengebiete zu verschieben.

In den mittleren Breiten wurde die Methode des **Dry Farming** entwickelt, d. h. der Einschub einer **Schwarzbrache** (Brache ohne den Verdunstungsverlust durch Pflanzen) in eine Fruchtfolge, z. B. Brache – Weizen – Mais. Grobscholliges Pflügen vor Regenfällen, das breite Furchen ergibt, erleichtert die Wasseraufnahme der Böden und verhindert oberirdischen Abfluss, Eggen und Walzen nach dem Regen zerstören die Bodenkapillaren und reduzieren die Verdunstung. Häufig unterstützen spezielle Anbautechniken das Dry Farming:

Spezielle Anbautechniken in Trockengebieten

- **Contour Ploughing:** hangparallele Anlage der Felder zur Reduktion oberirdischen Abflusses, meist kombiniert mit
- **Strip Farming:** Nebeneinander schmaler, bebauter (Weizen, Mais, Soja, ...) und unbestellter Feldstreifen mit dem Ziel, Wind- und Wassererosion zu reduzieren
- **Conservation Tillage:** Bearbeitung des Feldes mit einer den Boden nur oberflächlich ritzenden Scheibenegge (zur Anreicherung des Oberbodens mit organischem Material und Reduktion der Erosion)
- **Mulchen:** Abdeckung des Bodens mit organischem Material (Stroh, Ernteabfälle) zur Reduktion der Verdunstung
- Anlage von **Windschutzstreifen** (Hecken, Baumreihen) zur Reduktion der Verdunstung durch Windeinwirkung

Strip Farming in Iowa

Auch extensive Weidewirtschaft mit geringer **Bestockungsdichte (Ranching)** erlaubt bei hinreichend großen Betrieben (in den USA oder Argentinien teils 100 000 ha oder mehr) eine gewinnbringende Nutzung der Steppen ohne künstliche Bewässerung.

Die traditionelle Form der Nutzung der Trockengebiete durch Viehzucht ist **Nomadismus:** Die Viehhalter folgen auf ständigen oder periodischen Wanderungen in Abhängigkeit von den Niederschlägen den Herden von Weideplatz zu Weideplatz. Aus Gründen der Risikostreuung und der gleichmäßigeren Verwertung verschiedener Pflanzen sind die Herden meist gemischt: Schafe, Ziegen, Kamele, in feuchteren Regionen auch Rinder und Pferde – diese meist aus Prestigegründen. Die Produktivität (Milch, Fleisch) nomadischer Viehzucht ist angesichts ihrer an die Grenzen der Ökumene vorgeschobenen Verortung gering. Im Mittelmeerraum war die **Transhumanz**, d. h. die periodische Wanderung sesshafter Bevölkerungsgruppen mit ihren Herden zwischen Sommerweiden im Gebirge und schneefreien Niederungsweiden im Winter, weit verbreitet.

Trockengebiete sind ökologisch höchst anfällig für **Bodendegradation**. Möglich sind **Deflation**, d. h. Winderosion, linienhafte **fluviatile Erosion** durch oberirdisch abfließendes Wasser bis hin zur **Badlandbildung** sowie **Denudation** (flächenhafte Abtragung auf geneigten Flächen, bedingt z. B. durch Schichtfluten). Bei völligem Verlust des Oberbodens tritt **Desertifikation** ein. Wenn es in Savannen als Folge einer hohen **Dürrewahrscheinlichkeit** und **Niederschlagsvariabilität**, d. h. deutlicher Niederschlagsschwankungen von Jahr zu Jahr (siehe folgende Abb.), zu einer ackerbaulichen Übernutzung oder zur Überweidung durch Viehzucht kommt, spricht man vom **Sahel-Syndrom**. Die Begriffe **Dustbowl-Syndrom** und **Aralsee-Syndrom** (zum Syndrom-Konzept siehe S. 42 ff.) bezeichnen die Landschaftszerstörung durch eine industrielle Agrarwirtschaft bzw. durch staatlich gelenkte großflächige Agrarkolonisation vornehmlich in den Steppen.

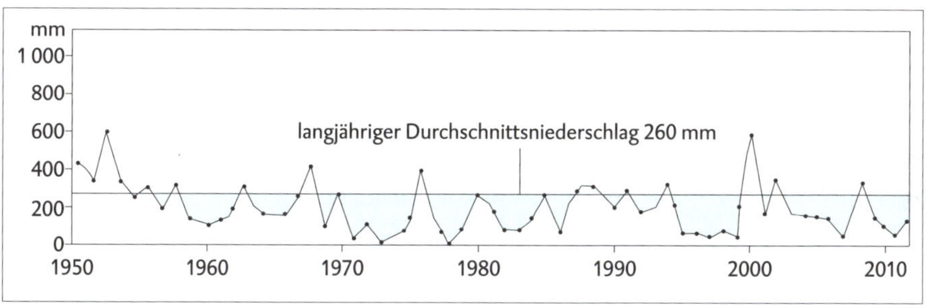

Variabilität des Niederschlags in Praia, der Hauptstadt der Kapverden

Zwischencheck

- Beschreiben Sie traditionelle Formen angepasster Agrarwirtschaft in Trockengebieten.
- Erläutern Sie die limitierenden Faktoren sowie die Risiken, die einer Ausweitung und Intensivierung der Nutzung der Trockengebiete entgegenstehen.

3 Landwirtschaftliche Intensivierung durch unterschiedliche Bewässerungssysteme

Die wichtigste Methode zur Erhöhung der landwirtschaftlichen Produktivität in Trockengebieten ist die **Bewässerung**, d. h. die künstliche Zufuhr von Wasser zum Ausgleich eines Niederschlagsdefizits, zur Zufuhr von im Wasser enthaltenen Nährstoffen und zur Ermöglichung konstanterer Bodentemperaturen. Weltweit stammen etwa 40 % aller Nahrungsmittel von bewässerten Flächen. 60 % der rund 500 Mio ha bewässerungswürdiger Weltackerfläche, d. h. 20 % aller Ackerflächen, werden bewässert. Mehr als zwei Drittel hiervon liegen in den Subtropen und beinahe die Hälfte allein in Pakistan (80 % der dortigen Ackerflächen), China (35 %) und Indien (34 %).

Grund ist hier der Nassreisanbau, der je produziertem Kilogramm bis zu 5 000 l Wasser benötigt – so viel, dass die chinesische Regierung in der Region um Peking den Reisanbau verboten hat, nachdem der Grundwasserspiegel um mehr als drei Meter abgesunken war. Durch die Überflutung der Reisfelder entsteht zudem ein extrem sauerstoffarmer Lebensraum, optimal für anaerob lebende Methanbildner. Der Nassreisanbau erzeugt aktuell etwa 17 % des atmosphärischen Methans, des nach CO_2 wichtigsten anthropogenen Treibhausgases.

70 % des weltweit verbrauchten Wassers setzte 2012 die Landwirtschaft ein; in den Ländern Nordafrikas, Zentral-, Ost- und Südostasiens waren es zwischen 80 und 90, in West- und Mitteleuropa knapp 30 % (2011).

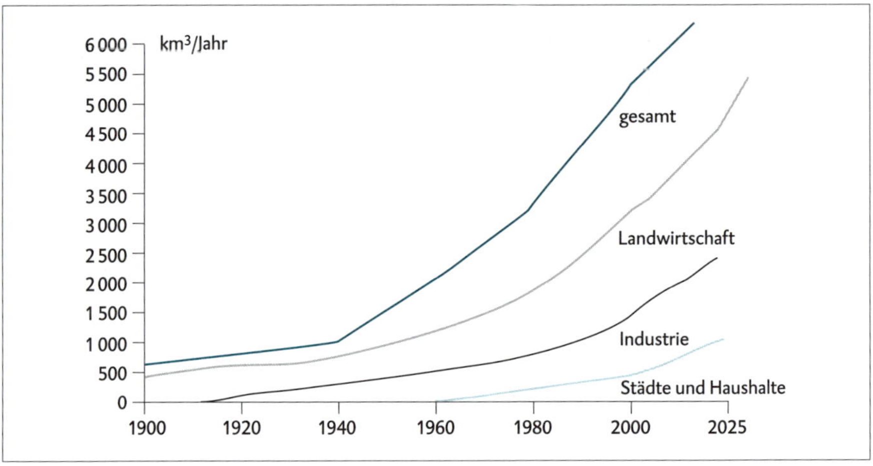

Globaler Wasserverbrauch

Der Anteil des bewässerten Ackerlandes an der Weltackerfläche liegt bei nicht ganz 20 %. Dieses Bewässerungsland liefert über 30 % aller Nahrungsmittel. Neben der Erhöhung der Flächenerträge (auf bis zum Fünffachen gegenüber dem Trockenfeldbau) gibt es weitere **Vorteile der Bewässerung:**

- die Möglichkeit zum Dauerfeldbau bis hin zu mehreren Ernten pro Jahr,
- die Chance, auch bei geringem Landbesitz eine bäuerliche Existenz zu sichern,
- die Möglichkeit zum Anbau von Pflanzen mit höherem Wasserbedarf, höherem Marktwert und höherem Ertrag,
- eine geringere Zahl von Missernten (Folge der hohen Niederschlagsvariabilität) und damit
- die Möglichkeit, Nahrungsmittelimporte zu reduzieren oder gar Nahrungsmittel zu exportieren.

In zahlreichen Ländern steigt die bewässerte Fläche aus diesen Gründen z. T. deutlich an; seltener bleibt sie konstant oder geht ihr Umfang aus Kosten- oder Rentabilitätsgründen gar zurück (siehe folgende Tabelle).

Albanien	300 (1975)	350 (1997)	205 (2009)
Australien	1 832 (1990)	2 400 (2000)	2 141 (2012)
China	44 063 (1992)	44 680 (1995)	62 938 (2006)
Frankreich	1 600 (1975)	1 600 (1997)	1 512 (2007)
Griechenland	933 (1990)	1 163 (1997)	1 280 (2007)
Indien	47 430 (1991)	58 130 (2001)	66 334 (2008)
Israel	175 (1975)	200 (1997)	182 (2006)
Italien	2 400 (1975)	2 453 (2000)	2 666 (2007)
Kuwait	k. A.	5 (1994)	9 (2007)
Malta	1 (1990)	2 (2002)	3 (2007)
Marokko	1 000 (1975)	1 250 (1997)	1 386 (2009)
Portugal	630 (1975)	631 (1990)	422 (2007)
Spanien	2 434 (1990)	3 236 (2000)	3 093 (2009)
Syrien	550 (1975)	1 200 (1997)	1 341 (2010)
Tschad	13 (1988)	k. A.	30 (2003)
Türkei	2 000 (1975)	3 098 (1994)	5 280 (2008)
Ungarn	156 (1977)	67 (2000)	88 (2007)
USA	23 200 (1990)	25 023 (2000)	22 229 (2008)
Vietnam	2 100 (1990)	2 100 (1994)	4 585 (2005)

Entwicklung der Bewässerungsfläche in ausgewählten Ländern (in 1 000 ha)
(jeweils neueste verfügbare Daten)

Die Form der Bewässerung hängt v. a. vom **technischen Entwicklungsstand**, von den **agrarsozialen Strukturen** (z. B. dem Organisationsgrad des Gemeinwesens) sowie von der **Herkunft des verfügbaren Wassers** ab; dieses kann aus einem Fluss, einem See, aus Grund- oder aus fossilem Tiefenwasser stammen. Derartiges in **Aquiferen** angereichertes Tiefenwasser ist in früheren – feuchteren – geologischen Epochen entstanden und selbst mittelfristig nicht erneuerbar. Verwendet wird ferner in Stauseen oder Zisternen gestautes Regenwasser, aufbereitetes Abwasser oder entsalztes Meerwasser. Ähnlich vielfältig sind die angewendeten **Bewässerungsverfahren:**

Nassfeldbau	Aufstauen des Niederschlagswassers mittels Terrassen oder Dämmen, z. B. zum Reisanbau (in Monsungebieten)	
Künstliche Bewässerung	**Überflutungsbewässerung**	Überflutung eingeebneter, umdämmter Felder; das Wasser versickert im Boden Sonderform **Terrassenbewässerung:** Weiterleitung des Wassers von der obersten zur untersten Terrasse
	Furchenbewässerung	Einleitung von Wasser in Furchen, die die mit Pflanzen bewachsenen Dämme trennen. Sonderformen: – **Berieselung** – fließendes Wasser auf leicht geneigten Feldern – **Konturfurchenbewässerung** – mittels isohypsenparalleler Rillen – **Rillenbewässerung** – mittels schmaler, in Hangneigung verlaufender Rillen
	Tröpfchenbewässerung	Bewässerung mittels oberirdisch auf dem Boden verlegter perforierter Schläuche, aus denen z. T. computergestützt dosiert Wasser austritt; oder unterirdisch: Unterflurbewässerung
	Beregnung	Wasserzufuhr mittels stationärer oder mobiler Sprühanlagen: – bei einer bewässerten Fläche mit bis zu 60 m Durchmesser: **Sprinkler** – mit großen Verdunstungsverlusten durch das Sprühen – bei sehr großen Fahrgestellen mit einem Radius von bis zu 800 m um eine zentrale Pumpstelle: **Karussellbewässerung** (siehe S. 1) – moderne Form: **Linear-move-System** – rechteckige Form; das Wasser fällt aus geringem Abstand gezielt auf die Pflanzen herab; Folge: geringere Verdunstungsverluste

Wichtige Bewässerungsverfahren im Überblick

Da rund zwei Drittel des Weltwasserverbrauchs auf die Landwirtschaft entfallen, liegen im Bereich der Bewässerungslandwirtschaft die größten Einsparpotenziale: In Israel hat der Agrarsektor durch Konzentration auf die hoch effiziente Tröpfchenbewässerung einen **Wassernutzungsgrad** von über 95 % erreicht – bei gleichzeitiger Verdopplung der Nahrungsmittelproduktion in nur drei Jahrzehnten. In keinem Land des Mittelmeerraumes hat die künstliche Bewässerung eine so große wirtschaftliche Bedeutung – dank einer nationalen Wasserpipeline, die vom See Genezareth bis in die Negev-Wüste reicht. Allerdings erhöht sich der Energiebedarf für den Einsatz moderner Bewässerungsverfahren deutlich.

Folgen einer fehlerhaften Bewässerung

- **Versalzung:** meist unumkehrbarer Anstieg der Salzkonzentration im Boden infolge kapillaren Wasseraufstiegs, der Verwendung mehr oder minder salzhaltigen Bewässerungswassers, zu geringer Wassermenge und unzulänglicher Entwässerung
  → Entstehung typischer **Salzböden:** Solontschak, Solonez, Solod
  → landwirtschaftlich kaum mehr nutzbar, da den Pflanzen infolge des hohen **Bodenwasserpotenzials** die Wasseraufnahme osmotisch nicht mehr möglich ist und die Salze toxisch wirken
- **Verschlämmung:** Verstopfung der Bodenporen durch eingeschwemmte Feinsubstanzen
  → sinkende Wasseraufnahmefähigkeit des Bodens
- **Vernässung:** Anstieg des Grundwasserspiegels als Folge des Einbringens großer Wassermengen ohne hinreichende Drainage
  → Entstehung gleyähnlicher Böden
- **Versauerung:** Auswaschung der Kationen durch Bewässerungswasser
  → Absenkung des pH-Werts

Nach Schätzungen liegt die durch unangepasste Bewässerungstechniken von **Bodendegradation** betroffene (= versalzte, vernässte und versauerte) Ackerfläche bei 1–1,5 Mio. ha/Jahr. Eine **nachhaltige Bewässerung** erfordert

- beträchtliche finanzielle Mittel für Anschaffung und Betrieb (Arbeitskräfte) der Anlagen;
- ökologische Kenntnisse zur Vermeidung von Versalzung, Verschlämmung, Vernässung und/oder Versauerung der Böden und damit
- den gleichzeitigen Betrieb von Entwässerungssystemen (Drainage) zur Ableitung überschüssigen Wassers;
- eine Zusammenarbeit aller Beteiligten – nicht nur auf lokaler, sondern auch auf zwischenstaatlicher Ebene, damit Wasserkonflikte vermieden werden.

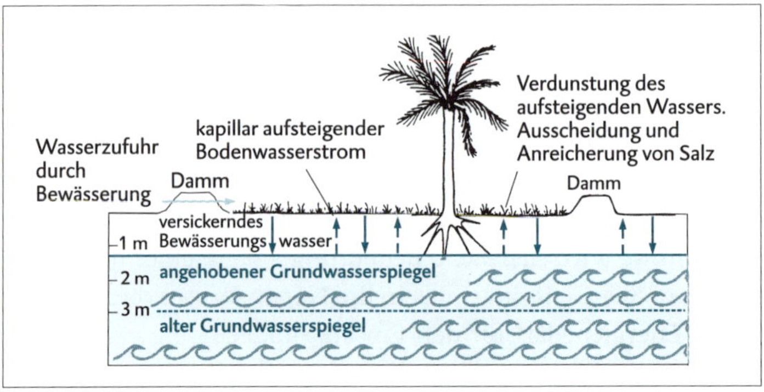

Bodenversalzung durch Bewässerung

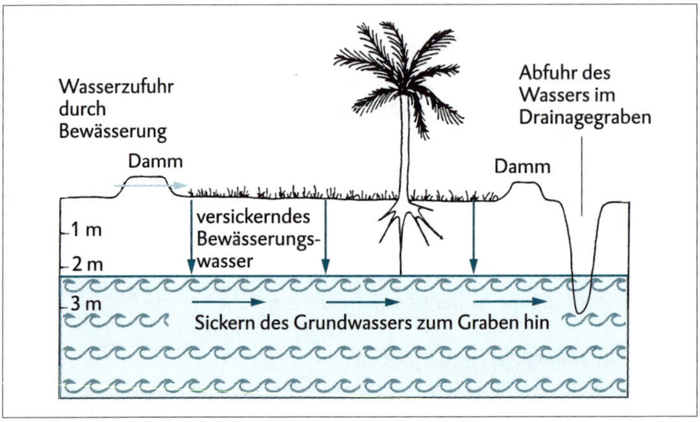

Entwässerung mit Drainagegraben

In vielen Staaten, z. B. in Spanien, wird das Bewässerungswasser subventioniert oder weitgehend kostenlos zur Verfügung gestellt. In der australischen Murray-Darling-Region konnte durch eine Erhöhung der Preise für Wasserlizenzen eine deutlich effizientere Nutzung erreicht und der Verbrauch durch Investitionen in Wasser sparende Technologien gesenkt werden. Von Seiten der Umweltschützer wird darüber hinausgehend gefordert, das in den Nahrungsmitteln enthaltene **„virtuelle Wasser“** in die Preisgestaltung einzubeziehen (siehe S. 174 f.).

Zwischencheck

- Erläutern Sie Möglichkeiten und Vorteile der Bewässerung in ariden Gebieten.
- Kennzeichnen Sie verschiedene Bewässerungsverfahren.
- Beschreiben Sie die mit einer intensiven Bewässerung einhergehenden Risiken.

4 Bewässerung: regionale Beispiele

4.1 Traditionelle Bewässerungsregionen: Beispiele Vorderasien und Nordafrika

Die bekanntesten Regionen, die ihren Wohlstand traditionellen Bewässerungstechniken verdanken, sind in Nordafrika und Vorderasien zu finden. Die Oasen entlang der **Fremdlingsflüsse Nil, Euphrat und Tigris** gehören zu den ältesten **Flussoasen** der Erde: Seit der Frühzeit bis ins 20. Jh. erfolgte die Bewässerung meist durch einfache Überflutung z. B. mit von der Strömung angetriebenen Wasserrädern oder Wasserhebeschnecken („archimedische Schnecke"). Heute wird vielfach eine hoch technisierte großflächige Bewässerung praktiziert. So werden in **Ostanatolien** an Euphrat und Tigris seit 1975 dank der Errichtung von insgesamt 21 Staudämmen 1,86 Mio. ha landwirtschaftlicher Nutzfläche bewässert. Der Euphrat-abwärts gelegene syrische Assad-Stausee sollte laut Plan dauerhaft die Bewässerung von über 800 000 ha ermöglichen, doch aufgrund des türkischen Atatürk- und Keban-Staudammes kann der See oft nicht vollständig gefüllt werden. Deshalb wird die geplante Energieerzeugung ebenso wenig erreicht wie die geplante Bewässerungsfläche. Der Bau der Talsperre führte 1974/1975 fast zu einem Krieg mit dem Irak, der sich von der Wasserzufuhr abgeschnitten fühlte. Der Sechs-Tage-Krieg zwischen Syrien/Jordanien und Israel war auch ein Krieg um (das Jordan-)Wasser. Trotz einiger inzwischen bestehender Absprachen zwischen den Anliegerstaaten bleibt die Wassernutzung im Vorderen Orient ein politisches Problem.

Am **Nil** wurde 1971 der 111 m hohe **Assuan-Damm** fertiggestellt: Über 430 000 ha neuen Ackerlandes wurden erschlossen. Die in Spätsommer und Frühherbst anfallenden Wassermengen der Nilschwemme konnten nun im Nasser-See (rd. 600 km lang, 5 500 km^2 Fläche) gespeichert und ganzjährig zur Bewässerung genutzt werden. Neben den agrarischen Zielen wurden auch industrielle und infrastrukturelle Ziele verfolgt: Verhinderung von Überschwemmungen, Förderung der Binnenfischerei, Verbesserung der Nilschifffahrt, Energieerzeugung und Reduktion der Erdölimporte sowie Sicherung des Brauch- und Trinkwasserangebots für private Haushalte, Industrie und Tourismus. Doch im Zentrum standen die Ausweitung der Kulturfläche abseits des engen Niltals und die Steigerung der Nahrungsmittelproduktion (mehrere Ernten durch ganzjährige Bewässerung) bis hin zum angestrebten Export von Reis.

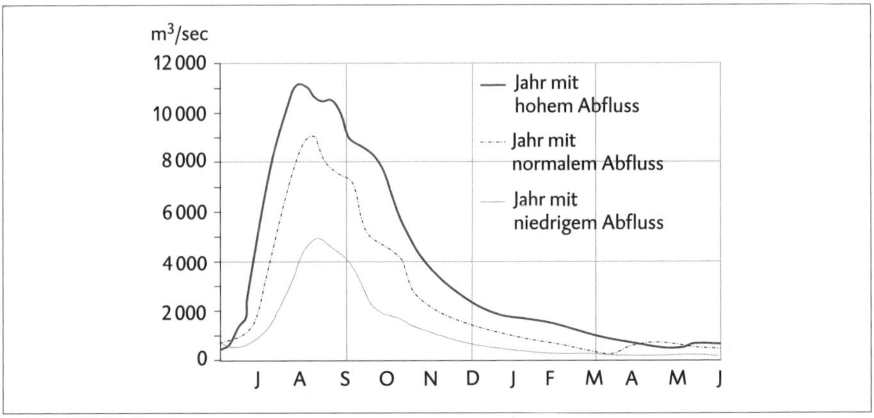

Saisonale und jährliche Schwankung des Nilabflusses bei Assuan

Wurden 430 000 ha neuen Ackerlandes erschlossen, ging parallel dazu beinahe die doppelte Fläche durch unzulängliche Bewässerungsmethoden (Versalzung, Vernässung) verloren. Hinzu kamen Probleme als Folge der ausbleibenden natürlichen Düngung durch das jährliche Nilhochwasser, das vor dem Bau des Assuan-Damms das Niltal durchflutete – mit der Folge, Mineraldünger einsetzen zu müssen; ferner die zunehmende Erosion und die Ausbreitung der gefährlichen Bilharziose.

Die auf Neuland eingerichteten kleinbäuerlichen Betriebe wirtschafteten rasch rentabel – v. a. bei einer marktorientierten stadtnahen Landwirtschaft und hinreichendem Kapital, etwa demjenigen heimgekehrter Gastarbeiter. Hingegen wurde in den jeweils etwa 2 500 ha großen Staatsfarmen zunächst keine Rentabilität erreicht, obwohl aus den USA modernste Radialbewässerungstechnik importiert worden war; auch wurde das Ziel verfehlt, die wachsende ägyptische Bevölkerung mit Nahrungsmitteln zu versorgen (siehe Abb. S. 15 oben). Erst seit der Privatisierung der Staatsfarmen verläuft die Entwicklung auch hier positiver.

Beinahe ebenso alt wie die Bewässerung in Flussoasen ist im Vorderen Orient und in Nordafrika diejenige durch **Water Harvesting**. Hierbei wird an Hängen abfließendes Regenwasser auf Ackerterrassenflächen geleitet, die durch kleine Dämme voneinander getrennt sind. In den Oasen wird diese Technik vielfach ergänzt durch die Nutzung von Brunnenwasser oder artesischem Wasser.

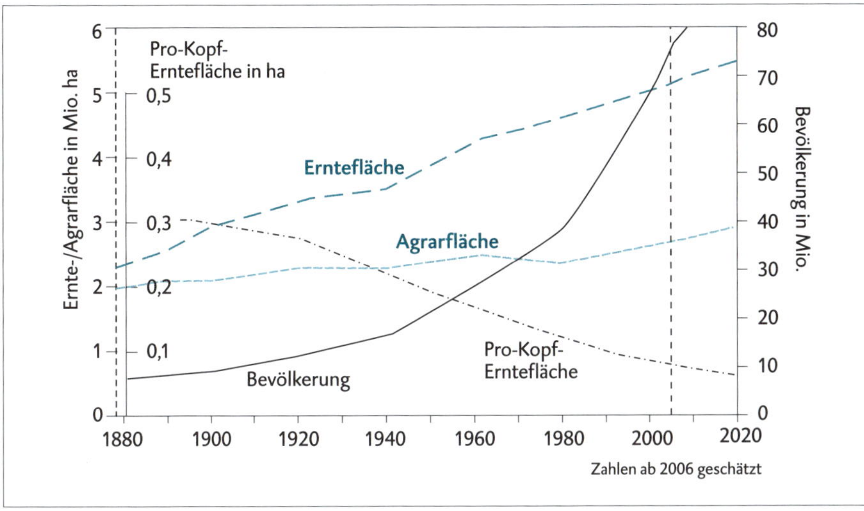

Ägypten: landwirtschaftliche Nutzfläche, Erntefläche, Bevölkerungswachstum

Möglich ist auch die Verwendung von Wasser, das in Schotterflächen und Schuttfächern versickert ist und über größere Distanzen in Kanälen (Foggara, Karez, Quanat) herangeführt wird. In den Wüstenoasen ist das Bewässerungswasser so kostbar, dass sich vielfach komplizierte Verteilungssysteme, ein **Stockwerkanbau** mit einem Schwerpunkt auf der Erzeugung von Dattelpalmen sowie **Teilpachtsysteme** entwickelt haben. Hierbei bildet Wasser einen gleichwertigen Produktionsfaktor neben Boden, Arbeitskraft und Kapital (Dünger, Arbeitsgerät).

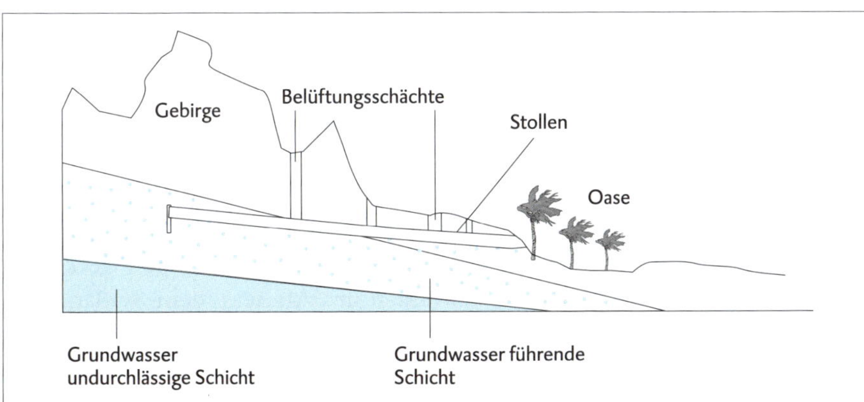

Foggara

4.2 Staudämme und Kanäle: Beispiel Süd- und Zentralasien

Staudämme und Kanäle ermöglichen auch in extremen Trockengebieten eine agrarische Nutzung und bieten den hier lebenden Menschen vielfältige Chancen. Doch zunehmend gelten solche Großprojekte als zu teuer, ökologisch bedenklich und damit letztlich als nicht rentabel:

Das seit den 1960er-Jahren errichtete Staudammprojekt im zentralindischen Bundesstaat **Madhya Pradesh** staut die Narmada und ihre Nebenflüsse in 32 großen, 135 mittelgroßen und über 3 000 kleinen Staudämmen, um dem periodischen Wassermangel der Landwirtschaft im westlich gelegenen Bundesstaat **Gujarat** entgegenzuwirken. Das Wasser kommt neben Industriebetrieben, die inzwischen als die eigentlichen Verursacher der Wasserknappheit gelten, v. a. Cashcrop-Feldern (Zuckerrohr) zugute, während sich die Wasserversorgung für Kleinbauern verschlechtert hat, da lokale Bewässerungstechniken nicht weiter verfolgt worden sind. Hunderttausende von Kleinbauern – allein 250 000 durch den größten Stausee – wurden von ihren Feldern vertrieben, „umgesiedelt" und erhielten vielfach nicht-kultivierbares Land als Ausgleich. Sie wurden zu Tagelöhnern und wanderten in die Slums der großen Städte ab. Mehr als 1,5 Mio. ha Wald wurden durch die Stauseen überflutet, mindestens ebenso viel fruchtbares Ackerland. 80 % der Staudämme arbeiten nicht rentabel: Die Speisung der Bewässerungsanlagen durch sie verursacht Kosten von rund 2 000 €/ha, wobei die rascher als erwartet eintretende Verschlammung die den Berechnungen zugrunde gelegte Lebensdauer der Dämme verkürzt. Alle indischen Großstaudämme (über 4 500) tragen gerade einmal 10 % zur Getreideproduktion des Landes bei – erheblich weniger als die traditionell aus Stauteichen (Tanks) bewässerten Flächen. Deutliche Produktivitätssteigerungen sind nicht zu erwarten.

Die wohl größte Katastrophe durch eine unangepasste Bewässerung ist am **Aralsee** eingetreten, dem noch in den 1960er-Jahren mit einer Größe von 68 000 km^2 viertgrößten See der Erde.

Zur Realisierung von Stalins Plan, südlich dieses Sees inmitten einer Wüste auf 7,9 Mio. ha riesige Reis- und Baumwollfelder entstehen zu lassen, begann man 1956 den Bau des Karakum-Kanals. Dieser leitet über eine Strecke von 1 400 km Wasser aus den beiden Zuflüssen des Aralsees, dem Syrdarja und dem Amudarja, die aus den zentralasiatischen Hochgebirgen gespeist werden, zu den Baumwollfeldern. Seither hat der See zwei Drittel seiner Fläche und 92 % seines Volumens verloren. Seine Tiefe sank von 53 auf 32 m, während der Salzgehalt von 10 auf 70 g/l anstieg.

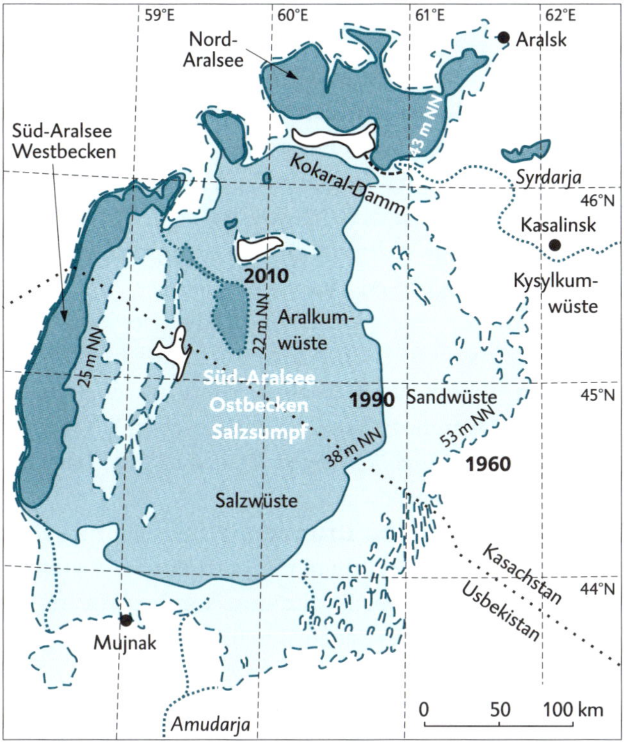

Rückgang der Oberfläche des Aralsees von 1960–2010

Tausende Fischer, die früher jährlich 45 000 t Fisch fingen, sowie 30 000 Menschen, die in der Fisch verarbeitenden Industrie tätig waren, haben ihre Existenz verloren. Zudem beeinträchtigen Salzverwehungen vom trocken gefallenen Seeboden den Anbau von Baumwolle, Reis, Obst und Gemüse.

Da Monokulturen (Reisanbauflächen mit mehr als 300 000 ha, Baumwollanbauflächen mit mehr als 3 Mio. ha) besonders anfällig für Schädlinge sind, wurden hunderttausende Tonnen von Pestiziden sowie zur Steigerung des Ertrags Kunstdünger und Entlaubungsmittel (Agent Orange) eingesetzt, damit die Baumwollernte maschinell erfolgen kann. Diese chemischen Stoffe gelangten ins Grund- und über die Drainage ins Flusswasser und somit in die Nahrungskette der Menschen. Die Säuglingssterblichkeit in der Region um den Aralsee ist hoch und Totgeburten sowie Missbildungen sind auffallend häufig. Die Sterblichkeitsrate v. a. aufgrund von Krebs, Leber- und Nierenerkrankungen hat sich in nur wenigen Jahrzehnten mehr als verzehnfacht.

Die Hydrodynamik des Rest-Aralsees (siehe Abb. oben) ist sehr groß. Jedes Jahr sieht das südliche Ostbecken daher anders aus, je nach Zuflüssen und Sommerverdunstung.

4.3 Nutzung von fossilem Grundwasser: Beispiel Australien

Ehemals nicht nutzbare **Aquifere** mit fossilem Wasser werden heute in zahlreichen Regionen der Erde durch **Tiefbohrungen** erschlossen. In absehbarer Zeit kann hier mit einer Neubildung von Grundwasser jedoch nicht gerechnet werden, sodass die Vorräte über kurz oder lang erschöpft sind. **Absinkende Grundwasserspiegel** sind bereits vielerorts nachgewiesen.

Zu den größten und ökologisch fragwürdigsten Bewässerungsprojekten mit fossilem Wasser gehört der Bau des „Großen künstlichen Flusses" in **Libyen**. Rohrsysteme mit 4 m Durchmesser leiten fossiles Grundwasser unter den nordsaharischen Wüstenbecken bis zu 800 km nordwärts zur dicht besiedelten Mittelmeerküste zwischen Tripolis und Bengasi. Dort werden bis zu 200 000 ha bewässert (zeitweise waren 400 000 ha im Gespräch), wodurch die Versorgung der rasch wachsenden Bevölkerung (z. Zt. etwa 1,9 %/Jahr) mit Grundnahrungsmitteln sichergestellt werden soll.

In **Australien** sind fast 9 000 **artesische Brunnen** in insgesamt zwanzig artesischen Becken in Betrieb. Die in den Aquiferen in porösem Stein eingelagerten Wassermengen stehen unter hohem Druck und kommen, wenn sie angebohrt werden, ohne Pumpe an die Oberfläche. Bereits den Aborigines war dies bekannt.

Mit der Zunahme der Brunnenbohrungen verringerte sich der Druck in den artesischen Becken und die Wasserförderung ließ nach. Aus diesem Grund benötigt heute rund ein Drittel aller Bohrlöcher Pumpen zur Wasserförderung: Die fossile Grundwasserbasis wird trotz eines gewissen Zuflusses aus den ostaustralischen Gebirgen kleiner – täglich um etwa 1,5 Mio. m^3.

Der hohe Mineralgehalt des artesischen Wassers – es ist für den Menschen ungenießbar und wird auch nur selten zur Bewässerung eingesetzt, ist jedoch als Viehtränke wichtig für Schaf- und Rinderfarmen – führt zu einer Hügelbildung um die Quellen. Vielfach liegen diese „Hügelquellen" im Zentrum kleiner grüner Oasen.

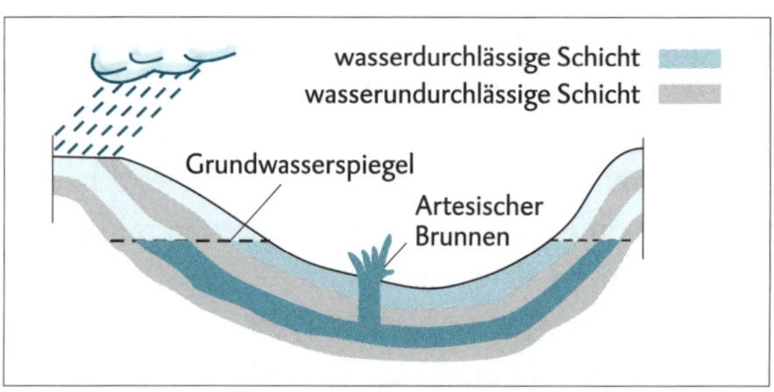

Artesischer Brunnen

4.4 Meerwasserentsalzung: Beispiel Südeuropa

Auf den ersten Blick scheint eine Bewässerung mit entsalztem Meerwasser die Lösung vieler Probleme zu sein. 60 % des weltweit entsalzten Wassers werden gegenwärtig in sogenannten **Umkehrosmose**-Anlagen erzeugt – für 0,40–0,80 €/m^3 Süßwasser. Vor allem in den ölreichen arabischen Staaten gibt es auch noch **Verdampfungsanlagen** (40 % der weltweiten Erzeugung, Kosten ca. 2 €/m^3). Aufgrund des hohen Energiebedarfs stoßen die rund 13 000 Entsalzungsanlagen enorme Mengen an Treibhausgasen aus, die den Klimawandel fördern. Das entzogene Salz wird überdies hochkonzentriert ins Meer zurückgeleitet – mit negativen Folgen für Fischbestände, Wasserpflanzen und Korallen.

Im Jahr 2000 wurden rund 22 m^3/Tag, im Jahr 2009 bereits 60 Mio m^3/Tag pro Tag entsalzt. Für die Mitte dieses Jahrzehnts werden 98 –109 Mio. m^3/Tag prognostiziert. Rund drei Viertel der weltweiten Produktion werden im Raum des Arabisch-Persischen Golfs (12,1 Mio. m^3/Tag; 44 % der globalen Produktion), des Roten Meeres (3,6 Mio. m^3/Tag; 13 %) und des Mittelmeeres (4,0 m^3/Tag; 14 %) geleistet. Die Hauptproduzenten sind **Saudi-Arabien** (25 % der globalen Produktion), die Vereinigten Arabischen Emirate (23 %) und Kuwait (6 %).

Spanien ist der größte Produzent am Mittelmeer und der drittgrößte weltweit, mit einem Anteil von 8 % der globalen Produktion und etwa 3 Mio. m^3/Tag. Rund ein Drittel der spanischen Produktion erfolgt auf den Kanarischen Inseln. Weitere Wachstumsregionen am Mittelmeer sind Israel und Algerien, in Amerika die USA und der asiatische Stadtstaat Singapur.

Die erste europäische Entsalzungsanlage ging 1964 auf Lanzarote in Betrieb. Europas größte Anlage steht heute in Carboneras, zwischen Murcia und Almería. Die Landwirtschaft verbraucht fast ein Viertel des in Spanien entsalzten Wassers. So ist im südostspanischen Andalusien die Bewässerungsfläche zwischen 1999 und 2012 um 26 % gewachsen – v. a. aufgrund des Erdbeeranbaus in Huelva, der von der EU forcierten Bewässerung der Olivenhaine in Jaén (eigentlich einer typischen Kultur mediterranen Trockenfeldbaus!) und der **Bewässerung der Gewächshauskulturen** in Almería. Berühmt ist das rund 36 000 ha große „Plastikmeer“ um El Ejido, die größte agrarindustriell genutzte Region Europas, in der jährlich 3 Mio. t Gemüse und Obst vorrangig für den Export produziert werden – dank rund 3 000 Sonnenstunden im Jahr und Wintertemperaturen von 15 °C. Zur Senkung der Kosten werden die hier jährlich fehlenden 50 Mio. m^3 Wasser zunehmend nicht nur aus entsalztem Meerwasser gewonnen, sondern auch über Staudämme aus der nahen Sierra Nevada herangeleitet. Auch fossile Vorräte sowie gereinigtes und aufbereitetes Ab- und Entwässerungswasser werden „angezapft“. Für die Bewässerungsflächen im nahen Murcia wurde 1979 ein 286 km langer Kanal eröffnet, der Wasser aus dem Fluss Tajo nach Süden führt. Eine Ebro-Anzapfung wurde gestoppt.

Die Beeinträchtigung des Grundwassers durch den intensiven Einsatz von Dünger und Pflanzenschutzmitteln ist so hoch, dass EU-Grenzwerte z. T. um mehr als das Doppelte übertroffen werden. Jährlich fallen 600 000 t an organischen sowie 22 000 t an Plastikabfällen an. Die aufgrund des Preisdiktats der großen Handelskonzerne geringe Verdienstspanne der Bauern fördert den Einsatz billiger, oft **illegaler Arbeitskräfte** v. a. aus Nordafrika und Osteuropa, die für 2 bis 4 €/Stunde unter katastrophalen Arbeitsbedingungen tätig sind.

„Plastikmeer“ um El Ejido

In etlichen küstennahen Bewässerungsgebieten hat die Übernutzung des Grundwassers im Zusammenhang mit einer Intensivierung der Landwirtschaft sowie dem steigenden Bedarf anderer Nutzer (private Haushalte, Industrie, Tourismus) zum unterirdischen **Eindringen von Meerwasser** und zur Zerstörung des Grundwasserhaushalts geführt, so in der griechischen Argolis, in Malta, Syrien und Israel. Hier mussten bereits ältere Bewässerungsgebiete aufgegeben werden.

Region Ica/Peru – Möglichkeiten und Risiken des Spargelanbaus

fgabe 1 Lokalisieren Sie Ica (Atlas) und beschreiben Sie die Eignung der Region für einen exportorientierten Spargelanbau.

fgabe 2 Erläutern Sie Möglichkeiten und Risiken des Spargelanbaus vor dem Hintergrund der hier praktizierten künstlichen Bewässerung.

M 1 Die Region Ica – ausgewählte Daten (2009)

Einwohnerzahl	220 000	(zum Vergleich: 1969: 38 000)
Monatseinkommen	149 US-$	(zum Vergleich: Peru 250 US-$)
Arbeitslosigkeit	0 % (einmalig in Peru) dank über 120 000 in der Agrarproduktion Beschäftigter	
Klima	Jahresdurchschnitt: 18 °C; Niederschlag/Jahr: 17 mm	
Böden	sandig	
Anbaufläche für Obst und Gemüse (rd. 40 Sorten)	117 000 ha (1969: 30 000 ha), davon 9 610 ha Spargel (erster Spargel 1986: 4 ha) 29 Großbetriebe bis 1 500 ha (meist mit ausländischer Kapitalbeteiligung) neben klein- und mittelbäuerlichen Betrieben	
Spargel-Ertrag	12 t/ha (zum Vergleich: Deutschland 3 t/ha; insgesamt 50 % der peruanischen Spargelproduktion	
Verbrauch von Bewässerungswasser je Jahr	Spargel: 16 000–30 000 m^3/ha (zum Vergleich: Wein 3 200 m^3/ha); 70 Mio. m^3 stammen aus dem Rio Ica, dem über Stollen Wasser aus Seen im humiden Amazonasgebiet zugeführt wird, und 496 Mio. m^3 aus Tiefbohrungen der Großbetriebe zum Ica-Aquifer (natürlicher Nachfluss hier: 252 m^3/Jahr)	
Preis für Bewässerungswasser	niedrig, Bezahlung von Wasser aus dem Aquifer erst seit 2009	
Bewässerungsmethode	Überflutung und Beregnung, in jüngster Zeit vereinzelt Tröpfchenbewässerung	

M 2 Spargel: Charakteristik

Mehrjährige Pflanze, deren als Gemüse gegessene Triebe aus einem Rhizom mit bis zu 6 m langen Wurzeln hervorgehen. Wachstum ab einer Bodentemperatur von 12 °C, bevorzugt auf leichten, wasserdurchlässigen, nährstoffreichen Böden; Notwendigkeit einer Brache nach 7–20 Anbaujahren. Ernte ist nur von Hand möglich.
Spargel wird in Peru nicht gegessen; dennoch ist das Land weltweit größter Exporteur. Spargel trug im Jahr 2010 291,4 Mio. US-$ bzw. 0,6 % zum peruanischen Gesamtexport bei. Transport per Schiff und Flugzeug, v.a. nach Nordamerika und Europa. Einige europäische Handelsketten haben aus ökologischen Gründen im Jahr 2008 peruanischen Spargel aus dem Sortiment genommen.

Probleme und zukunftsfähige Lösungsansätze globaler Ressourcennutzung

Abbau von Ölsanden bei Fort McMurray, Alberta, Kanada. Riesige Maschinen fördern das wertvolle Gemisch aus Bitumen, Sand, Wasser und Ton aus der Erde. In Kanada werden über 60 % der Weltreserven an natürlichem Bitumen aus Ölsand vermutet.

1 Leitbild und Dimensionen der nachhaltigen Entwicklung

Die natürlichen Lebensgrundlagen auf der Erde sind nicht vermehrbar. Durch die wirtschaftlichen Aktivitäten des Menschen werden sie zunehmend belastet und gefährdet. Nur durch ökologisch verträgliches Wirtschaften können die natürlichen Ressourcen auch für künftige Generationen erhalten werden. In Reaktion auf die Ressourcenproblematik hat sich das Leitbild der **Nachhaltigkeit** bzw. der **nachhaltigen Entwicklung** seit den 1990er-Jahren in vielen Bereichen des gesellschaftlichen Lebens als Handlungsprinzip etabliert.

Nachhaltige Entwicklung (engl. **Sustainable Development**): Entwicklung, die es den derzeit lebenden Generationen erlaubt, ihre Bedürfnisse zu befriedigen, ohne die Möglichkeiten künftiger Generationen zu gefährden, deren eigene Bedürfnisse zu befriedigen.

Mit der Ressourcennutzung sind jedoch nicht nur ökologische Probleme verknüpft. Versorgungsunsicherheit sowie hohe und stark schwankende Rohstoffpreise können auch zu ökonomischen und sozialen Problemen führen und das Risiko von Rohstoffkonflikten erhöhen. Die vom Deutschen Bundestag eingerichtete Enquete-Kommission „Schutz des Menschen und der Umwelt – Ziele und Rahmenbedingungen einer nachhaltig zukunftsverträglichen Entwicklung" veröffentlichte 1998 in ihrem Abschlussbericht mit dem **„Drei-Säulen-Modell einer nachhaltigen Entwicklung"** ein Konzept, das in der Folgezeit weite Verbreitung erlangte.

Das Modell ist als Antwort auf die in Deutschland zumeist einseitig vom Umweltaspekt her geführte Diskussion über eine nachhaltige Entwicklung zu verstehen. Die drei Säulen **Ökologie**, **Ökonomie** und **Soziales** sollen gleichberechtigt nebeneinanderstehen. Mittlerweile hat man hieraus das **„Dreieck der Nachhaltigkeit"** abgeleitet, das als Sinnbild für die enge Verknüpfung und gleichrangige Bedeutung ökologischer, ökonomischer und sozialer Aspekte bekannt geworden ist. Es wird aus unterschiedlichen Perspektiven und für unterschiedliche Zwecke modifiziert, so z. B. durch die Ergänzung einer vierten Dimension, der politischen Umsetzung.

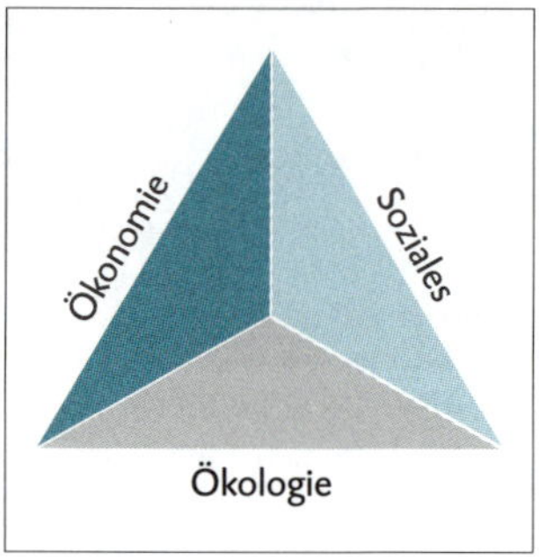

Dreieck der Nachhaltigkeit

Zwischencheck

- Erläutern Sie das Konzept der nachhaltigen Entwicklung.
- Erklären Sie, welcher Sachverhalt durch das Dreieck der Nachhaltigkeit veranschaulicht werden soll.

2 Die Ressourcenproblematik

Ressourcen sind Rohstoffe und Umweltgüter, die den Menschen als Basis zum Leben und Wirtschaften dienen. Durch den weltweit steigenden, häufig wenig effizienten und umweltschädigenden Umgang mit Ressourcen ist diese Basis auf Dauer gefährdet, falls man nicht Wege zu einer nachhaltigen Nutzung findet. Die Verfügbarkeit von Ressourcen erscheint angesichts der wachsenden Weltbevölkerung, einer Angleichung der Lebensbedingungen und der damit einhergehenden Zunahme des weltweiten Pro-Kopf-Verbrauchs als zentrale Herausforderung für die Menschheit. Deren Bewältigung wird entscheidend dafür sein, in welchem Umfang künftige Generationen in friedlichem Miteinander, in einer intakten Umwelt und in angemessenem Wohlstand leben werden.

2.1 Begrifflichkeit und Systematik

Neben den Rohstoffen sind es v. a. die Umweltgüter Wasser, Boden und Biodiversität (Artenvielfalt), die als Produktionsfaktoren wichtig sind.

Begriffsfeld „Rohstoffe"

- **Rohstoffe:** in der Natur vorkommende Stoffe, die als Ausgangsmaterialien für die Produktion von Gütern oder als Grundlage für die Energiegewinnung dienen

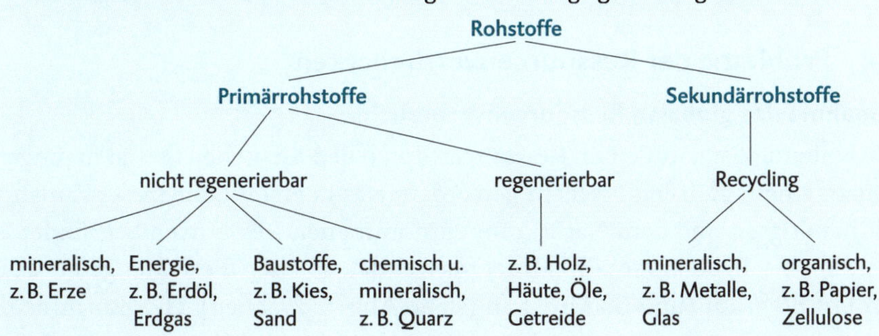

- **Lagerstätten:** abbauwürdige Konzentrationen nutzbarer mineralischer Rohstoffe, die sich auf der Erdoberfläche, dem Meeresboden oder in der Erdkruste gebildet haben
- **Reserven** (bestätigte Reserven): Teil des Gesamtpotenzials eines Rohstoffs, der mit großer Genauigkeit erfasst wurde und mit den derzeitigen technischen Möglichkeiten wirtschaftlich gewonnen werden kann
- **Ressourcen:** Teil des Gesamtpotenzials, der zwar nachgewiesen, aber derzeit nicht wirtschaftlich gewinnbar oder geologisch noch nicht erfasst ist (Ressourcen im engeren Sinne)
- **Gesamtpotenzial:** Die Summe aus Reserven und Ressourcen, also das Potenzial, das für den zukünftigen Verbrauch nach jetzigem Kenntnisstand zur Verfügung steht

Kumulierte Förderung	Reserven	Ressourcen	
	technisch und wirtschaftlich gewinnbar	nachgewiesen, derzeit technisch und/oder wirtschaftlich nicht gewinnbar	nicht nachgewiesen, geologisch möglich

verbleibendes Potenzial

Gesamtpotenzial eines Rohstoffes

- **(Natürliche) Ressourcen/Ressourcen im weiteren Sinne:** Nicht-nachwachsende und nachwachsende Rohstoffe sowie die Umweltgüter Luft, Wasser, Boden und Biodiversität (In den folgenden Erläuterungen wird der Begriff „Ressourcen" in der Regel in seinem weiteren Sinne verwendet, wenn keine näheren Angaben erfolgen.)
- **Naturraumpotenzial:** Gesamtheit der natürlichen Ressourcen, die sich innerhalb eines bestimmten Raumes nutzen lassen
- **Energieträger:** (Roh-)Stoffe, die in Energie umgewandelt werden können
  - **Primärenergieträger:** Energierohstoffe vor der Umwandlung in Energie, dazu gehören **fossile Energieträger** (Erdöl, Erdgas, Kohle), die **Kernbrennstoffe** (z. B. Uran, Thorium, Deuterium) und **regenerative**, d. h. erneuerbare, **Energieträger** (z. B. Solarenergie, Windenergie, Wasserkraft, Erdwärme)
  - **Sekundärenergie:** aus der Umwandlung der Primärenergieträger erzeugte Energie (z. B. elektrischer Strom)

2.2 Probleme der Ressourcenverfügbarkeit

Zunahme des globalen Ressourcenverbrauchs

Die Nutzung der natürlichen Ressourcen durch den Menschen ist erst in jüngerer Zeit zu einem globalen Problem geworden, was in erster Linie in der Zunahme der benötigten und dem Naturraum entnommenen Ressourcen begründet ist: Wurden bis 1980 erst ca. 38 Mrd. t verwendet, so stieg diese Menge bis 2008 um fast 80 % auf rund 68 Mrd. t an (siehe Abb. S. 27 oben). Die Zunahme der Ressourcenentnahme betrifft alle größeren Ressourcen-Gruppen, z. B. die fossilen Brennstoffe, die Metallerze sowie die mineralischen Rohstoffe.

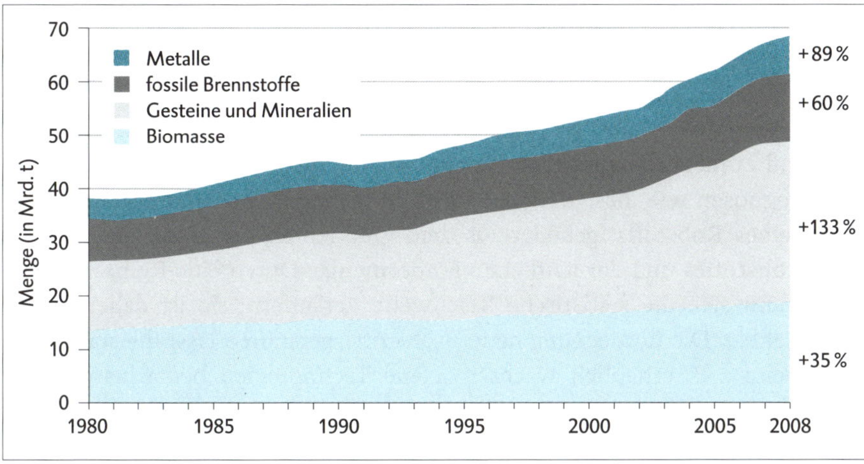

Globale Ressourcenentnahme 1980–2008

Während anzunehmen ist, dass die Rohstoffnachfrage in den Industriestaaten künftig auf hohem Niveau stagnieren wird, ist in den bevölkerungsreichen Volkswirtschaften mit überdurchschnittlichem Wirtschaftswachstum von hohen Steigerungen auszugehen. Dies gilt insbesondere für die sogenannten **BRIC-Staaten B**rasilien, **R**ussland, **I**ndien, **C**hina, in denen 40 % der Weltbevölkerung leben. Insgesamt rechnet man bis zum Jahr 2030 ungefähr mit einer Verdoppelung des jährlichen Ressourcenverbrauchs, wenn sich bis dahin keine einschneidenden Veränderungen ergeben und dieser Ressourcenbedarf tatsächlich gedeckt werden kann. Die größte Steigerung entfällt dabei auf die Gruppe der mineralischen Rohstoffe und auf fossile Brennstoffe (siehe folgende Abb.).

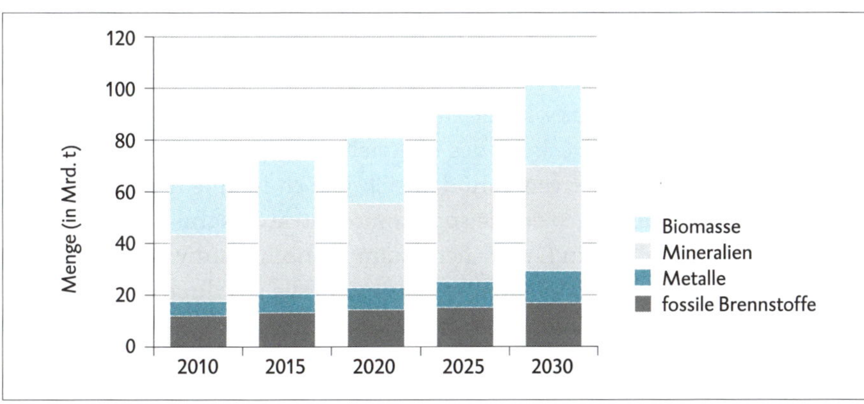

Voraussichtliche Entwicklung der globalen Ressourcenentnahme bis 2030

Die zukünftige Verfügbarkeit von Ressourcen

Bereits in den 1970er-Jahren wurden Befürchtungen über zur Neige gehende Rohstoffe geäußert. So wurde in der einflussreichen Veröffentlichung „Die Grenzen des Wachstums" des Club of Rome 1972 prognostiziert, dass Kupfer-, Blei- und Zinnerze sowie Bauxit bis zur Jahrtausendwende erschöpft sein würden. Prognosen wie diese basieren auf der sogenannten **statistischen Reichweite** eines Rohstoffs, gebildet aus dem Quotienten der aktuellen Reserven eines Rohstoffes und der jährlichen Fördermenge. Durch eine Reihe von Faktoren kann sich die statistische Reichweite verändern; sie ist daher schwer vorhersehbar. Die Entdeckung neuer Rohstofflagerstätten lässt die statistische Reichweite z. B. erheblich wachsen. Neue Technologien beeinflussen diese ebenso wie die effizientere Gewinnung von Metallen aus Erzen. Gegenwärtig ist nur bei wenigen mineralischen Rohstoffen eine durch die abnehmende geologische Verfügbarkeit begründete Knappheit auf den internationalen Rohstoffmärkten zu befürchten.

Problematischer stellt sich auf der Nachfrageseite die räumliche Konzentration der Lagerstätten bestimmter Rohstoffe auf einige wenige Förderländer dar, was zu Abhängigkeiten führt und Preisabsprachen auf der Anbieterseite erleichtert. Handelt es sich hierbei um politisch instabile Länder, so ist die Zuverlässigkeit der Rohstoffversorgung gefährdet. Zudem ist der Weltmarkt für mineralische Rohstoffe von der zunehmenden Dominanz einiger weniger Bergbauunternehmen gekennzeichnet, die ihre Marktmacht nutzen können, um Preise zu diktieren.

Die Verfügbarkeit **fossiler Rohstoffe** wird mit besonderer Besorgnis gesehen. Im Jahr 2012 wurden fast 90 % des weltweiten **Primärenergieverbrauchs** durch die fossilen Energieträger Erdöl (33 %), Kohle (30 %) und Erdgas (24 %) gedeckt.

Zwar lassen die globalen Energierohstoff-Reserven mit Ausnahme des **konventionellen Erdöls** (relativ leicht zu fördern, rasch verfügbar, billig) längerfristig eine ausreichende Deckung des Energiebedarfs erwarten. Über 70 % der konventionellen Erdölreserven befinden sich jedoch in einem relativ eng begrenzten Gebiet. Dieses Gebiet, die sogenannte **„strategische Ellipse"**, reicht vom Nahen Osten über den Kaspischen Raum bis nach Nordwest-Sibirien und umfasst politisch sehr instabile Räume. Es besteht die Gefahr, dass Grenzstreitigkeiten und Kriege die Erdölförderung und -lieferung einschränken und den Erdölpreis in die Höhe treiben.

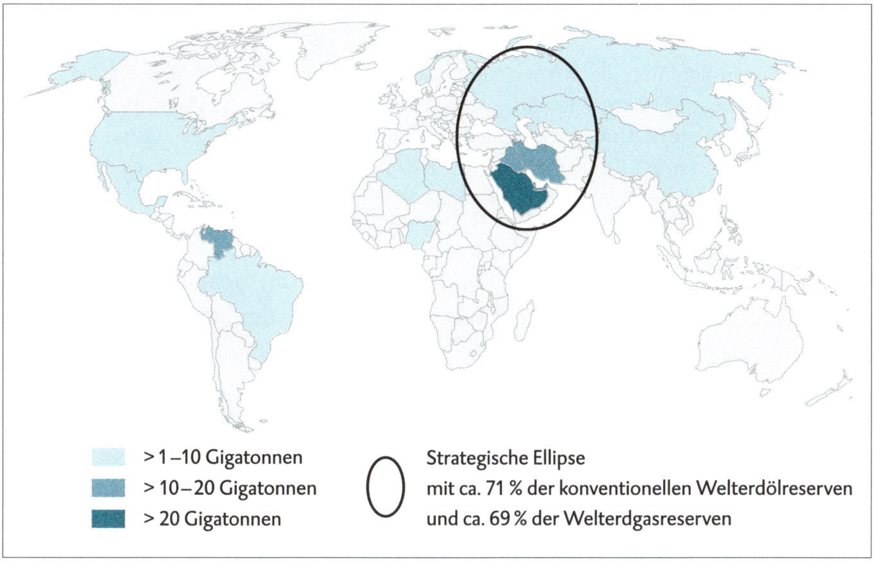

Strategische Ellipse von Erdöl und Erdgas

In den letzten Jahrzehnten nahm die Bedeutung der Erdölförderung aus dem Meer, also im **Offshore-Bereich**, ständig zu. Dabei ist eine zunehmende Verlagerung vom Flachwasser (Wassertiefen bis 500 m) in Tief- (> 500 m Wassertiefe) und Tiefstwasser (> 1 500 m Wassertiefe) zu beobachten. Die Tiefwasserförderung stellt hohe Ansprüche an Technik und Sicherheit. Der Unfall auf der Bohrplattform Deep Water Horizon im Golf von Mexiko im Jahr 2010 mit dem anschließenden Ölaustritt führte zu einer heftigen Diskussion über die zukünftige Förderung von Erdöl und Erdgas aus Tiefwasser.

Nicht-konventionelle Erdöle wie **Schwerstöl**, **Ölsande** oder **Ölschiefer** werden in der Zukunft eine immer größere Rolle bei der Energieversorgung spielen. Besonders große Vorkommen dieser Rohstoffe finden sich z. B. in Venezuela (Schwerstöle) und Kanada (Ölsande, siehe S. 23). Die Reserven an nicht-konventionellem Erdöl entsprechen etwa 40 % der Reserven an konventionellem Erdöl. Die Ressourcen übersteigen die des konventionellen Erdöls hingegen um das Dreifache. Dabei entfallen jeweils knapp 40 % der nicht-konventionellen Ressourcen auf Ölsande und Ölschiefer. Deren Förderung ist zwar sehr kostenaufwendig und mit großen Umweltbelastungen verbunden, erfuhr jedoch insbesondere in Nordamerika in den letzten Jahren einen starken Zuwachs, der auf den Weltenergiemärkten zu deutlichen Veränderungen führte. So boomt die Gewinnung von Schieferöl mittels **Fracking** so sehr, dass die USA 2013 zum ersten Mal seit fast zwei Jahrzehnten zum Nettoölexporteur wurden.

Fracking

Öl- und Gasvorkommen, die sich in dichtem Gestein befinden, werden durch Fracking zugänglich gemacht. Bei dieser Methode wird ein Gemisch aus Wasser, Sand und Chemikalien in das Gestein gepresst. Durch den damit erzeugten Druck können Öl- oder Gasvorkommen freigesetzt werden. Kritiker warnen vor Gefahren für das Trinkwasser durch den Einsatz der Chemikalien und vor der Freisetzung von entzündlichem Methangas.

Experten gehen davon aus, dass der Marktanteil von nicht-konventionellem Erdöl beim momentanen Ölpreisniveau in den nächsten Jahren weiter zunehmen und bis zum Jahr 2035 einen Anteil von ca. 10 % an der Gesamtförderung erreichen wird.

Aus geologischer Sicht kann für die kommenden Jahre bei einem moderaten Anstieg des Erdölverbrauchs die Versorgung mit Erdöl gewährleistet werden. Nach einer als optimistisch einzuschätzenden Projektion der Bundesanstalt für Geowissenschaften und Rohstoffe aus dem Jahr 2010 könnte die Erdölförderung weltweit bis etwa 2035 gesteigert werden und ein Niveau von etwa 4,5 Gigatonnen/Jahr erreichen. Dieser Wert deckt den von der Internationalen Energieagentur prognostizierten Bedarf jedoch nicht ab.

Sowohl die Entwicklung des globalen Primärenergieverbrauchs als auch die künftigen Anteile der einzelnen Energieträger daran lassen sich nur schwer vorhersehen. Neben der wirtschaftlichen Entwicklung in den aufstrebenden Ländern, dem technischen Fortschritt bei der Förderung fossiler Energieträger und der Erforschung neuer regenerativer Energiequellen sind es v. a. auch die politischen und gesellschaftlichen Anstrengungen zum Klimaschutz, die hier

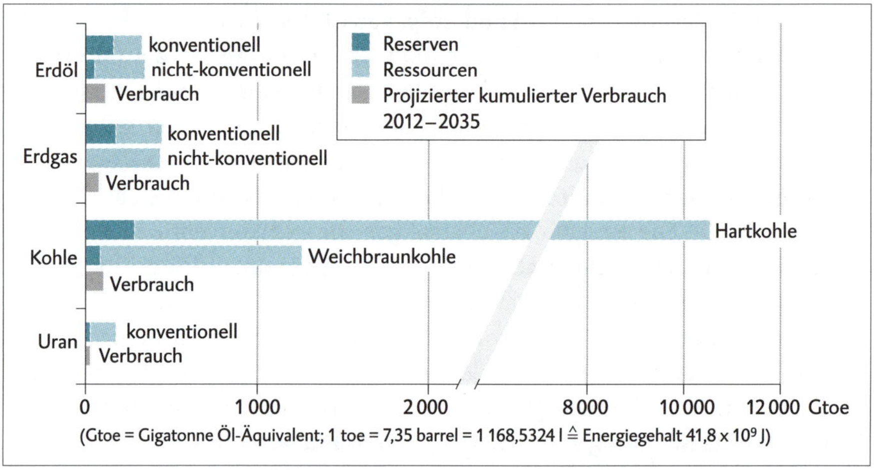

Angebotssituation fossiler Energierohstoffe Ende 2011

als schwer zu bemessender Einfluss wirksam werden können. Eine Wende zu einer in diesem Sinne nachhaltigen Energieversorgung gehört zu den wichtigsten Herausforderungen für das 21. Jh., zumal auch die Wasser-, Nahrungs- und Rohstoffversorgung zum großen Teil von der Energieversorgung abhängen. Nach Ansicht vieler Experten kann nur durch eine rasche **Energiewende** auf Dauer Versorgungssicherheit bei wettbewerbsfähigen Preisen gewährleistet werden, ohne künftigen Generationen unzumutbare Folgelasten aufzubürden.

Nachwachsende Rohstoffe: Problem oder Lösung?

Durch die Verbrennung fossiler Energieträger wird CO_2 freigesetzt, das als Treibhausgas wesentlich für die Erwärmung der Erdatmosphäre verantwortlich ist. Die **Substitution** (Ersatz) dieser Stoffe durch **regenerative Energien** und **nachwachsende Rohstoffe** dient nicht nur dem Klimaschutz, sondern verringert auch die Abhängigkeit von den Energieexporteuren.

Nachwachsende Rohstoffe

- pflanzliche und tierische Rohstoffe, die aus der Land- und Forstwirtschaft stammen
- biologisch erneuerbar
- keine Nutzung für Ernährungs- oder Fütterungszwecke, sondern stoffliche oder energetische Nutzung
- z. B. **Industriepflanzen** (wie Öl-, Zucker- und Faserpflanzen) und **Energiepflanzen** (wie Getreidestroh, Chinaschilf, Baumhölzer)

Die Erzeugung von Energie aus nachwachsenden Rohstoffen hat den Vorteil, dass pflanzliche Rohstoffe immer nur die Menge an CO_2 freisetzen, die sie während des Wachstums im Zuge der Fotosynthese der Atmosphäre entnommen haben. Im Gegensatz zu den endlichen Rohstoffen sind sie daher weitgehend CO_2-neutral.

In der deutschen Industrie stammen heute etwa 10 % aller eingesetzten Grundsubstanzen aus nachwachsenden Rohstoffen. Energiepflanzen werden zur Erzeugung von Wärme, Strom und Treibstoffen genutzt. Steigende Energiepreise und die politische Förderung von erneuerbaren Energien z. B. in Deutschland durch das **Erneuerbare-Energien-Gesetz (EEG)** aus dem Jahr 2000 führten und führen zu einem starken Ausbau. Durch dieses Gesetz ist geregelt, dass Betreiber von Anlagen zur Erzeugung von Strom aus erneuerbaren Energien für die Dauer von 20 Jahren einen festen Vergütungssatz pro eingespeiste Kilowattstunde Strom erhalten. Hierdurch wird die Stromerzeugung aus erneuerbaren Energien lukrativ, selbst wenn die Kosten der Erzeugung (noch) nicht mit konventionell erzeugtem Strom konkurrieren können.

Stoffgruppe	Beispiele/Verwendung
Holz	• Stoffliche Nutzung: – als Bau- und Möbelholz – als Grundstoff für die Herstellung von Verbundwerkstoffen – Grundstoff für die Papier- und Zellstoffindustrie • Energetische Nutzung: Verbrennung von Holzscheiten, Holzpellets, Hackschnitzeln
Pflanzenöle, z. B. Kokosöl, Palmöl, Rapsöl	• Rohstoff für Tenside für die Reinigungsmittel - und Kosmetikproduktion sowie für pharmazeutische Produkte • Bindemittel für Farblacke und Druckfarben • Weichmacher in der Kunststoffherstellung • Schmierstoff in Motor- und Hydraulikölen • Herstellung von Biokraftstoffen
Naturfasern, z. B. Baumwolle, Wolle, Jute	• Herstellung z. B. von Textilien, Verbundwerkstoffen, Spezialpapieren, Dämmstoffen, Seilen
Stärke Zucker	• Grundstoff bei der Papierherstellung • Produktion von Biokunststoffen • Herstellung von Reinigungsmitteln, Kosmetika, Pharmaka • Herstellung von Bioethanol
Nachwachsende Rohstoffe tierischen Ursprungs	• Leder, Felle, Wolle, Horn, Bienenwachs, Guano (Dünger), Knochen (Leimherstellung), Talg u. a.

Wichtige Vertreter nachwachsender Rohstoffe

Die Verwendung nachwachsender Rohstoffe für die Energie- und Kraftstoffgewinnung ist umstritten. Den Vorteilen im Bereich des Klimaschutzes, der Energiesicherheit und der Förderung des ländlichen Raumes stehen ökologische und soziale Nachteile gegenüber. Dabei wird v. a. die Biokraftstoffproduktion kritisch gesehen:

- Extreme Preissteigerungen für Agrarrohstoffe seit 2007, v. a. für Getreide und Ölsaaten, werden zu einem Teil auf die durch **Biokraftstoffe** ausgelöste Nachfragesteigerung zurückgeführt. Unter der **„Konkurrenz zwischen Teller und Tank"** leiden v. a. arme Bevölkerungsschichten in Entwicklungsländern, die die erhöhten Nahrungsmittelpreise nicht bezahlen können.
- Der Anbau der Energiepflanzen erfolgt überwiegend auf agroindustrieller Basis in Monokulturen. Seine Lukrativität beschleunigt die Umwandlung von Naturräumen in Kulturflächen. Insbesondere dann, wenn die Urbarmachung mit der Rodung von Urwäldern einhergeht, gehen wichtige klimatische Ausgleichsräume und Lebensräume für Tier- und Pflanzenarten verloren.

- In vielen Ländern führt die Ausweitung von Anbauflächen zur Verdrängung bzw. Vertreibung von Kleinbauern. Auch das Phänomen des **„Land Grabbing"**, der Aneignung großer Flächen für die landwirtschaftliche Nutzung in Entwicklungsländern durch in- und ausländische Investoren, wird mit der Wertsteigerung landwirtschaftlicher Produkte im Zuge des Biokraftstoff-Booms verknüpft.

in 1 000 ha	2011	2012
davon:		
• Industriestärke	160,0	245,0
• Industriezucker	10,0	12,0
• technisches Rapsöl	120,0	120,0
• technisches Sonnenblumenöl	8,5	8,5
• technisches Leinöl	2,5	2,5
• Faserpflanzen	0,5	0,5
• Heil- und Färberpfl.	10,0	13,0
Industriepflanzen ges.	**311,5**	**401,5**

in 1 000 ha	2011	2012
• Raps (Biodiesel/ Pflanzenöl)	910,0	913,0
• Zucker/Stärke (Bioethanol)	240,0	243,0
• Pflanzen für Biogas	900,0	962,0
• Sonstiges	6,0	6,5
Energiepflanzen ges.	**2 056,0**	**2 124,5**
NawaRo gesamt	**2 367,5**	**2 526,0**

Anbau nachwachsender Rohstoffe in Deutschland

Die sogenannten **„Biokraftstoffe der zweiten Generation"** aus besonders zellulosereichen Pflanzenteilen (Blätter, Holz, Grünabfälle) weisen gegenüber den biomassebasierten Kraftstoffen der ersten Generation Vorteile auf, können aber die genannten Problembereiche nicht ausräumen. Das bekannteste Beispiel ist der synthetische Biokraftstoff nach dem Prinzip **„biomass to liquid"** (BTL, „Biomasse zu Flüssigkeit"). Er kann aus Holzresten, Stroh oder Molkereiabfällen gewonnen werden und konkurriert damit nicht oder zumindest nicht direkt mit den Anbauflächen für Nahrungs- oder Futtermittel. Auch hinsichtlich seiner Klimabilanz und seiner technischen Eigenschaften weist er deutliche Verbesserungen auf. Die Biokraftstoffe der zweiten Generation haben jedoch noch keine Marktreife erlangt; sie könnten ab 2020 verfügbar sein. Noch in der Entwicklungsphase befinden sich **Biokraftstoffe der dritten Generation** aus Algen, die den Vorteil haben, dass ihre Produktion CO_2 bindet.

Lösungsansätze zur Überwindung von Ressourcenverknappung

Durch die Nutzungskonkurrenz von Nahrungsmitteln und nachwachsenden Rohstoffen auf landwirtschaftlichen Flächen, die ihren Ausdruck in stark steigenden Preisen für Grundnahrungsmittel findet, wird deutlich, dass auch die

Verfügbarkeit der nachwachsenden Rohstoffe begrenzt ist. Determinierende Faktoren sind in erster Linie die Umweltfaktoren Boden und Wasser, die nicht beliebig vermehrbar sind und durch eine Übernutzung gefährdet werden. Die Nutzung der sich regenerierenden Lebensgrundlagen darf zudem nicht die Rate ihrer Regeneration überschreiten. Die Substitution nicht-regenerativer Rohstoffe durch nachwachsende Rohstoffe ist ökologisch und ökonomisch in gewissen Fällen sinnvoll, jedoch kein Allheilmittel gegen globale Erwärmung, Umweltverschmutzung und Rohstoffverknappung. Weitere Maßnahmen müssen ergänzt werden; die wichtigsten sind:

- **Ressourceneffizienz**
  Durch einen sparsameren Rohstoffeinsatz könnte die Industrie ihren Materialbedarf nach Einschätzung von Experten kurzfristig um ein Zehntel senken. Langfristig sind weitere Einsparungen bis zu 50 % bei gleichem Nutzen denkbar. Mit dem Materialbedarf sinken auch der zu dessen Produktion notwendige Energiebedarf sowie die damit verbundenen ökologischen und sozialen Probleme.
- **Recycling – Urban Mining**
  Als Recycling bezeichnet man die Gewinnung von Rohstoffen aus Abfällen, die den Wirtschaftskreisläufen wieder zugeführt und zu neuen Produkten verarbeitet werden **(Sekundärrohstoffe)**. Es lassen sich sowohl mineralische als auch organische Rohstoffe recyceln (siehe Abb. S. 25). Im Rahmen des modernen Recyclings werden heute primär die folgenden Pfade verfolgt:
  1. **Wiederverwendung**, also erneute Nutzung z. B. von Pfandflaschen,
  2. **stoffliche Verwertung**, d. h., Abfallströme werden aufbereitet, um marktfähige Sekundärrohstoffe wieder zu gewinnen,
  3. **energetische Verwertung**, d. h., Abfallstoffe werden in Müllverbrennungsanlagen mit dem Ziel der Energiegewinnung verbrannt.

Urban Mining

Die **Rohstoffgewinnung aus Sekundärrohstoffen** bezeichnet man in einem modernen ganzheitlichen Ansatz auch als **Urban Mining** (dt. „städtischer Bergbau"). Wie der klassische Bergbau umfasst Urban Mining u. a. die Identifizierung von Lagerstätten (in diesem Falle **anthropogene Lagerstätten** bzw. **urbane Minen**).
Man unterscheidet zwischen kurzfristigen urbanen Minen (= v. a. kurzlebige Konsum- und Produktionsgüter, Verpackungen und Abfälle) und langfristigen urbanen Minen (= v. a. langlebige Güter, Gebäude, Infrastruktureinrichtungen, Abfalldeponien).

- **Regenerative Energien aus strömenden Ressourcen**
  Zu den erneuerbaren oder regenerativen Energien zählen auch Energiegewinnungsformen, die auf den sogenannten **strömenden Ressourcen** basieren: **Solarenergie, geothermische Energie, Wasserkraft** und **Windkraft**. Anders als bei den Energiegewinnungsformen auf stofflicher Basis können sie sich nicht erschöpfen.

Technik	Potenzielle Umweltbelastungen
Fotovoltaikplatten	energieaufwendige Produktion, Verwendung von Schwermetallen
thermische Solarkollektoren	hoher Verbrauch an Aluminium (energieaufwendig) und Kupfer
Talsperren	hoher Landschaftsverbrauch, Eingriffe in Lebensräume, hoher Energieeinsatz beim Bau
Laufwasserkraftwerke	starke Eingriffe in das Abflussverhalten, Veränderung bzw. Zerstörung der Biotop-Strukturen
Windparks	Licht-Schatten-Störungen und Geräuschbelastung durch den Rotorlauf, Störung der Tierwelt

Beispiele erneuerbarer Energien und ökologischer Belastungen

2.3 Probleme der Ressourcennutzung

Umweltbelastungen durch die Gewinnung und Nutzung von Ressourcen

Von Abbau, Aufbereitung und Transport der Rohstoffe gehen schwere Umweltbelastungen aus. Doch auch der von Störfällen unbeeinträchtigte Abbau hat Folgen für die betreffenden Regionen. In Schwellen- und Entwicklungsländern, in denen die Umweltauflagen gering sind und es an geeigneten Kontrollstrukturen zur Einhaltung der Umweltstandards fehlt, treten diese Folgen besonders gravierend zutage. Im Jahr 2006 veröffentlichte das gemeinnützige Blacksmith Institute erstmals eine Liste der am stärksten verschmutzten Orte. Bei der Auswahl geht es nicht um eine Rangfolge, sondern um die exemplarische Hervorhebung besonders betroffener Gebiete stellvertretend für andere Fälle, die noch nicht bekannt geworden oder bereits wieder in Vergessenheit geraten sind.

Die räumliche Verteilung der beim Blacksmith Institute registrierten **Orte mit gravierender Umweltverschmutzung** lässt einen deutlichen Zusammenhang zwischen dem Entwicklungsstand und der Häufigkeit einer bedrohlichen Verschmutzungsproblematik erkennen.

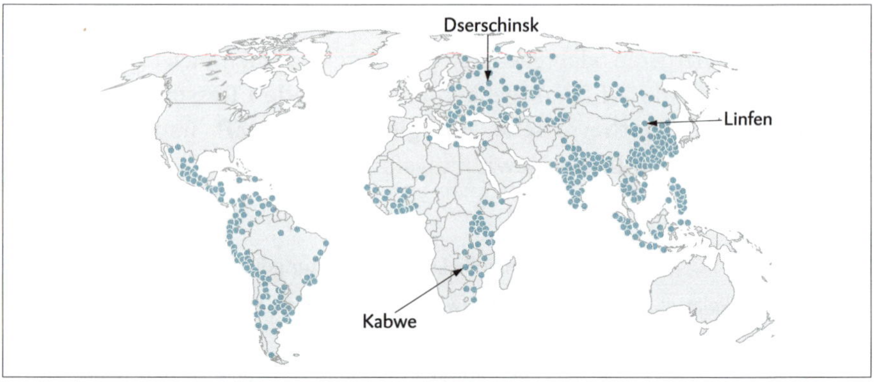

Orte mit gravierender Umweltverschmutzung (registriert beim Blacksmith Institute)

Ort, Land	Potenziell Betroffene	Gesundheitliche Auswirkungen	Schadstoffe	Verursacher
Dserschinsk, Russland	300 000 Menschen	Lebenserwartung deutlich niedriger als im russischen Durchschnitt	Rückstände von Chemikalien, giftige Nebenprodukte	Chemiewaffenproduktionsanlagen aus der Zeit des Kalten Kriegs
Kabwe, Sambia	255 000 Menschen	Bleiwerte im Blut der Kinder bis zu 10-mal höher als empfohlene Maximalbelastung	Blei, Cadmium	Bergbau, v. a. Bleigewinnung
Linfen, China	3 000 000 Menschen	Hohe Raten an Atemwegs- und Hauterkrankungen, Lungenkrebs	Asche, Kohlenstoffmonoxid, Stickoxide, Schwefeldioxid, Feinstaub, organische Verbindungen, Arsen, Blei	Emissionen verschiedener Industriebetriebe und Autoabgase

Beispiele aus den „Top Ten" der am gravierendsten verschmutzten Orte der Welt (Liste des Blacksmith Institutes 2007)

Zwischencheck

- Erklären Sie den Begriff „Ressourcen".
- Erklären Sie, warum man die Nutzung nachwachsender Rohstoffe im Zusammenhang mit dem weltweit steigenden Ressourcenverbrauch sowohl als Problem als auch als Lösung ansehen kann.

3 Grenzen der Tragfähigkeit am Beispiel Desertifikation

3.1 Der Tragfähigkeitsbegriff

Wie lange sich das wirtschaftliche Wachstum und die damit verbundene Zunahme im Ressourcenverbrauch fortsetzen lässt, hängt neben der Verfügbarkeit nicht-regenerativer Rohstoffe auch ganz wesentlich von der **Biokapazität** des globalen Ökosystems ab. Hierunter versteht man die Kapazität der Erde zur Bereitstellung biotischer Ressourcen und zur Absorption der Abfallstoffe und Emissionen, die mit der Ressourcennutzung einhergehen. Die Biokapazität spielt eine wichtige Rolle bei der Ermittlung und Bewertung des ökologischen Fußabdrucks (siehe S. 169 ff.).

Die Frage nach der Biokapazität ist eng verknüpft mit dem wesentlich älteren Konzept der **Tragfähigkeit**. Es wird auf einen Aufsatz des Briten Thomas R. Malthus von 1798 zurückgeführt (siehe S. 195). In der ursprünglichen Auffassung des Begriffes bemisst sich die Tragfähigkeit eines Raumes an der maximalen Anzahl von Menschen, die unter den dort herrschenden physisch-geographischen Voraussetzungen ernährt werden können. Je nach Betrachtungsweise bzw. Berechnungsgrundlage unterscheidet man heute folgende Formen:

Verschiedene Formen der Tragfähigkeit (Auswahl)

- Die **agrare Tragfähigkeit** ist dann nicht überschritten, wenn eine Agrargesellschaft mit einem bestimmten Kultur- oder Zivilisationsstand dauerhaft existieren kann, ohne die natürlichen Lebensgrundlagen zu zerstören.
- Die **effektive Tragfähigkeit** errechnet die Zahl der zu ernährenden Menschen unter Berücksichtigung der jeweils angewandten Agrartechnik.
- Die **potenzielle Tragfähigkeit** ergibt sich, wenn die bestmögliche Agrartechnik eingesetzt wird.
- Von **maximaler Tragfähigkeit** eines Raums spricht man, wenn man die Sicherung des Existenzminimums der größtmöglichen Anzahl der in diesem Raum Lebenden meint.
- Die **optimale Tragfähigkeit** setzt einen Lebensstandard deutlich über dem Existenzminimum voraus.
- Die **innenbedingte Tragfähigkeit** berücksichtigt bei der Berechnung keinerlei Bezug von Grundnahrungsmitteln von außerhalb der untersuchten Region.
- Die **außenbedingte Tragfähigkeit** bezieht Importe ein.
- Bei der **sozialen Tragfähigkeit** berücksichtigt man die Verteilungsmechanismen einer Gesellschaft und das Maß der Teilhabe des Einzelnen am gesellschaftlichen Reichtum.
- Die **ökologische Tragfähigkeit** bezieht sich auf den Gesamtbestand der für das Leben der Menschen benötigten natürlichen Ressourcen.

3.2 Desertifikation als stärkste Form der Bodendegradation

Dort, wo die ökologische Tragfähigkeit aufgrund der naturräumlichen Ausstattung besonders gering ist, können schon leichte Veränderungen der Nutzungsintensität, wie sie beispielsweise durch das natürliche Bevölkerungswachstum entstehen, zur Überschreitung der Tragfähigkeit führen. In diesem Falle kommt es zu nachhaltigen Schädigungen des Naturraums, die in eine Katastrophe mit langfristigen und auch unumkehrbaren Folgen für Mensch und Raum münden können. Am Beispiel der Desertifikation wird dies deutlich.

Desertifikation: Begriffsdefinition

Der Begriff bezeichnet eine **Bodendegradation** in ariden und semiariden Gebieten der Erde, die zu wüstenähnlichen Verhältnissen und im Extremfall auch zur Entstehung von Wüsten führt. Sie basiert auf vielschichtigen und miteinander in Wechselwirkung stehenden Ursachen, vorrangig jedoch auf dem Einfluss des Menschen.

Man versteht unter der **Desertifikation** also nicht einfach den Verlust von Land an die Wüste, beispielsweise durch das Vordringen von Sanddünen. Die Ableitung des Begriffs vom lateinischen „desertus facere" hebt im Unterschied zu ähnlichen Begriffen wie „Wüstenbildung" oder „Wüstenausbreitung" die anthropogenen Ursachen hervor. Bodendegradation durch Faktoren wie die Vernichtung der Vegetationsdecke, Verdichtung der Bodenstruktur, Versalzung oder Erosion führt nicht zwangsläufig zu Desertifikation. Dies ist nur dann der Fall, wenn die Regenerationsfähigkeit des Bodens und somit die natürliche und ökonomische Produktivität des Ökosystems dauerhaft gestört wird. In Trockengebieten ist die Degradationsgefahr aufgrund geringer, oftmals unregelmäßiger Niederschläge und einer in der Regel nur dünnen fruchtbaren Bodenschicht besonders hoch. Je nach Intensität und Dauer können unterschiedliche **Desertifikationsgrade** – von leicht bis irreversibel – auftreten.

Verbreitung der Desertifikation und desertifikationsgefährdeter Gebiete

Desertifikation ist ein Problem, das nahezu alle Kontinente betrifft. Etwa 70 % aller Trockengebiete gelten als desertifikationsgefährdet. Rund 12 Mio. km^2 sind nach neuesten Analysen bereits durch Desertifikation geschädigt, das entspricht ungefähr einem Viertel der globalen Ackerfläche. Weltweit sind rund 250 Mio. Menschen direkt von Desertifikation betroffen; in Afrika und Asien etwa 40 %, in Südamerika etwa 30 %. Unter den insgesamt 110 Ländern, die mit Desertifikation zu kämpfen haben, sind die 50 am wenigsten entwickelten Länder (LDCs) besonders stark betroffen, da hier Trockengebiete erhebliche

Arbeiter pflanzen Bäume in einem desertifikationsgefährdeten Gebiet in Nordwest-China

Teile der Landesfläche einnehmen, z. B. Sudan, Tschad oder Mali. Aber auch in vielen Schwellenländern ist Desertifikation ein gravierendes Problem, z. B. in China, Argentinien, Brasilien, Mexiko und in den zentralasiatischen Transformationsländern. Im Süden der USA und in einigen Mittelmeeranrainerstaaten gibt es ebenfalls große Desertifikationsprobleme. Jedes Jahr werden weitere 12 Mio. ha unfruchtbar – eine Fläche, dreimal so groß wie die Niederlande.

Ursachen der Desertifikation

Die Landnutzungsmöglichkeiten in den Trockengebieten der Erde sind nicht nur durch die durchschnittliche geringe jährliche Gesamtniederschlagsmenge begrenzt. Es kommt auch an auf die Verteilung im Jahresverlauf und auf die **Variabilität der Niederschläge**, d. h. die Unterschiede in der Gesamtsumme im Jahresvergleich. In der Regen-Unsicherheit liegt eine der wichtigsten Ursachen für die Desertifikation. In traditionellen Nutzungssystemen haben sich die Bewohner der Trockenräume an die geringe Belastbarkeit der natürlichen Ressourcen und die Niederschlagsschwankungen durch besondere Anbautechniken, **Landwechselwirtschaft** und **nomadische Weidewirtschaft**, angepasst. Hierdurch konnte eine Überbeanspruchung der zur Verfügung stehenden Flächen generell und auch in Dürreperioden vermieden werden. Durch das Bevölkerungswachstum und einen teils freiwilligen, teils politisch erzwungenen Übergang zur sesshaften Lebensweise ist diese Flexibilität zurückgegangen; die Gefahr der Desertifikation durch Übernutzung insbesondere in den Dürrejahren ist gestiegen.

Bei der Viehhaltung stellen sich die fatalen Folgen dieser Entwicklung folgendermaßen dar: Ermöglicht durch eine bessere tierärztliche Versorgung und die Bereitstellung von Wasser beispielsweise über moderne **Tiefbrunnen** wachsen die Herden in futterreichen Jahren an. Ihre Besitzer erhoffen sich hiervon eine größere wirtschaftliche Sicherheit in Krisenjahren und vielerorts auch einen Prestigegewinn. In Dürrejahren bzw. bei Überschreitung der **ökologischen Tragfähigkeit** wächst nicht genug Futter für die Tiere nach; dies hat zur Folge, dass die Vegetation durch Fraß und Tritt zu stark belastet und zunehmend lückenhaft wird. Die meist dünnen fruchtbaren Bodenschichten werden nicht mehr festgehalten und können durch Wind abgetragen werden. Die Bodendecke ist zudem nun ungeschützt der Sonne ausgesetzt und trocknet stark aus. Im Verdunstungsstrom wandern gelöste Mineralsalze nach oben und lagern sich an der Bodenoberfläche ab, was die Bodenfruchtbarkeit weiter verschlechtert. Die Förderung von Wasser aus tiefen Grundwasserschichten führt zu einem Absinken des Grundwasserspiegels.

In der Sahelzone sind die Folgen einer solchen an die klimatischen Gegebenheiten unangepassten Entwicklung der Landnutzung in der Vergangenheit besonders gravierend zutage getreten. Hier kam es in den 1970er- und 1980er-Jahren nach einer Phase des Bevölkerungswachstums und gravierender Eingriffe in der Landwirtschaft wiederholt zu einem Kollaps des Wirtschafts- und Naturgefüges und zu Hungerkatastrophen, ausgelöst durch Dürren. Das Ineinandergreifen der Ursachen für diesen Kollaps – wobei die Desertifikation eine Schlüsselstellung einnimmt – wird im Desertifikationsschema auf S. 41 deutlich.

Auswirkungen der Desertifikation

Von den Auswirkungen der Desertifikation sind mit Kleinbauern und nomadisch lebenden Viehzüchtern v. a. die ärmsten Bevölkerungsschichten betroffen. Sie geraten in eine Abwärtsspirale aus Naturzerstörung und Verarmung, die letztlich ihre Lebensgrundlage vernichtet. Viele Menschen sehen sich gezwungen, in die Städte abzuwandern. Über diese Kette aus Ursachen und Folgen verschärft Desertifikation die sozialen Probleme der betroffenen Länder und verhindert eine nachhaltige wirtschaftliche Entwicklung. Die volkswirtschaftlichen Schäden und sozialen Kosten sind enorm. Zur wirksamen Bekämpfung reichen agrartechnische Maßnahmen allein nicht aus. Vielmehr muss auf die unterschiedlichen Lebensbereiche der betroffenen Bevölkerungsgruppen unterstützend eingewirkt werden.

Desertifikationsschema

Maßnahmen gegen die Desertifikation

Bekämpfung von Desertifikation erfordert gleichzeitig Armutsbekämpfung und eine strukturelle ländliche Entwicklung. Die auf S. 42 aufgelisteten Maßnahmen sind daher immer integrativ einzusetzen, wenn sie nachhaltig wirksam sein sollen. Zudem haben Projekte gegen die Desertifikation nur dann Aussicht auf dauerhaften Erfolg, wenn sie von der lokalen Bevölkerung mitgetragen werden **(Bottom-up-Ansatz)**.

Maßnahmen gegen die Desertifikation

- Erosionsschutz der Böden, z. B. durch Trockensteinmauern oder Pflanzhügel
- Wiederaufforstungsprogramme
- Anpassung des Viehbestandes an das naturräumliche Potenzial
- Einführung landwirtschaftlicher Nutzpflanzen mit hoher Trockenheitstoleranz
- Einführung angepasster Bewässerungstechnologien
- Einführung brennholzsparender Methoden für das Kochen
- Unterstützung der Bevölkerung bei der gemeinsamen Landnutzungsplanung sowie bei der Vermarktung ihrer Waren und Produkte
- Rechtliche Absicherung des Landbesitzes bzw. längere Pachtverhältnisse
- Erweiterung der politischen Mitgestaltungsmöglichkeiten

Zwischencheck

- Kennzeichnen Sie den Unterschied zwischen der Biokapazität und der ökologischen Tragfähigkeit eines Raumes.
- Stellen Sie die Ursachenverflechtung bei der Desertifikation am Beispiel der Viehhaltung dar.
- Erläutern Sie Beispiele für agrartechnische und wirtschaftliche Maßnahmen mit dem Ziel nachhaltiger Desertifikationsbekämpfung.

4 Das Syndrom-Konzept

Die Entwicklung in der Sahel-Zone ist charakteristisch für die Entstehung und die Auswirkungen von Degradationserscheinungen in Regionen, deren natürliche Umweltbedingungen nur begrenzte und besonders angepasste landwirtschaftliche Nutzungen zulassen. Dieser problematische Ursache-Wirkungskomplex wird als **„Sahel-Syndrom"** bezeichnet. Dieses Syndrom ist in vielen anderen desertifikationsgefährdeten Räumen als „Krankheitsbild" vorzufinden.

Syndrom-Konzept: Konzeption und Begriff

Das Syndrom-Konzept wurde Mitte der 1990er-Jahre vom Wissenschaftlichen Beirat der Bundesregierung entwickelt: Es soll die vielfältigen Probleme des globalen Wandels überschaubar darstellen und die Entwicklung von Handlungsmöglichkeiten erleichtern.
Als **Syndrom** bezeichnet man in der Medizin eine Gruppe von Krankheitsmerkmalen oder Symptomen, die in ihrem gemeinsamen Auftreten typisch für eine bestimmte Krankheit sind. Ein Syndrom ist somit ein „Symptomkomplex". Zwar findet der Begriff auch in anderen Bereichen Verwendung, doch wirkt der Vergleich zu Krankheiten im Zusammenhang mit dem Mensch-Umwelt-Verhältnis sehr anschaulich.

Die regionale Analyse der wichtigsten problematischen Umweltveränderungen durch menschliches Einwirken hat erkennen lassen, dass gravierende Umweltbeeinträchtigungen weltweit nach einer überschaubaren Anzahl charakteristischer Muster oder „Krankheitsbilder" verlaufen. Insgesamt wurden 16 Syndrome identifiziert, die in drei Gruppen eingeteilt werden können, nämlich in Syndrome, die direkt durch Nutzung der natürlichen Ressourcen entstehen, Syndrome, die aus für den globalen Wandel charakteristischen wirtschaftlichen Entwicklungen resultieren, und Syndrome als Folge der Ablagerung von Abfallstoffen (= Syndromgruppe „Senken").

Syndromgruppe „Nutzung"	
Agrarische Übernutzung marginaler Standorte	SAHEL-Syndrom
Raubbau am natürlichen Ökosystem	RAUBBAU-Syndrom
Umweltdegradation durch Preisgabe traditioneller Landnutzungsformen	LANDFLUCHT-Syndrom
Nicht-nachhaltige industrielle Bewirtschaftung von Böden und Gewässern	DUST-BOWL-Syndrom
Umweltdegradation durch Abbau nicht-erneuerbarer Ressourcen	KATANGA-Syndrom
Schädigung von Naturräumen durch Erholungszwecke	MASSENTOURISMUS-Syndrom
Umweltzerstörung durch militärische Nutzung	VERBRANNTE-ERDE-Syndrom
Syndromgruppe „Entwicklung"	
Umweltschädigung durch Naturraumgestaltung im Rahmen von Großprojekten	ARALSEE-Syndrom
Umweltdegradation durch Verbreitung standortfremder landwirtschaftlicher Produktionsverfahren	GRÜNE-REVOLUTION-Syndrom
Vernachlässigung ökologischer Standards im Zuge hochdynamischen Wirtschaftswachstums	KLEINE-TIGER-Syndrom
Umweltdegradation durch ungeregelte Urbanisierung	FAVELA-Syndrom
Landschaftsschädigung durch geplante Expansion von Stadt- und Infrastrukturen	URBAN-SPRAWL-Syndrom
Singuläre anthropogene Umweltkatastrophen mit längerfristigen Auswirkungen	HAVARIE-Syndrom
Syndromgruppe „Senken"	
Umweltdegradation durch weiträumige diffuse Verteilung von meist langlebigen Wirkstoffen	HOHER-SCHORNSTEIN-Syndrom
Umweltverbrauch durch geregelte und ungeregelte Deponierung zivilisatorischer Abfälle	MÜLLKIPPEN-Syndrom
Lokale Kontamination von Umweltschutzgütern an vorwiegend industriellen Produktionsstandorten	ALTLASTEN-Syndrom

Übersicht über die Syndrome des globalen Wandels

Die Syndrome können wie Krankheiten auch in unterschiedlichen Schweregraden oder Intensitätsstufen auftreten. Die Entwicklung von Räumen, in denen Syndrome auftreten, ist nicht nachhaltig. Umgekehrt wirkt sich nachhaltiges Wirtschaften in diesem Konzept als Linderung von Syndromen aus. Die Syndrome sind durch ein bestimmtes Beziehungsgeflecht zwischen ihren Symptomen näher charakterisierbar (siehe folgende Abb.).

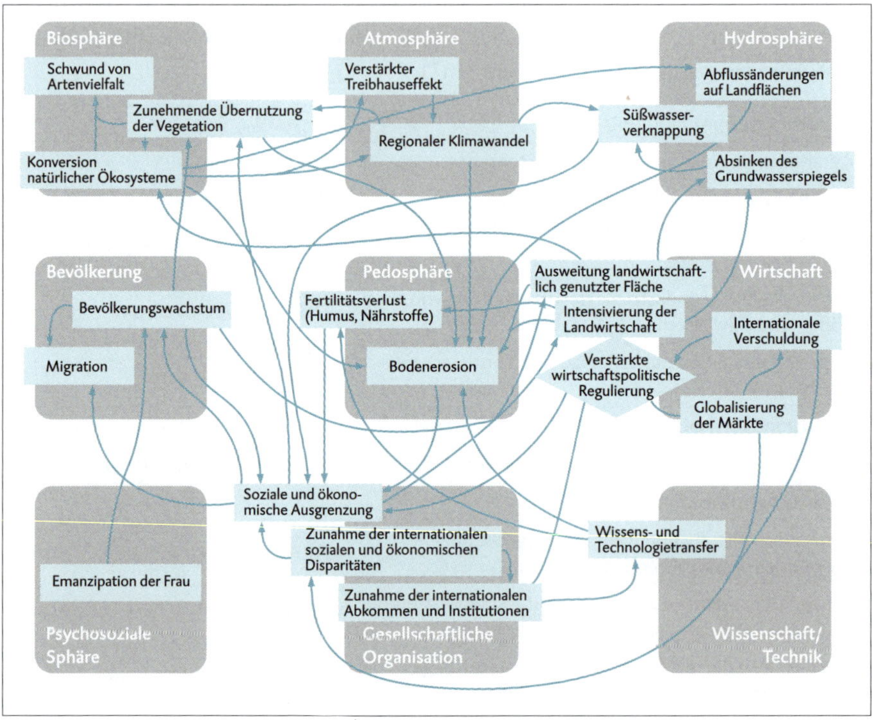

Beziehungsgeflecht charakteristischer Symptome am Beispiel des Sahel-Syndroms

Zwischencheck

- Übertragen Sie die medizinischen Begriffe „Symptom“ und „Syndrom“ auf den Bereich der globalen Umweltveränderungen. Nutzen Sie hierzu das Beispiel des Sahel-Syndroms.
- Erläutern Sie mithilfe des syndromspezifischen Beziehungsgeflechtes, welche Faktoren im Sahel-Syndrom direkt nachteilig auf die Pedosphäre einwirken und damit zur Bodendegradation beitragen.

Biokraftstoff Ethanol – eine nachhaltige Alternative?

gabe 1 Beschreiben Sie die Entwicklung und die Verwendung der Maisproduktion in den USA seit 1980.

gabe 2 Analysieren Sie die Nachhaltigkeit der Verwendung von Mais für die Ethanolproduktion in den USA.

M 1 Produktion und Verwendung von Mais in den USA

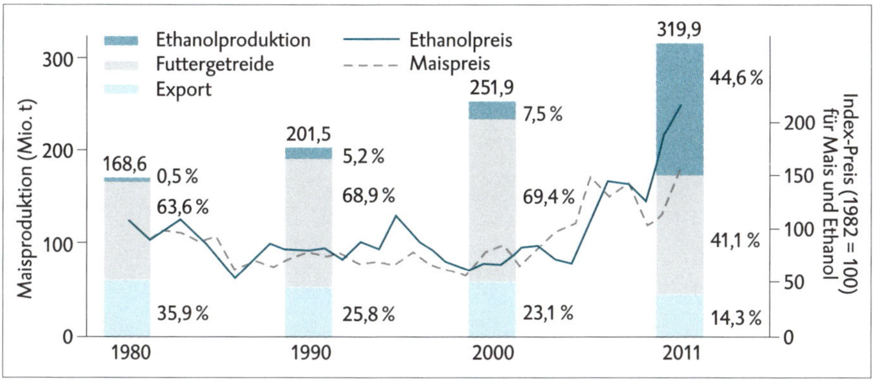

M 2 Auswirkungen der Biokraftstoffproduktion auf den Klimawandel

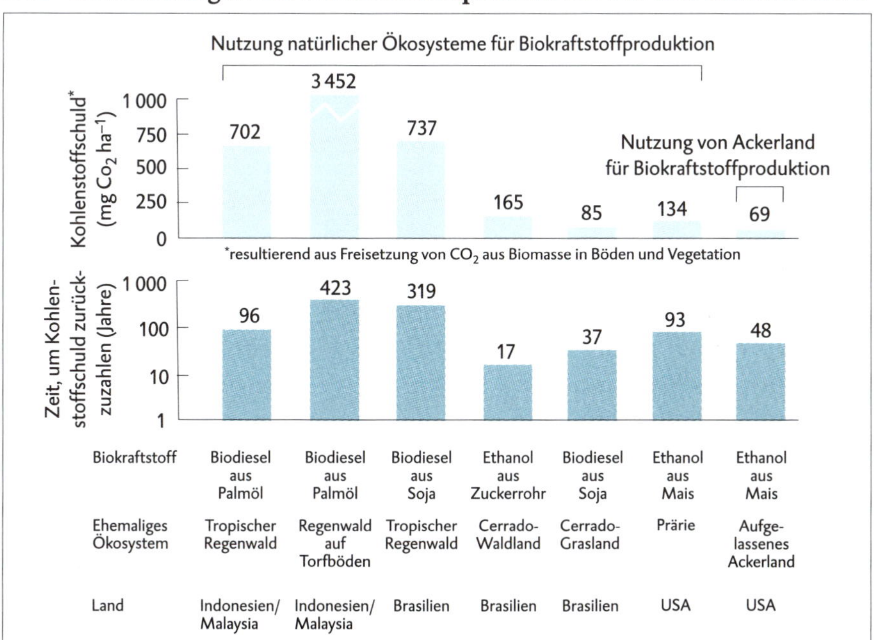

Wirtschaftsfaktor Fremdenverkehr in seiner Bedeutung für Zielregionen

Am Strand von Lloret de Mar, Spanien. In die „Partyhochburg" nahe Barcelona zieht es jeden Sommer über eine Million Touristen.

1 Was ist Fremdenverkehr?

Zur Definition der Begriffe Fremdenverkehr bzw. Tourismus werden meist drei Kriterien herangezogen, nämlich die **Motive der Reisenden**, die **Dauer des Aufenthalts** und – damit verbunden – die **Lage des Zielorts:**

	touristischer Kernbereich	teilweise dem Tourismus zugeordnet	nicht dem Tourismus zugeordnet
Motiv	Urlaub/Erholung	Geschäft/Beruf, Gesundheit/Kur, Religion, Verwandtenbesuch, Freizeitgestaltung	Studium, Arbeit, Auswanderung; Flucht/Vertreibung; Nomadismus
Dauer	5 – 30/45 (max. 365) Tage: (Erholungs-) Tourismus, Langzeittourismus	meist 1 – 4 Tage: Tagesausflug/ Kurzzeittourismus (Wochenendtourismus)	Tag, Woche, Monat; über 1 Jahr: Daueraufenthalt
Zielort	Inland und Ausland, kontinental/ transkontinental: Ferntourismus	(Heimat-)Ort und nähere Umgebung	Grenzverkehr zum Arbeitsplatz (Berufspendler bis transkontinental)

Tourismus = Fremdenverkehr: Kriterien

Was der einzelne Reisende unter „Erholung" versteht, wie er den „Urlaub" gestaltet, wann und wie er ihn antritt, erlaubt weitere Unterscheidungen (siehe folgende Tabelle). Nach der regionalen Herkunft können **Binnen-** und **Ausländer-Tourismus** unterschieden werden. Unter dem Begriff **Incoming-Tourismus** fasst die Statistik Reisen von In- und Ausländern im jeweiligen Inland zusammen.

Merkmal	Beispiele für entsprechende Reiseformen
Reisezeit	Sommer-, Wintertourismus; Hoch-, Vor-, Nebensaisontourismus
Anzahl d. Teilnehmer	Individual-, Gruppenreise
Unterkunft	Camping-, Hotel-, Hütten-, Kreuzfahrttourismus
Standard	Low-Budget-Tourismus, Luxustourismus
Verkehrsmittel	Fahrrad-, Auto-, Bahn-, Bus-, Flug-, Schiffstourismus
Aktivität	Bade-, Golf-, Sport-, Ski-, Wandertourismus
Motiv	Bildungsreise (Ethnotourismus, Kulturtourismus, Städtereise, …), Erholungstourismus i. e. S. („Strandurlaub"), Shopping, Wellness
Organisationsform	Pauschalreise, individuelle Reise, Gruppenreise

Formen des Fremdenverkehrs

2 Entwicklung des Tourismus in Deutschland

Abgesehen von Pilgerfahrten oder Reisen zu Heilorten war bis in die Mitte des 19. Jh. touristisches Reisen dem Adel und den Künstlern bzw. dem wohlhabenden Bildungsbürgertum vorbehalten und stets etwas Außergewöhnliches. Der Ausbau des Schienen-, Hotel- und Restaurantnetzes (in Deutschland wie in vielen anderen Staaten etwa ab 1850), erste Reiseführer (Baedeker 1839), die Gründung von Wander- und Fremdenverkehrsvereinen, erste Seebäder (um 1800) und erste Pauschalreisen (erstes deutsches Reisebüro 1854, erste deutsche Pauschalreise 1869 nach Ägypten) markieren das Ende dieser Frühphase.

Die gesetzliche Verankerung von Urlaubstagen (im Deutschen Reich seit der Jahrhundertwende jährlich 2–12) führte zu einem Aufschwung wohnortnaher „Sommerfrischen". Als 1933 der Jahresurlaub auf bis zu drei Wochen verlängert wurde, setzte eine erste „Reisewelle" ein. Nach einer Unterbrechung durch Zweiten Weltkrieg und Wiederaufbau lag die **Reiseintensität** (Anteil mehr als 14 Jahre alter Menschen an der Gesamtbevölkerung, die eine Reise von fünf und mehr Tagen pro Jahr unternehmen) in Deutschland Mitte der 1950er-Jahre bereits bei 24 % – auch wenn es sich bei der Hälfte dieser Reisen um Verwandtenbesuche handelte: **massentouristische Expansionsphase** (etwa bis 1970). Die Reiseintensität stieg bis etwa 1990 auf Werte um 75 %: **massentouristische Reifephase** (siehe folgende Abb.).

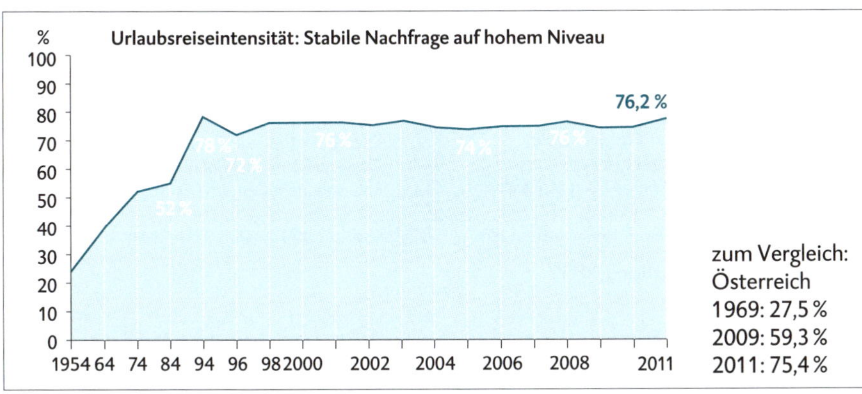

Entwicklung der Reiseintensität in Deutschland

Folgende Ursachen sind für den Anstieg der Reiseintensität verantwortlich:

- Zunahme der Zahl der arbeitsfreien Tage im Jahr (auf derzeit durchschnittlich 29,1 Tage; zum Vergleich: EU 25,9 Tage);
- gestiegener Wohlstand (monatliches Bruttoeinkommen je abhängig Beschäftigtem 1991: 1 675 €; 2011: 2 448 €)

- höherer Motorisierungsgrad (Ablösung der Bahn durch den Pkw als wichtigstes Reiseverkehrsmittel Mitte der 1960er-Jahre);
- zunehmende Akzeptanz von Pauschalreisen (Anteil an allen Reisen 1970: etwa 10 %, 1990: 35 %, 2012: deutlich über 40 %);
- wachsender Wunsch nach Erholung als Folge zunehmender Verstädterung und Schnelllebigkeit des Alltags;
- die Erleichterung des Reisens, z. B. durch die große Durchlässigkeit der Grenzen und computerbasierte Buchungssysteme.

Seit etwa 1990 stagniert die Urlaubsintensität der Deutschen auf hohem Niveau **(massentouristische Spätphase)** – bei folgenden Trends:

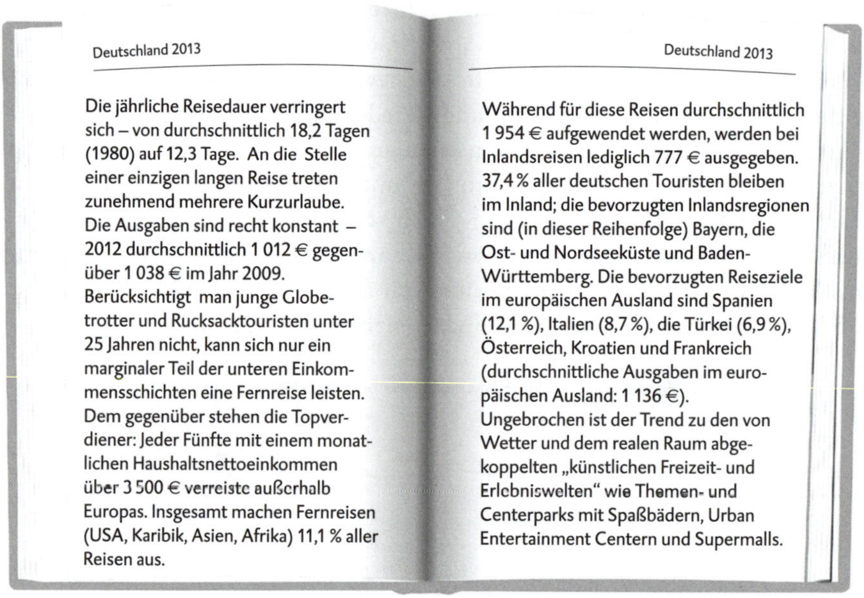

Tourismusanalyse „Deutschland 2013“

Deutschland ist nicht nur eines der Länder mit der höchsten Reiseintensität, sondern auch wichtiges Zielgebiet für ausländische Touristen. Zwar ist der Anteil ausländischer Übernachtungen an allen Nächtigungen mit 16,6 % (2011) im internationalen Vergleich relativ gering, doch lag Deutschland 2012 mit 30,5 Mio. ausländischen Besuchern in der Beliebtheitsskala unter den europäischen Staaten auf Platz 4 bzw. weltweit auf Platz 7.

Neben touristischen Highlights wie Schloss Neuschwanstein, der Wartburg oder dem Oberen Mittelrheintal profitieren v. a. die Metropolen von den ausländischen Touristen. Die meisten stammen aus den Niederlanden, der Schweiz und Großbritannien.

Stellt man die Ausgaben deutscher Reisender im Ausland denen ausländischer Besucher in Deutschland gegenüber, ergibt sich für Deutschland eine negative **Reiseverkehrsbilanz** (2012: –32,4 Mrd. €). Dennoch ist der Fremdenverkehr ein wichtiger Wirtschaftsfaktor in Deutschland: Mit 2,9 Mio. Arbeitsplätzen im Tourismussektor (2012), einem Beitrag zur Bruttowertschöpfung von 4,4 % im Jahr 2010 und einem Steueraufkommen von rd. 30 Mrd. € (2008) ist der Fremdenverkehr (nach der Automobilindustrie) die zweitwichtigste Branche in Deutschland. Dabei wird vielfach die Rolle des Tagestourismus unterschätzt:

Bruttoumsatz des …	(Mrd. €)	davon im Bereich	(%)	Bruttoumsatz am Aufenthaltsort	
Tagestourismus	163,0	Einzelhandel	54	Ausflüge	84,8
		Gastgewerbe	32	Geschäftsreisen	15,2
		Dienstleistungen	14		
Urlaubstourismus	69,9	Gastgewerbe	62		
		Dienstleistungen	20		
		Einzelhandel	18		

Bruttoumsätze durch den Tourismus in Deutschland

Jede dritte deutsche Gemeinde ist in einem Tourismusverband organisiert. Die Fremdenverkehrsinfrastruktur fußt auf 54 949 Beherbergungsbetrieben mit 3,55 Mio. Betten (2011), umfasst jedoch weitaus mehr:

Heilbäder, Kurorte	415	Orte mit UNESCO-Weltkultur- und Naturstätten	etwa 40
Museen	6 500	touristische Themenstraßen	180
Theater	390	Radfernwege (in 1 000 km)	75
Freizeit- und Erlebnisparks	65	markierte Wanderwege (in 1 000 km)	200
Naturparks	104	Wasserstraßen (in 1 000 km)	10
Golfplätze	719	Nationalparks und Biosphärenreservate	etwa 30

Touristische Infrastruktur in Deutschland (Auswahl)

Zwischencheck
- Definieren Sie den Begriff Tourismus.
- Beschreiben Sie die wesentlichen Phasen der Entwicklung des Fremdenverkehrs in Deutschland.
- Erläutern Sie die wirtschaftliche Bedeutung des Fremdenverkehrs für Deutschland.

3 Grenzen touristischen Wachstums

Weltweit ist die Tourismusbranche ein Wachstumsmarkt mit einer Verfünffachung seiner Bedeutung seit 1985 auf 9,3 % des globalen BIP, 9 % aller Arbeitsplätze und 5 % aller Investitionen (2012) – bei weiterhin steigender Tendenz. Dabei sind plötzliche Einnahmerückgänge möglich – als Folge von Unruhen (Tunesien: Sturz Ben Alis), Natur- oder Sozialkatastrophen (Island: Ausbruch des Vulkans Grimsvötn; Japan: Fukushima), Terroranschlägen (Ägypten: Alexandria) oder Epidemien (Paraguay: Dengue-Fieber; alle Beispiele aus dem Jahr 2011). Derartige Rückgänge sind jedoch regional begrenzt und können meist rasch durch andere Destinationen ausgeglichen werden. Von größerer Bedeutung sind globale Entwicklungen, z. B. weltwirtschaftliche Rezessionen (globale Touristenzahlen 2008/2009: –4,2 %) oder die Erderwärmung (z. B. für viele Skiregionen in Mittelgebirgen).

Ein geradezu klassisches Beispiel für den raschen Aufstieg eines Landes zur Tourismusdestination von globaler Bedeutung ist Dubai, das seine Touristenzahlen von 3 Mio. im Jahr 2000 auf 8,7 Mio. im Jahr 2010 steigern konnte (Hotels: 270/382). Die Einnahmen aus dem Tourismus vervierfachten sich im angegebenen Zeitraum. Die Anziehungskraft von Shopping Malls, Erlebnisparks und weiteren künstlichen Attraktionen hat die des Naturraumes längst überholt. Ob deren Attraktivität ausreicht, die Besucherzahlen weiterhin ansteigen zu lassen, ist unsicher: Zwar prognostizierte das Staatsoberhaupt Dubais 2013, dass sich die Zahl von 10 Mio. Touristen (2012) bis 2020 verdoppeln werde. Doch deuten sinkende Zimmerpreise, stornierte Flugzeugbestellungen der staatlichen Airline *Emirates* und nicht fertiggestellte Hotelneubauten darauf hin, dass im Zuge der weltweiten Finanzkrise Dubai als Reiseziel zwar nicht an Glanz, jedoch an Anziehungskraft eingebüßt hat.

In Anwendung der Theorie des Produktlebenszyklus (siehe S. 112 f.) stellt **Butlers Destinationslebenszyklus-Modell** (1980) einen derartigen „Alterungsprozess“ touristischer Destinationen modellhaft dar:

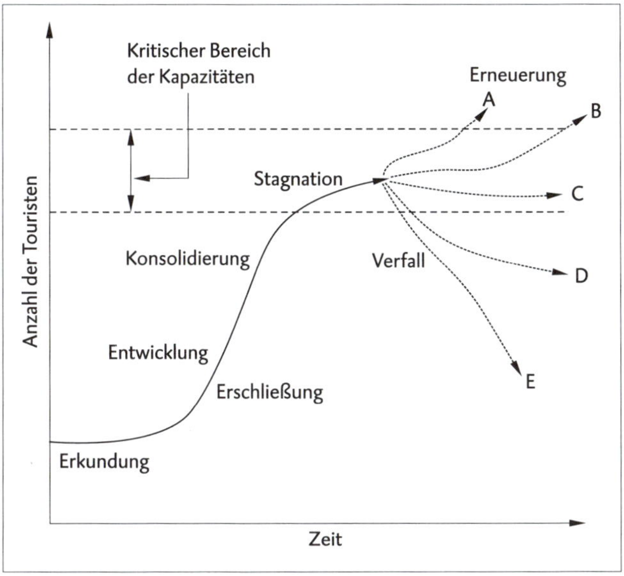

Butlers Destinations-lebenszyklusmodell (1980)

Anfangs ist das Zielgebiet unbekannt und schlecht erreichbar, das Beherbergungsangebot eingeschränkt. Genau dies reizt Pionier-Touristen **(Erkundungsphase)**. In der Folge steigt durch Mundpropaganda der Bekanntheitsgrad. Durch den Ausbau der (Beherbergungs- und Verkehrs-)Infrastruktur wird die Destination als touristisches Ziel erschlossen **(Erschließungsphase)**. So wächst nach einer weiteren Kommerzialisierung des inzwischen stark beworbenen Angebots die ökonomische Bedeutung des Tourismus, aber auch die ökologische Belastung der Region **(Entwicklungs-/Konsolidierungsphase)**. Die Zahl der Arbeitsplätze im Tourismussektor ist hoch, die Touristenzahlen steigen, die Zuwachsraten beginnen jedoch bereits zu sinken. Erste Degradierungserscheinungen (Lärm, Enge, unstimmiges Preis-Leistungs-Verhältnis, sinkendes Gästeniveau) leiten die **Stagnationsphase** ein: Eine kritische Zone hinsichtlich der Tragfähigkeit ist erreicht. Die Destination verliert ihre Attraktivität, Arbeitsplätze werden abgebaut, ältere Hotels weisen Renovierungsrückstände auf, es kommen nur noch wenige Erstreisende.

Der Standort erleidet einen Niedergang **(Verfall)**, wenn es nicht gelingt, durch eine nachfrageorientierte Änderung des Angebots eine **Erneuerung** einzuleiten, z. B. durch eine Etablierung als exklusives Reiseziel für ein Publikum mit hoher Kaufkraft, als gesundheitsorientiertes Reiseziel oder als Ziel mit ausgesprochenem Event- und Funcharakter.

Zwischencheck

- Erläutern Sie aktuelle Entwicklungen der globalen Tourismuswirtschaft.
- Kennzeichnen Sie anhand des Modells die Phasen der touristischen Entwicklung einer Fremdenverkehrsdestination nach Butler.

4 Das touristische Potenzial eines Raumes

Ob ein Raum touristisch attraktiv ist, kann nicht objektiv bestimmt werden; entscheidend ist seine **Bewertung** durch den Reisenden. Hinzu kommen gruppenspezifische Präferenzen, z. B. die von Skifahrern, Bergsteigern, Seglern oder Familien mit Kleinkindern.

Touristisches Potenzial eines Raumes

naturgeographische Faktoren

- Relief(energie)
- Strand und Gewässer (Wassertemperatur, Sauberkeit etc.)
- Klima: Temperatur, Regenhäufigkeit, Schnee- und Windsicherheit, Sonnenscheindauer
- (exotische) Tier- und Pflanzenwelt
- beeindruckende Natur (Wüste, Vulkane, ...) und Vielfalt der Landschaftsformen

im Vergleich mit und im Unterschied zu den Verhältnissen am Wohnort

kultur- und sozialgeographische Einflüsse

- kulturelles Angebot: z. B. historische und archäologische Zeugnisse
- infrastrukturelles Angebot: z. B. Beherbergung (Umfang, Art, Qualität, Preis-Leistungs-Verhältnis), Entertainment (Disko, Freizeitpark, Shopping), Sportanlagen, Dienstleistungsbetriebe (Skischulen, Andenkenläden, Seilbahnen), verkehrsinfrastrukturelle Erschließung und Anbindung
- Image des Ortes (Prestigewert)
- Sicherheit während des Aufenthalts

Aspekte zur Beurteilung des touristischen Potenzials eines Raumes

Zwischencheck

Erläutern Sie das touristische Potenzial eines Ihnen bekannten Urlaubsortes im Hinblick auf

- Ihre eigenen Wünsche und Erwartungen,
- die Wünsche und Erwartungen einer Familie mit Kleinkindern.

5 Tourismus und Nachhaltigkeit

Die Auswirkungen des Tourismus sind vielfältig – positiv wie negativ – und am sinnvollsten unter **Nachhaltigkeitsgesichtspunkten** zu bewerten.

5.1 Tourismus zwischen Landschaftszerstörung und -bewahrung

Das touristische Potenzial vieler Entwicklungsländer fußt auf ihrer (scheinbar) intakten Natur, der Tier- und Pflanzenwelt in Nationalparks und Reservaten. Häufig war das Interesse der Touristen der Auslöser für die Einrichtung derartiger Schutzgebiete – so in Ostafrika –, und heute tragen die Eintrittsgebühren der Reisenden zum Unterhalt dieser Einrichtungen bei. Der Schutz bedrohter Tierarten und eine verstärkte Umwelterziehung sind nicht selten Folgen der Einsicht, dass der Naturschutz Einkommen sichert. Doch kann der Tourismus auch zu massiven **Schädigungen von Natur und Umwelt** führen:

- Versiegelung und Zerschneidung der Landschaft durch Straßen, Hotels, Start- und Landebahnen, Lifte, Skipisten, ...;
- Beeinträchtigung des Landschaftsbildes;
- Schädigung empfindlicher Ökosysteme (Riff, Hochgebirge, Tundra, ...) durch Taucher, Wanderer, Mountainbiker, Skifahrer, ...;
- Ressourcenverbrauch (z. B. Wasser, Energie);
- Beeinträchtigung der Fauna (z. B. in Bezug auf Tierwanderungen);
- erhöhter CO_2-Ausstoß durch den Reiseverkehr (Auto, Flugzeug);
- erhöhter Müll- und Abwasseranfall, Lärm.

5.2 Soziokulturelle Aspekte des Fremdenverkehrs: Völkerverständigung oder Verstärkung von Vorurteilen?

Zwar führt das Interesse der Reisenden an Traditionen, Festen, Riten und Baudenkmälern vielfach zum Erhalt des so als wertvoll (geldwert) erkannten kulturellen Erbes. Im Idealfall beginnt ein Hinterfragen entwicklungshemmender oder ethisch bedenklicher Wertvorstellungen. Das Kennenlernen des Anderen kann auch die eigene Identität der Reisenden stärken. Doch besitzt der Tourismus auch hier zerstörerische Potenziale. Als **soziokulturell bedenkliche Folgen des Tourismus** können genannt werden:

- Abwendung von der traditionellen Kultur durch Kulturkontakte: Identitätsverlust, Akkulturation;
- Zwangsumsiedlung von Menschen für touristische Großprojekte;
- Kriminalität, (Kinder-)Prostitution, Bettelei;

- Tourismuskitsch/„Airport-Art";
- gesellschaftliche Spaltung zwischen Gewinnern und Verlierern im Fremdenverkehr: Verstärkung sozialer Disparitäten;
- Ausbreitung ökonomisch bestimmten Verhaltens bei Begegnungen mit Touristen: „Kommerzialisierung";
- fehlende Bürgerbeteiligung bei relevanten Entscheidungen.

5.3 Wirtschaftliche Aspekte des Tourismus

Viele Länder fördern den Fremdenverkehr vorwiegend aus wirtschaftlichen Interessen – und sehen über negative ökonomische Folgen hinweg:

Wirtschaftliche Folgen des Fremdenverkehrs

- Devisenzufluss
- Beschäftigungseffekte in Berufsfeldern, die direkt mit dem Fremdenverkehr zusammenhängen (1,5–2,5 Arbeitsplätze im Hotel pro Fremdenbett)
- Sekundär-/Multiplikatoreffekte (z. B. Bauwirtschaft, Zulieferindustrie, Transport, informeller Sektor): **Trickle-down-Effekte**
- Ausbau der Infrastruktur (Kläranlage, Trinkwasseraufbereitung etc.)
- Entlastung bestehender wirtschaftlicher Zentren durch Umleitung von Migrantenströmen
- Abbau regionaler Disparitäten durch die Entwicklung abgelegener und damit touristisch interessanter Landesteile

- Preissteigerungen (auch der Bodenpreise → Rückgang der Landwirtschaft)
- Abfluss der Gewinne ins Ausland durch Import z. B. hochwertiger Lebensmittel, Beauftragung ausländischer Dienstleister (Airlines, Baufirmen) oder ortsfremder Eigentümer: **Sickerrate**
- einseitig auf den Tourismus ausgerichtete Wirtschaftsstruktur (Beispiel Seychellen: 72,6 % des BNE) mit der Gefahr der Abhängigkeit
- Infrastrukturausbau ohne oder mit nur geringem Wert für die Einheimischen (Straße zum Flughafen, zum Strand, …)
- vorwiegend einfache, saisonale, entwürdigende (Vergnügungssektor) oder Nicht-Ortsansässigen vorbehaltene Beschäftigung, z. T. mit schlechterer Entlohnung im Vergleich mit Ausländern

Positive und negative wirtschaftliche Folgen des Fremdenverkehrs

Gerade die Beseitigung wirtschaftlicher Disparitäten zwischen Zentrum und Peripherie wird von vielen Entwicklungsländern als Grund für eine Förderung des Tourismus ins Feld geführt. Der deutsche Geograph Karl **Vorlaufer** hat 1996 versucht, den Ablauf einer Erschließung peripherer Räume durch den sich ausbreitenden Tourismus modellhaft zu fassen:

Vor Beginn eines nennenswerten Ferntourismus **(Phase 0)** konzentriert sich der Aufenthalt der wenigen Reisenden auf die Hauptstadt und einige leicht erreichbare touristische Attraktionen. Durch Berichte einzelner „Entdeckungsreisender" gewinnt das Land an Attraktivität **(Initialphase):** Die Anbindung des einzigen internationalen (i. d. R. hauptstädtischen) Flughafens verbessert sich. Hier entwickeln sich auch Hotellerie und Agenturen, die Reisen in entlegene Landesteile organisieren. Sekundärzentren an Stränden, in der Nähe von Kulturdenkmälern, Nationalparks oder Siedlungen „exotischer" Völker erlangen eine gewisse Bedeutung, ebenso der Andenkenhandel. Individualtouristen bereisen Regionen „abseits der ausgetretenen Pfade".

Die Dominanz der Hauptstadt besteht noch lange fort, auch wenn weitere periphere, touristisch attraktive Landesteile erschlossen werden und sich einzelne Städte zu sekundären mono- oder multifunktionalen Tourismuszentren entwickeln **(Expansionsphase)**. Die Hauptstadt wird durch ein negatives Image als Folge wachsender Umweltbelastung und Hyperurbanisierung zur bloßen Durchgangsstation. Im Land entstehen andere internationale Flughäfen, und Linien- und Charterflüge erschließen neue touristische Quellgebiete. Die Phase der **Konsolidierung** setzt ein: Das touristische Potenzial ist vollständig erschlossen; Abenteuertouristen finden nur noch in extremer Randlage Ziele. In einigen Landesteilen kann es zu einer **Stagnation** kommen: Hier sind gemäß dem Destinationslebenszyklus-Modell nach Butler (siehe S. 52 f.) durch Massentourismus, Marktsättigung und Beeinträchtigungen der Umwelt erste Schrumpfungsprozesse zu verzeichnen.

Eine Förderung peripherer, nicht durch Industrie oder Verstädterung überformter, ökologisch intakter und damit touristisch interessanter Regionen haben zahlreiche Staaten wie Kenia, Tansania oder Vietnam in sogenannten **Tourism Master Plans** versucht.

Der Erfolg derartiger Entwicklungsstrategien ist häufig mäßig. Der Tourismus in peripheren Regionen ist hinsichtlich der Versorgung mit Gütern und Dienstleistungen zu sehr vom Zentrum abhängig, und gesamtwirtschaftliche Strukturen – etwa Land-Stadt-Wanderungen – überlagern die kleinräumig durchaus nachweisbaren positiven Entwicklungseffekte des Fremdenverkehrs.

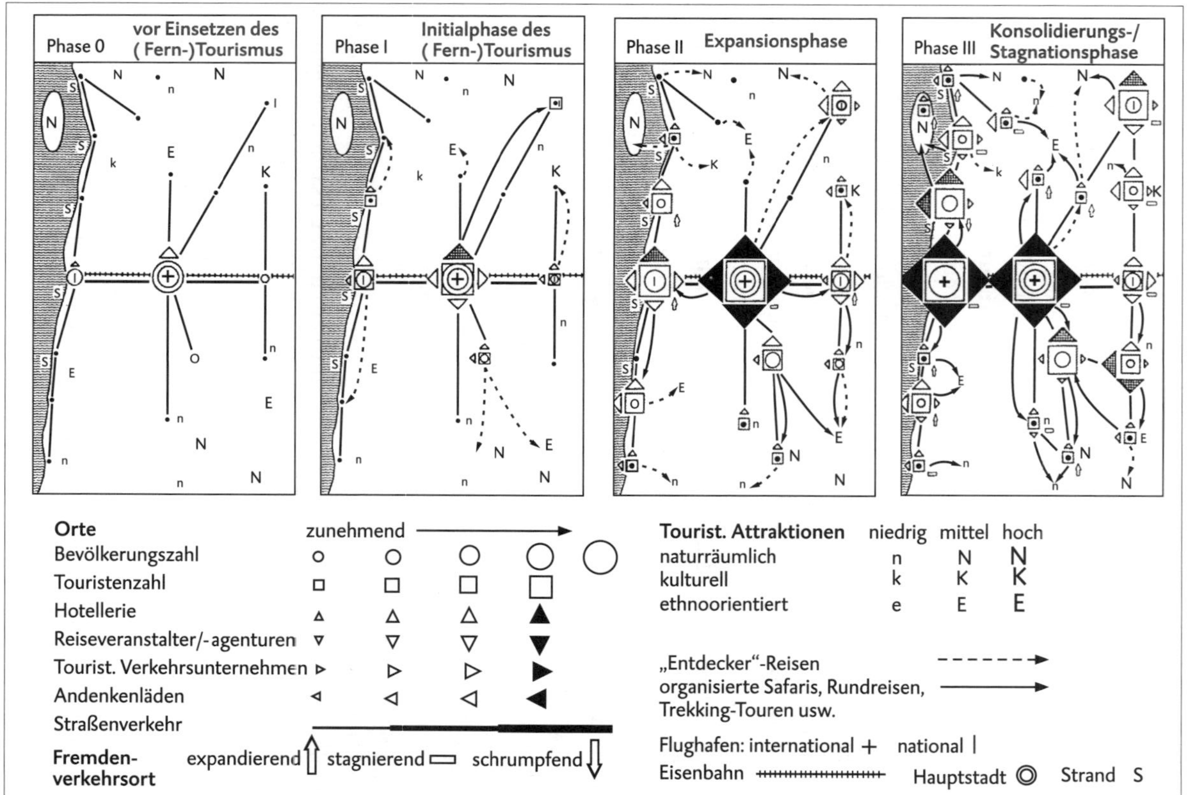

Modell der raum-zeitlichen Entfaltung des Tourismus in einem Entwicklungsland nach Vorlaufer

5.4 Massentourismus vs. sanfter Tourismus

Die negativen Folgen des Massentourismus haben seit den 1980er-Jahren zur Entwicklung von Strategien geführt, den Tourismus umwelt- und sozialverträglich als „**sanften**“ oder „**nachhaltigen Tourismus**“ zu gestalten.

- Schutz und Erhalt der Landschaft als eigentliches touristisches Kapital
  - Flächenschonung
  - Reduktion des Energie- und Ressourcenverbrauchs
  - Naturschutz und integrative Landschaftspflege
  - regionaltypische Bauweise und umweltschonende Verkehrssysteme
  - Besucherlenkung, u. a. durch umfassende Information
- Schaffung einer innerregional verankerten, eigenständigen Tourismuswirtschaft, die mit anderen einheimischen Wirtschaftsbereichen verflochten ist
  - Verzicht auf staatliche Subventionen
  - Vernetzung der regionalen Tourismusangebote
  - Investition der Gewinne in angepasste, auch der ortsansässigen Bevölkerung Nutzen bringende Infrastrukturmaßnahmen
  - Einrichtung dauerhafter, angemessen entlohnter, auf einer Ausbildung fußender Berufe im Tourismussektor (auch zur Verhinderung einer Abwanderung aus der Region) in einem angemessenen Verhältnis zur Zahl nicht-touristischer Arbeitsplätze
  - Unterstützung der einheimischen Wirtschaft, v. a. von Klein- und Mittelbetrieben, und endogener Potenziale (z. B. regionalen Know-hows)
- Sicherung der soziokulturellen Identität der Einheimischen und der Zufriedenheit der Menschen in der Zielregion wie auf Seiten der Reisenden
  - Bürgerbeteiligung und Stärkung regionaler Entscheidungsträger auf unterschiedlichen Ebenen (Kommune, Verbände, Unternehmen, …)
  - Förderung kultureller Eigenständigkeit und des regionalen Selbstbewusstseins durch einen soziale und kulturelle Gegebenheiten achtenden Fremdenverkehr
  - Erhalt des kulturellen Erbes und Sicherung des Erholungswerts der Landschaft

Ziele und Kriterien des sanften Tourismus

Solche „Kriterienkataloge“ dienen häufig als Vorstufe zu **touristischen Gütesiegeln**, mit denen sich immer mehr Anbieter auch in Erwartung eines Imagevorteils schmücken. Neben Hotelketten („Bio-Hotel“) und Regionen (z. B. „Bioregion Ramsau“ in Österreich) nutzen inzwischen auch ganze Länder derartige Klassifikationen (z. B. Costa Rica: „Bandera Azul Ecológica“).

Auch wenn objektive Standards und Schwellenwerte nicht aufgestellt werden können, so sensibilisiert der folgende **„Reisestern“** doch für den Grad der Nachhaltigkeit und erlaubt eine subjektive Bewertung des eigenen Reiseverhaltens:

Neuseeland
ab Frankfurt/Main: 21 Stunden:
Flug (1 Zw.-Landung): 42 200 km;
Inlandsflug: 600 km;
Pkw (Kat): 2 500 km;
Hotel;
Wandern, Mountainbiking

Raumüberwindungsindikator
Wie bewege ich mich fort?

Arbeitsplatzindikator
Was passiert auf dem Arbeitsmarkt?

Wirtschaftlichkeitsindikator
Wie beanspruche ich die Ressourcen?

Akkulturationsindikator
Welche kulturellen Auswirkungen entstehen?

Wohlstandsindikator
Was bewirken meine Devisen?

Reisestern zur Überprüfung der Nachhaltigkeit am Beispiel einer Neuseelandreise

Robert Jungk, der Begründer des sanften Tourismus, verlangt vom Reisenden viel Zeit, spontane Entscheidung und Selbststeuerung, landesüblichen Lebensstil, zu Erlebnissen und Erkenntnissen führende Anstrengungen sowie Taktgefühl und Beschäftigung mit der Region vor und nach der Reise.

Zwischencheck

- Stellen Sie landschaftsbewahrende und landschaftszerstörende Aspekte des Tourismus gegenüber.
- Erläutern Sie die Nachhaltigkeit Ihrer letzten Urlaubsreise anhand des Reisesterns.

Madagaskar – touristische Entwicklung

gabe 1 Lokalisieren Sie Madagaskar (Atlas) und beschreiben Sie auf der Grundlage der touristischen Entwicklung des Landes den „Tourism Master Plan 2005–2014“.

gabe 2 Vergleichen Sie vor dem Hintergrund der tatsächlichen Entwicklung den Tourism Master Plan mit dem Modell von Vorlaufer.

M 1 Madagaskar: touristische Daten

ausländische Touristen	1991: 33 000 2006: 312 000 2008: 375 000 2009*: 163 000 2010: 196 000 2011: 225 000 *nach Unruhen
Einnahmen durch den Tourismus	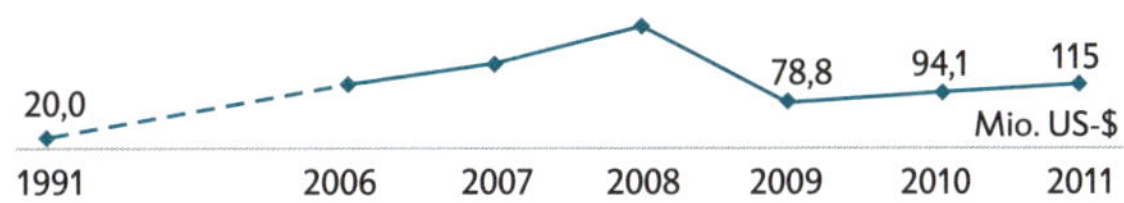
Hotels	1990: 220 1999: 556 2011: 1 693
Beschäftigte im Tourismus insg. in Hotels	2006: 2008: 2009: 2010: 2011: 22 300 25 700 27 300 29 400 31 200 17 800 20 600 22 000 23 800 25 400
räumliche Verteilung der touristischen Übernachtungen	zentrales Hochland 5 %; Süden 35 %; Osten, Westen und Norden je 20 %; im Norden befindet sich die einzige madagassische Ferienregion mit Massentourismus westlicher Prägung (Nosy Be)
Flughäfen (mit Asphaltstartbahn)	26 (von insgesamt 82); Direktflüge von Europa aus nur nach Antananarivo und Nosy Be (Flug 950–1 450 €, dreiwöchige Rundreise um 3 700 €)
(Asphalt-) Straßen	7 617 km (von insgesamt 65 700 km)
Human Development Index	2000: 0,399; 2012: 0,483 (Rang 151 von 186)

M 2 Tourism Master Plan 2005–2014

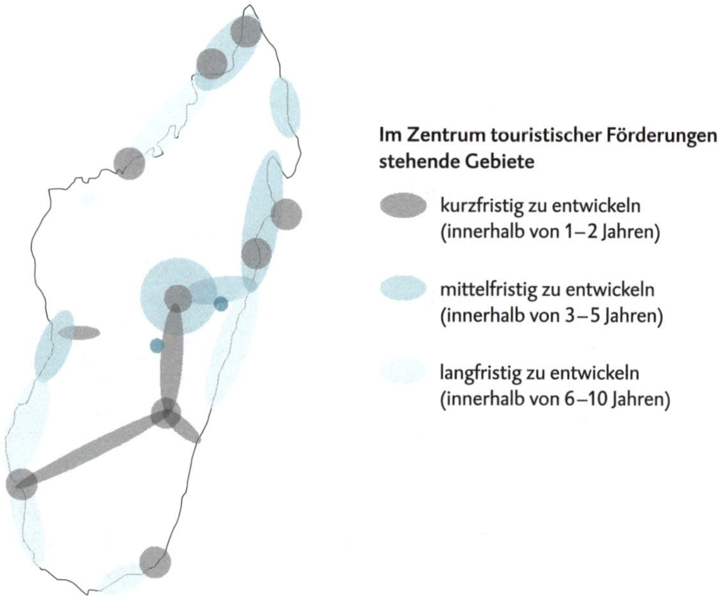

Planung für das Jahr 2014

- Touristen/Jahr: 620 000
- neue Hotels: 800 (***/****)
- Zahl der Direktflüge von Europa aus: etwa + 10 %
- jährliche Einnahmen durch den Tourismus: 1,1 Mrd. US-$
- Schaffung von 33 900 unmittelbar tourismusbezogenen und 100 000 indirekten neuen Arbeitsplätzen: Bau, Transport, Landwirtschaft, Handel

u. a. durch:

- Ausbau der Verkehrsinfrastruktur (Straßenbau, Busnetz, Modernisierung des Flughafens)
- Renovierung historischer Bausubstanz, Aufwertung der Nationalparks
- reduzierte Steuersätze für Tourismusbetriebe
- Schaffung eines effizienten nationalen Tourismusbüros und gemeinsame Vermarktung mit Mauritius, Réunion, Südafrika

Entwicklung von Räumen in den Klima- und Vegetationszonen

Strohernte mit modernen Maschinen.

1 Kennzeichen der Landwirtschaft

Nur auf ungefähr 30 % der festen Erdoberfläche ist Landwirtschaft möglich. Ein Drittel davon ist Acker- und Dauerkulturland, der Rest extensives Weideland. Einschränkende Faktoren sind Trockenheit (zu kurze Dauer bzw. geringe Intensität der Niederschläge), die polwärtige Lage, die zu einem Wärmemangel führt, sowie die Höhenlage. Man spricht hierbei von **klimatischen Anbaugrenzen**, im Gegensatz zur **agronomischen Anbaugrenze**, die durch die Rentabilität des Anbaus bestimmt wird.

Mit der wachsenden Zahl der Weltbevölkerung muss auch die globale Nahrungsmittelproduktion gesteigert werden, was jedoch nicht überall geschieht. So stagnieren in vielen Industriestaaten die Erntemengen oder sind sogar rückläufig, während in den meisten Schwellen- und Entwicklungsländern eine zum Teil deutliche Produktionssteigerung zu verzeichnen ist (siehe folgende Abb.). Neben natürlichen Klimaschwankungen sowie neben der unterschiedlichen Bodenfruchtbarkeit entscheiden nämlich auch menschliche Aktivitäten über Quantität und Qualität der Agrarproduktion.

Hierbei können grundsätzlich zwei unterschiedliche Ansätze verfolgt werden: die Ausweitung der Anbaufläche und die Intensivierung der Agrarproduktion. Da eine Ausweitung der Agrarwirtschaft in den klimatischen Grenzgebieten zur Anökumene nur bedingt möglich ist, sind im Rahmen der landwirtschaftlichen Intensivierung vorrangig Maßnahmen zur Ertragssteigerung nötig.

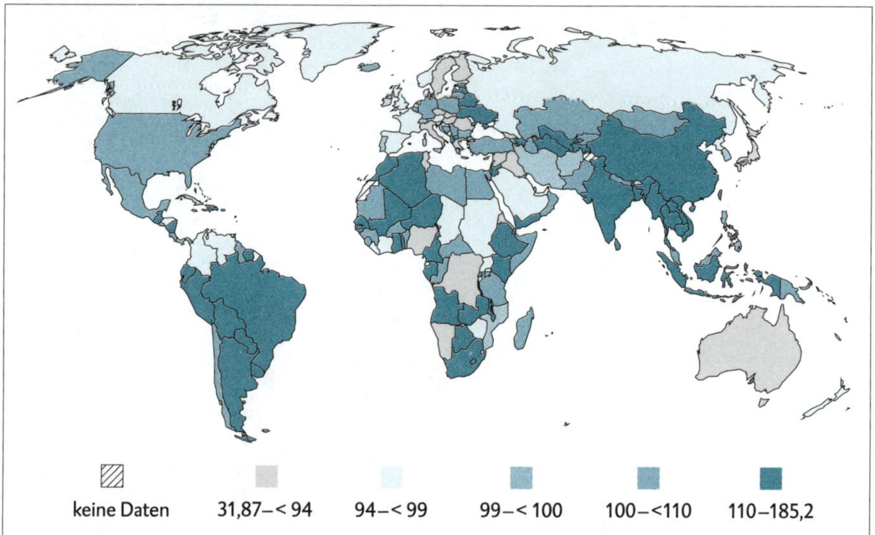

Nahrungsmittelproduktion pro Kopf – Index, 2010 (2004–2006 = 100)

1.1 Natürliche Voraussetzungen der Landwirtschaft

Grundlagen für die Landwirtschaft sind das Vorhandensein von ausreichender Sonneneinstrahlung, genügend Wasser und ein geeigneter Boden. Agrarische Gunsträume zeichnen sich durch eine lange Vegetationsperiode, eine hohe natürliche Bodenfruchtbarkeit sowie ein geringes Ertragsrisiko aus.

Klima- und Vegetationszonen

Klimazonen sind breitenkreisparallel angeordnete Räume der Erdoberfläche mit überwiegend gleichen, charakteristischen Klimabedingungen. Da das Klima wesentlich die natürliche Vegetation eines Raumes bestimmt, besteht eine große Übereinstimmung zwischen Klima- und Vegetationszonen. Die folgende Abb. spiegelt acht Vegetationszonen wider, die im Wesentlichen der Anordnung der Klimazonen folgen.

Die Klimazonen werden in fünf Hauptklimate eingeteilt: Tropen, Subtropen, gemäßigte Zone (Mittelbreiten), subpolare und polare Zone. Zwischen den Wendekreisen befinden sich die **Tropen**. Sie sind gekennzeichnet durch ein **Tageszeitenklima**, d. h., dass die Temperaturschwankungen zwischen Tag und Nacht höher sind als die im Jahresablauf. Die innere Gliederung der Tropen richtet sich nach dem Wechsel und der Dauer der Regen- und Trockenzeiten.

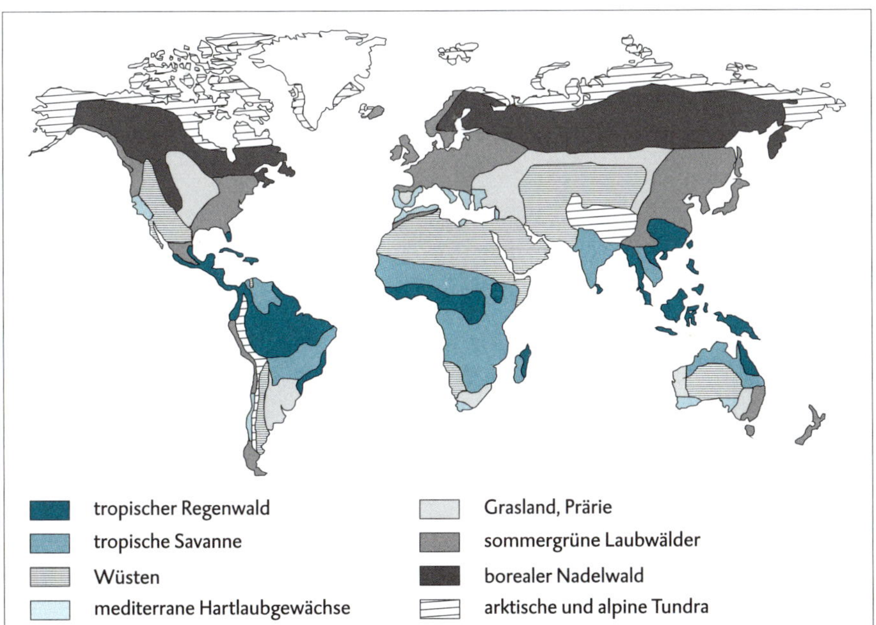

Die Vegetationszonen der Erde

Die immerfeuchten inneren Tropen (Kerntropen) erhalten ihre Niederschläge im Zusammenhang mit der Lage der **innertropischen Konvergenzzone (ITC)**, in der beständige Passatwinde aus Südosten und Nordosten zusammentreffen und ein Aufsteigen der Luft bewirken. Die ITC folgt dem Zenitalstand der Sonne hin zu den Wendekreisen und verursacht Regen- bzw. Trockenzeiten. Niederschlagshöhe sowie Länge der Regenzeit in den wechselfeuchten Tropen nehmen äquatorwärts ab. Die Randtropen im Bereich der Wendekreise sind so gut wie niederschlagsfrei (siehe S. 3 f.).

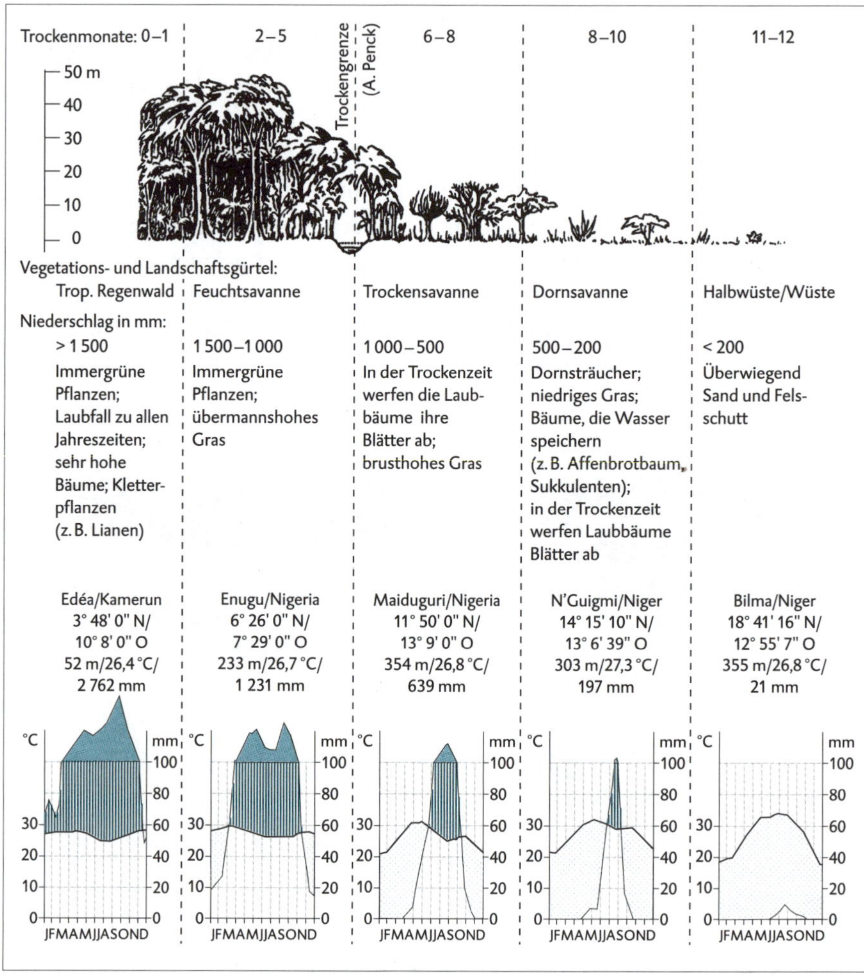

Tropische Klimazone

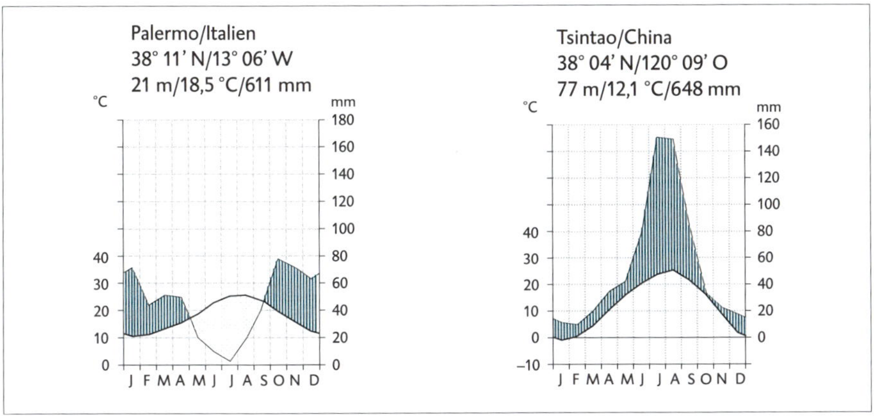

Subtropische Klimazone

Polwärts bis ungefähr zum 40. Breitengrad schließen sich die **Subtropen** an. Hier ist zwischen den winterfeuchten Subtropen an den Westseiten und den dauerfeuchten Subtropen an den Ostseiten der Kontinente zu unterscheiden. **Mediterranes Klima** an den Westseiten zeichnet sich durch sommerliche Trockenheit aus, während sich im Winter der Einfluss der Westwindzone bemerkbar macht, was zu teilweise ergiebigen Niederschlägen führt. Man spricht auch von einem **Winterregengebiet** (siehe Klimadiagramm Palermo). Regionen in den **Ostseitenklimaten** erhalten dagegen aufgrund auflandiger Monsunwinde infolge der Aufheizung der Kontinente hohe Sommerniederschläge, während im Winter trockene, kontinentale Luft vorherrscht (siehe Klimadiagramm Tsintao). Im Inneren der Kontinente wie auch im Übergang zur tropischen Zone kommt es nur selten zu Niederschlägen.

In der Zone der **gemäßigten Breiten**, die sich polwärts an die Subtropen anschließt und bis zum Polarkreis reicht, treffen kalte und warme Luftmassen an der **Polarfront** aufeinander. In Abhängigkeit von der Tageslänge sowie der Sonnenhöhe entstehen jahreszeitlich unterschiedliche Witterungsabläufe. Die Lage zu den Ozeanen bestimmt zudem die Niederschlagstätigkeit und die Temperaturamplitude: **Maritimes Klima** zeichnet sich durch ganzjährige Niederschläge sowie einen geringeren Unterschied zwischen Winter- und Sommertemperaturen aus (siehe S. 68, Klimadiagramm Brest), während **kontinentales Klima** durch teils extreme Temperaturgegensätze sowie geringe Niederschläge gekennzeichnet ist (siehe S. 68, Klimadiagramm Moskau). Im Gegensatz zu den Tropen ist die Jahrestemperaturamplitude größer als der Unterschied zwischen Tag und Nacht – man spricht von einem **Jahreszeitenklima**.

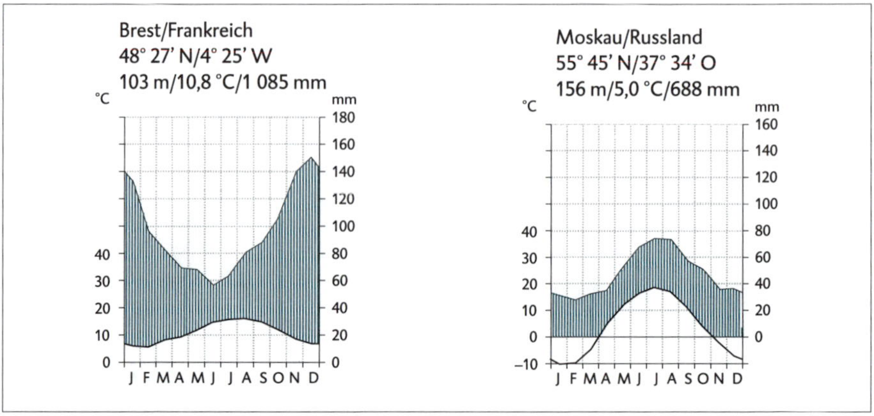

Gemäßigte Klimazone

Die **subpolare** und die **polare Zone**, die sich im Wesentlichen zwischen den Polarkreisen und den Polen befinden, sind strahlungsbedingt durch große Temperaturkontraste zwischen Sommer und Winter und überwiegend geringe Niederschläge gekennzeichnet.

Bei der Beschreibung der klimatischen Verhältnisse einer Region reicht eine Zuordnung zu einer Klimazone alleine nicht aus. Für die Lage eines Gebietes sind weitere Variablen wie Höhenlage, Meeresströmungen sowie Lee- und Luvseiten von Gebirgen zu berücksichtigen. So nimmt pro 100 m Höhenunterschied die Temperatur um 0,5–1 °C ab, was auf 1 000 m Höhe zu einer bis zu 10 °C geringeren Temperatur als auf Meeresniveau führt. Die windzugewandte Seite von Gebirgen erhält in der Regel mehr Niederschlag, da sich die Luft beim Aufsteigen abkühlt und **Steigungsregen** auftritt. Auf der windabgewandten Seite sinkt die Luft ab, erwärmt sich und ist dementsprechend trocken.

Agrarregionen

Klima und Bodenverhältnisse sind für die landwirtschaftliche Nutzung eines Raumes die maßgeblichen Faktoren. Unterschiedliche Pflanzenarten benötigen während der Wachstumszeit unterschiedliche Durchschnittstemperaturen und Niederschlagsmengen, sodass ihr Anbau grundsätzlich auf einzelne Klimaregionen beschränkt ist (siehe Abb. S. 69). Durchschnittstemperaturen sowie gleichmäßig verteilte Niederschläge bestimmen somit die Länge der Vegetationsperiode.

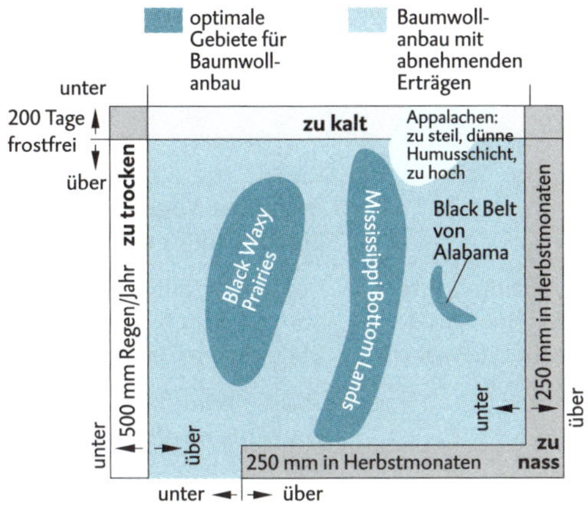

Anbaubedingungen von Baumwolle:

Durchschnittstemperatur während der Wachstumszeit: 25–27 °C

Niederschlag: 200–1 500 mm/Jahr

Dauer der Wachstumszeit bis zur Reife: 120–150 Tage

Beschränkung des Anbaus von Baumwolle in den USA

Pflanzen stellen Ansprüche an die Bodenfruchtbarkeit, die v. a. durch den Nährstoffgehalt, den Humusanteil sowie das Wasser- und Wärmespeichervermögen bestimmt ist. In den verschiedenen Klima- und Vegetationszonen sind vorherrschende Bodentypen anzutreffen. Sie unterscheiden sich im Aufbau der Bodenhorizonte und sind für die Landwirtschaft unterschiedlich nutzbar (siehe Tabelle S. 70).

In heutiger Zeit nimmt jedoch die Bedeutung der natürlichen Voraussetzungen ab. Nährstoffarme Böden werden gedüngt, um den Ertrag zu steigern. Durch Züchtungen wird eine Verkürzung der Reifezeit erreicht, sodass die Anbaugrenzen polwärts verschoben werden können. Zudem strebt man durch die Nutzung von Treibhäusern die Unabhängigkeit von Klima und Boden an.

Die polare und subpolare Zone werden nur inselhaft landwirtschaftlich genutzt. Äquatorwärts schließt sich eine Zone der **intensiven Grünlandwirtschaft** an, die weitgehend auf die USA, Kanada, Neuseeland und Europa beschränkt ist. Sie geht über in die Zone der **Gemischtbetriebe** der gemäßigten Breiten bzw. der Subtropen und des **spezialisierten Marktfruchtbaus** mit hohem Kapitalaufwand bei hoher Flächen- und Arbeitsproduktivität. In den Trockengebieten Afrikas und Asiens wird **nomadische Weidewirtschaft** mit großräumigen Wanderungsbewegungen betrieben, die in eine **extensive stationäre Weidewirtschaft** am Rande der agronomischen Trockengrenze übergeht. Häufig erfolgt in Großbetrieben eine marktorientierte Spezialisierung auf nur eine Tierart. **Wanderfeldbau** und **Landwechselwirtschaft** sind Nutzungssysteme der **Subsistenzwirtschaft** in den Tropen, wobei intensiver Ackerbau bei geringem Kapital, hohem Arbeitseinsatz und hoher Flächenproduktivität in Kleinbetrieben dominiert. Eine Form der Spezialisierung (Monokulturen) und Weltmarktorientierung ist die **Plantagenwirtschaft** (z. B. Kaffee, Zuckerrohr) in Großbetrieben mit hohem Kapital- und Arbeitseinsatz (siehe S. 78).

Klimagebiete	Bodentyp	natürliche Vegetation Eignung für den Ackerbau
Feuchtheiße Tropen	Humusböden in Urwaldmorasten Roterde = Tonerde ohne Kieselsäure und mit hohem Eisengehalt	Regenwald; mit Ausnahme der mineralreichen, vulkanischen Böden schnell erschöpft
Wechselfeuchte Tropen	Laterit	Trockenwald, Savanne; wegen Eisenkrusten oft nicht bebaubar
Tropische Trockengebiete	Wüstenböden (Sand, Kies, Schutt, Lehm); Salzsteppenböden mit Salz und Gipskrusten	Vereinzelt Sukkulenten, harte Gräser, Dornbüsche; Anbau nur in Oasen
Subtropen	Gelberden (mit geringem Humusgehalt und wasserhaltigem Eisenoxid) und Terra rossa (in Kalkgebieten der Mittelmeerländer)	Hartlaub-Trockenwald; Trockenfeldbau und Bewässerungskulturen mit mehreren Ernten im Jahr
Winterkalte Steppen	Graue Böden der Halbwüste; kastanienfarbene Böden, Schwarzerde mit hohem Humusgehalt, vorwiegend Löss	Wald-, Baumsteppe, Kurzgrassteppe, Langgrassteppe; sehr fruchtbares Weizenland
Feuchtgemäßigte Gebiete	Braunerde (mit gelbbraunen Eisenhydroxiden und mittlerem Humusgehalt); auf Kalkstein Kalkschwarzerde	Laubwald; im Allgemeinen ertragreiches Ackerland: Getreide, Hackfrüchte
Feuchtkühle Gebiete	Bleicherde (Podsol) mit ausgelaugter Oberkrume und harter Ortsteinschicht im Untergrund	Nadelwald, Moore, Sümpfe; schlechte Ackerböden: Roggen, Kartoffeln
Gebirgslandschaften und Polargebiete	Schutt- und Felsboden, netz-, ring- oder streifenförmige „Strukturböden“	Matten, Tundra; für Ackerbau kaum geeignet

Bodentypen und ihre Eignung für den Ackerbau

1.2 Intensivierung der Landwirtschaft

Eine Flächenexpansion kann nur noch in ökologisch labilen, klimatisch unsicheren und in Bezug auf die Bodenqualität ungünstigen Grenzräumen zur Anökumene betrieben werden. Gleichwohl sind Produktionssteigerungen und Gewinnmaximierung auch im primären Sektor wesentliche ökonomische Ziele.

Deshalb kommt der Intensivierung der Landwirtschaft eine bedeutende Rolle zu. Unter **Intensivierung** versteht man im Ackerbau die Erhöhung der Hektarerträge auf bereits kultivierten Flächen, die durch **Mechanisierung** und **Spezialisierung** erreicht werden kann. Zudem spielen die züchterische Verbesserung von Pflanzen, der Einsatz von Dünge- und Pflanzenschutzmitteln sowie zunehmend Erkenntnisse der Bio- und Gentechnologie eine zentrale Rolle im Rahmen der Intensivierung der Bodennutzung. Bei der Viehzucht ist der Wandel von einer extensiven Viehhaltung hin zu einer intensiven Massentierhaltung mit der Mechanisierung, Spezialisierung und **Automatisierung** verbunden. In Legehennenbatterien werden z. B. bis zu 250 000 Hühner gehalten, Großbetriebe der Schweineproduktion umfassen bis zu 10 000 Tiere. Hier wie auch bei der modernen Kälber- und Rindermast sowie bei der Milchproduktion erfolgt die Fütterung computergesteuert. Auf der Basis der natürlichen Gunstfaktoren für die landwirtschaftliche Produktion haben sich somit in heutiger Zeit eng begrenzte **agrarische Intensivgebiete** entwickelt, die ökonomisch höchst effizient arbeiten (siehe folgende Abb.).

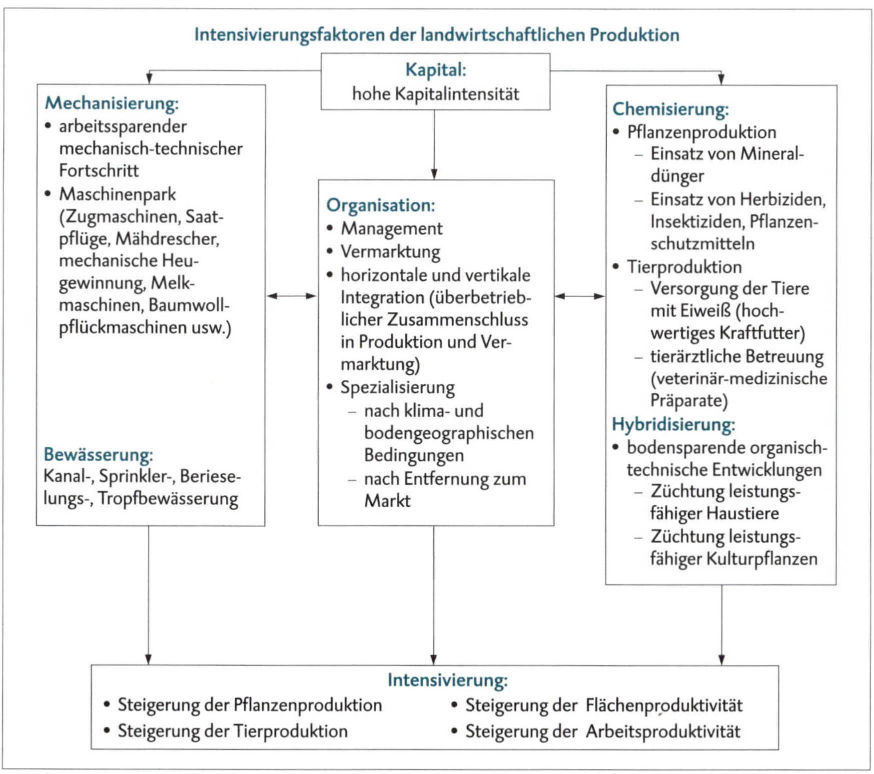

Intensivierung in der Landwirtschaft

Allerdings sind mit der Intensivierung auch sozioökonomisch und ökologisch bedenkliche Folgen verbunden. Viele Menschen verlassen den ländlichen Raum, da nicht mehr genügend Arbeitsplätze zur Verfügung stehen. Der Anbau in Monokulturen führt zu einer Verarmung von Fauna und Flora. Außerdem reichern Dünge- und Pflanzenschutzmittel den Boden mit Schadstoffen an. Der Einsatz schwerer landwirtschaftlicher Maschinen führt zur Bodenverdichtung, was Staunässe und Erosion zur Folge hat. In der **spezialisierten Tierproduktion** werden die nicht artgerechte Stallhaltung, der Einsatz von Medikamenten gegen Krankheiten wie auch der mögliche Qualitätsverlust der Nahrungsmittel im Vergleich zur herkömmlichen Viehhaltung kritisiert. Außerdem ist die Entsorgung der Gülle problematisch, da sie aufgrund der großen Menge nicht mehr vollständig auf den Feldern ausgebracht werden kann.

Zwischencheck

- Charakterisieren Sie die unterschiedlichen Klima- und Vegetationszonen.
- Kennzeichnen Sie die Merkmale der Intensiv-Landwirtschaft.

2 Nutzung des Agrarraums: regionale Beispiele

2.1 Landwirtschaft in der gemäßigten Zone: Agrarregion Europa

Spezialisierte Marktfrucht- und Viehhaltungsbetriebe findet man überwiegend in den gemäßigten Breiten. In den entsprechenden Klimaregionen Europas und Nordamerikas herrschen v. a. intensive Grünlandwirtschaft sowie landwirtschaftliche Gemischtbetriebe vor. Innerhalb der EU gliedert sich die landwirtschaftliche Nutzfläche in Ackerland (Anteil über zwei Drittel), Dauergrünland (mehr als ein Viertel) und Dauerkulturen.

	Hackfruchtbau	Getreidebau	Futterbau	Sonderkulturen
Beispiele für Kulturpflanzen	Kartoffeln Zuckerrüben Tabak	Weizen Roggen Hafer	Luzerne Silomais Dauergrünland	Obst Gemüse Blumen

Kulturarten in der gemäßigten Klimazone

Bei der anbaubezogenen Ausrichtung der Agrarbetriebe spielen zunehmend ökonomische Rahmenbedingungen eine Rolle: Angebot und Nachfrage wie auch staatliche Regulierungen und technologische Entwicklungen beeinflussen die Landwirtschaft. Gewinnmaximierung und Produktivitätssteigerungen bestimmen heutzutage das Handeln auch in diesem Bereich. So ist seit 1990 die Anzahl der Betriebe in den damaligen EU-Staaten um über ein Drittel zurückgegangen, wobei allerdings die Zahl der Großbetriebe mit bis zu 4 000 ha landwirtschaftlicher Nutzfläche leicht angestiegen ist. Mittlerweile bewirtschaften solche Großbetriebe europaweit 50 % der landwirtschaftlichen Nutzfläche.

Industrialisierte Landwirtschaft hat folgende negative Auswirkungen:

Umwelt-elemente	intensive Düngung	intensive Schädlingsbekämpfung	Einsatz von schwerem Gerät	frühere Flurbereinigung	größere Viehbestände in Stallhaltung
Boden	Stickstoff- und Phosphatanreicherung, z. T. Überdüngung	Schadstoffanreicherung im Boden, Abbau z. T. erst nach längerer Zeit	Bodenverdichtung unter der Pflugsohle, dadurch u. a. Gefahr von Hangrutschungen	Nivellierung der Sonderbedingungen auf der Ebene der Mikrostandorte	Vergrößerung der Güllemenge → Anreicherung mit Giftstoffen
Wasser	Oberflächengewässer: Eutrophierung, evtl. „Umkippen“; Grundwasser: Nitratbelastung	Rückstandsbelastungen im Oberflächen- und Grundwasser, evtl. auch im Trinkwasser	Staunässeprobleme; Verringerung der Versickerung → größere Hochwassergefahr	Beseitigung lebendiger und natürlicher Gewässerstrukturen, Reduzierung der Selbstreinigungskraft	Probleme durch „Spitzenlasten“ bei Entleerung der Güllelager (v. a im Frühjahr und Herbst)
Luft	Ammoniakbelastung	Stoffeinträge und -transporte (durch den Wind) auch in größerer Entfernung	mögliche Vergrößerung von Staubbelastungen	Verstärkung von Wind- und Wassererosion (z. B. Beseitigung von Windschutzhecken)	Verstärken der Luftbelastung und Vermehrung schädlicher Treibhausgase (Methan)
Landschaft	Verunkrautung (z. B. Brennnesseln) außerhalb der Äcker	Reduzierung der abwechslungsreichen Vielgestaltigkeit	Beseitigung der Kleinparzellierung durch Anlage „maschinengerechter“ Schläge	„Ausräumung“ der Landschaft (z. B. durch Beseitigung von Landschaftselementen)	Grünlandumbruch und „Vermaisung“ landwirtschaftlicher Nutzflächen
Pflanzen- und Tierwelt	Verschiebungen des Artenspektrums	Reduzierung der Artenvielfalt; Dezimierung auch der Nützlinge	Reduzierung des Bodenlebens	Reduzierung der Artenvielfalt (z. B. Beseitigung von Hecken und Streuobstanlagen)	Reduzierung der Artenvielfalt durch intensive Produktion weniger Nutzpflanzenarten

Umweltbelastungen durch Intensivlandwirtschaft in Deutschland

Um diese ökologisch bedenklichen Folgen zu begrenzen, werden in der ökologischen Landwirtschaft innerbetriebliche Abläufe und die Flächennutzung unter Umweltaspekten optimiert (siehe S. 97 ff.). Dazu zählen auch der Einsatz von Satelliten und Computern bei einer bedarfsgerechten Tierfütterung sowie bei der Düngung und Bewässerung von Anbauflächen.

Treibhausprodukte aus den Niederlanden – ein Beispiel für hochspezialisierte Agrarproduktion

Ursprünglich war die Landwirtschaft in den Niederlanden an die natürlichen Gegebenheiten (Bodenart, Höhenlage, Wasserhaushalt, Flora und Fauna) angepasst. Eine erste Ausweitung erfolgte durch die Verwendung von Kunstdünger, die größte Veränderung geschah aber seit ca. 1960 durch die völlige Loslösung des Agrarbetriebs von den natürlichen Standortvoraussetzungen. Deutlich wird dies besonders in der Produktion von Blumen, Obst und Gemüse in klimatisierten Gewächshäusern. Das Zentrum der Glashauskulturen befindet sich im sogenannten Westland südlich von Den Haag. Hier werden die Sonderkulturen auf Steinwolle oder anderem künstlichen Boden gezüchtet. Steinwolle bietet den Vorteil, eine bessere Dosierung von Wasser und Nährstoffen zu ermöglichen und damit Pflanzenkrankheiten vorzubeugen.

Diese Form der Bodennutzung ist ein Beispiel für die Intensität der Agrarproduktion, denn die Größe der Gewächshausbetriebe beträgt durchschnittlich nur 1 ha. Die Produktionskosten sind hoch. Beheizung, Wasserverbrauch und Belüftung werden durch Computersysteme gesteuert. Düngung und das Entfernen von Unkraut erfolgen maschinell. Gelegentlich werden die Pflanzen unter einer schwarzen, Wärme absorbierenden Plastikfolie gezüchtet, die für das Wachstum förderlich ist und somit hilft, die Erntezeit an die Marktbedürfnisse anzupassen. Im Ablauf eines Jahres lassen sich unterschiedliche Pflanzen anbauen, z. B. Blumen im Frühling, Tomaten und Gurken im Sommer sowie Salat im Herbst und Winter.

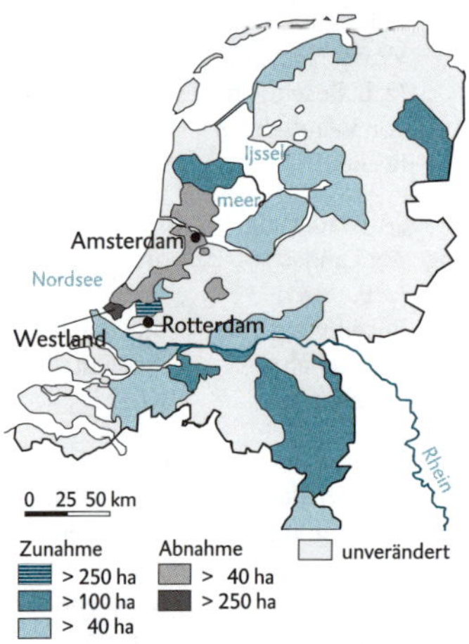

	1980	1990	2000	2010	2012
Niederlande	8,8	9,8	10,3	10,5	9,9
Gemüse	4,5	4,2	5,0	4,2	4,9
Tomaten	2,2	1,6	1,7	1,2	1,7
Gurken	1,1	1,0	0,66	0,62	0,62
Paprika	0,2	0,7	1,4	1,21	1,3
sonstige	1,0	0,9	1,24	1,11	1,28
Topfpflanzen	1,0	1,7	1,9	2,3	1,4
Schnittblumen	3,3	3,9	3,4	3,9	2,3
davon Westland	2,8	3,0	2,5	2,5	2,4
Gemüse	1,6	1,5	1,0	1,0	0,98
Zierpflanzen	1,2	1,5	1,5	1,5	1,4

Entwicklung der Anbauflächen unter Glas (in 1 000 ha)

Intensivlandwirtschaft in den Niederlanden

2.2 Industrialisierte Landwirtschaft in den Subtropen: Agrarregion USA

Die Agrarstruktur der USA hat im 20. Jh. eine deutliche Veränderung erfahren. Die Anzahl der Farmen sank von fast 7 Mio. auf unter 2 Mio., wobei sich gleichzeitig die durchschnittliche Farmgröße auf fast 180 ha mehr als verdoppelte. Auch die Zahl der in der Landwirtschaft Beschäftigten ging deutlich zurück, ihr Anteil verringerte sich um mehr als 90 % und beträgt nur noch ca. 2 % aller Beschäftigten.

Mit dem **Farmsterben**, das vorwiegend Betriebe mittlerer Größe betraf, fand eine **sektorale Konzentration** statt, d. h., dass große Anteile an der Erzeugung eines Produktes auf nur noch wenige Betriebe entfallen. Die Industrialisierung der US-amerikanischen Landwirtschaft ist verbunden mit Spezialisierung, Massenproduktion, dem Einsatz moderner Technik sowie einem hohen Einsatz von Kapital. Kommen zusätzlich noch neue Unternehmensformen hinzu, die vertikale Strukturen aufweisen, spricht man von **agroindustriellen Betrieben** oder **Agrobusiness** (siehe S. 89 ff.).

Die enorme Steigerung der Produktion weist auf Entwicklungen in der Vergangenheit zurück:

- **Mechanische Revolution:** Zwischen 1920 und 1950 stieg die Zahl der Traktoren um das Zehnfache auf 3,5 Mio. Der Mechanisierung folgte eine Spezialisierung, da nur große Flächen mit einheitlichen Anbauprodukten ein wirtschaftliches Arbeiten ermöglichen.
- **Revolution durch Hybridzucht:** Seit 1930 hat sich z. B. der Ertrag bei Hybridmais vervierfacht. Mit ausschlaggebend waren auch Entwicklungen neuer, an das Saatgut angepasster Pflanzenschutz- und Düngemittel.
- Dritte Revolution: **Neuerungen in Organisation, Produktion und Vermarktung**. Die **family farm** hat an Bedeutung verloren. An ihre Stelle sind nicht-agrarische Unternehmen getreten, die ihr Kapital in der Landwirtschaft einsetzen.
- Vierte Revolution: Produktionssteigerung durch **Bio- und Gentechnologie:** u. a. Erhöhung der Photosyntheseleistung von Pflanzen, Embryotransfer in der Nutztierhaltung.

Der **Baumwollanbau** in den USA erreichte im vergangenen Jahrhundert seine größte Ausdehnung im sogenannten **Cotton Belt**, der den **„Alten Süden“** kennzeichnete und von der Atlantikküste bis nach Texas reichte. Zu Beginn war Plantagenwirtschaft vorherrschend, die Anbaufläche lag bei ca. 400 ha/ Plantage. Zunehmend kamen Mineraldünger zum Einsatz, Züchtungserfolge sowie die Ausweitung von Bewässerungsflächen wurden kennzeichnend. Da der Kapitalmangel kleiner Farmen einer notwendigen Mechanisierung (Baumwollpflückmaschine) entgegenstand, weitete sich der Anbau rasch nach Westen bis Kalifornien aus. Der Bau von Kanälen in Kalifornien und die Nutzung des Ogallala Aquifers in den südlichen Great Plains ermöglichten einen Ausbau der Bewässerungslandwirtschaft. Großbetriebe erzielten nun höhere Gewinne als die Farmen im Südosten, wo der Baumwollanbau stark zurückging.

Heutzutage gewinnt der Baumwollanbau im Alten Süden wieder zunehmend an Bedeutung. Sein Anteil an der Gesamtproduktion in den USA ist seit den 1980er-Jahren von knapp 25 % auf über 40 % gestiegen. Ökonomische und ökologische Gründe für diese Entwicklung sind v. a.:

- aus Bodenversalzung im Westen resultierende ökologische Probleme;
- Verknappung und Preissteigerung von Bewässerungswasser im Westen;
- gentechnisch veränderte Baumwollarten, die gegen Schädlinge und Spritzmittel resistent sind;
- zunehmender Einsatz von Bewässerungssystemen, damit verbunden höhere Erträge und größere Ertragssicherheit.

Ein Zentrum des Baumwollanbaus ist **Georgia**. Hier hat sich in den vergangenen 30 Jahren die durchschnittliche Fläche der Farmen mit Baumwollanbau auf ca. 160 ha mehr als verdoppelt, dabei nahm der Anteil der Baumwoll-Bewässerungsfläche an der gesamten Anbaufläche von rund 15 % auf ein Drittel zu.

Jahr	Anbaufläche (1 000 ha)	Produktion (1 000 Ballen)
1920	1 753	1 415
1930	1387	1 592
1940	783	1 010
1950	417	490
1960	264	504
1970	152	292
1980	65	86
1990	142	405
2000	546	1 663
2010	536	2 300
2011	648	2 465
2012	522	2 910

Entwicklung der Baumwollanbaufläche und -produktion in Georgia

2.3 Landwirtschaft in den Tropen

Aufgrund der naturräumlichen Bedingungen haben sich in den Tropen ökologisch angepasste Nutzungsformen entwickelt, die der Selbstversorgung der einheimischen Bevölkerung dienen. Im Zuge der Nachfrage auf dem Weltmarkt nach agrarischen Gütern und vor dem Hintergrund der wachsenden Weltbevölkerung gewinnen jedoch industrialisierte Formen der Nahrungsmittelerzeugung eine immer größere Bedeutung.

Shifting Cultivation

Die traditionelle Form der Landwirtschaft in den Tropen ist der **Brandrodungswanderfeldbau (Shifting Cultivation)**, der der Selbstversorgung mit **Foodcrops** dient **(Subsistenzwirtschaft)**. Allerdings ist dessen Bedeutung zurückgegangen: Sowohl in Südostasien als auch in Lateinamerika wird er vorwiegend nur noch in schwer zugänglichen Randlagen betrieben, während in Afrika sein Anteil auf noch 20 % geschätzt wird.

Beim Brandrodungswanderfeldbau handelt es sich um eine **extensive Landwechselwirtschaft**. Ist aufgrund von Nährstoffarmut ein Boden nicht weiter zu bewirtschaften, wird ein neues Areal gerodet, was in der Regel alle ein bis vier Jahre notwendig ist. Das gerodete Holz wird abgebrannt, wobei Nährstoffe freigesetzt werden (Aschedünger) und eine Anhebung des pH-Werts erfolgt. Nach der Nutzung durch Anbau von z. B. Trockenreis oder Maniok benötigt der Wald einige Jahre der Brache, um sich als Sekundärwald wieder anzusiedeln und damit die Bodenfruchtbarkeit wieder herzustellen.

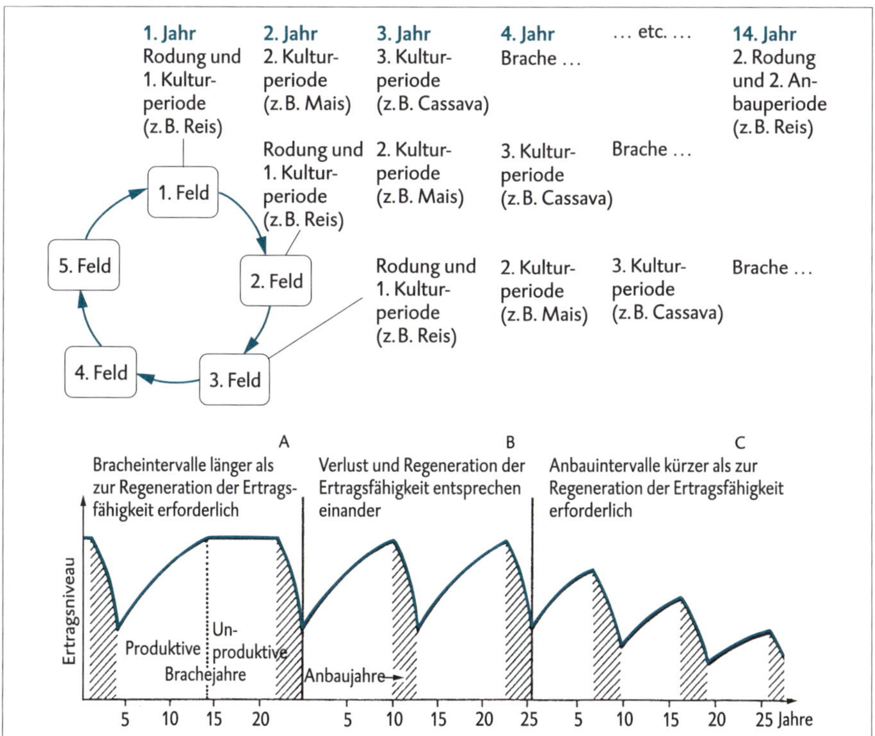

Modellhafte Darstellung der Shifting Cultivation sowie der Entwicklung der Ernteerträge

Ecofarming

Um dem Nahrungsmangel durch die Bevölkerungszunahme zu begegnen, entwickelte man das **Ecofarming**, eine Bewirtschaftungsmethode, die eine Intensivierung der Landwirtschaft mit einem schonenden Umgang der Naturressourcen vereint. Vorrangig wird auf den Einsatz von Mischkulturen aus Baum- bzw. Strauchpflanzungen (z. B. Kaffee, Palmöl) und einjährigen Pflanzen (z. B. Maniok, Yams) gesetzt, um den Stockwerkbau des Regenwaldes nachzuahmen. Auf Kleinflächen wird der Anbau um Viehhaltung und Holzproduktion ergänzt. Es entsteht ein **integriertes Landnutzungssystem**, bei dem die Bodenfruchtbarkeit erhalten bleibt und ein teurer Einsatz von Mineraldünger und Pestiziden vermieden wird (siehe auch S. 96).

Plantagen

Neben der traditionellen kleinbäuerlichen agrarischen Nutzung spielen **Plantagen** bei der Produktion tropischer Nahrungsmittel wie auch bei pflanzlichen Rohstoffen eine große Rolle. Plantagen sind landwirtschaftliche Großbetriebe der Tropen und Subtropen. Aufgrund ihrer Arbeitsintensität wurden bis in das 19. Jh. Sklaven, später ausländische Kontraktarbeiter beschäftigt.

Die agrarische Produktion in Plantagen erfolgt auf ausgedehnten Anbauflächen, wobei mehrjährige Nutzpflanzen und Dauerkulturen als **Monokultur** überwiegen. Traditionell werden Kaffee, Kakao, Bananen und Zuckerrohr sowie Kautschuk und Palmöl angebaut, in neuerer Zeit gewinnt der Anbau von Schnittblumen an Bedeutung. Die Produktion ist auf den Weltmarkt ausgerichtet, was zur Bezeichnung **Cashcrops** geführt hat, da dieser Export Devisen bringt.

Merkmale von Plantagen

- Intensive Wirtschaftsweise bei ausgedehnten Monokulturen
- Spezialisierte Erzeugung auf meistens ein Anbauprodukt
- Anbau mehrjähriger Nutzpflanzen und Dauerkulturen
- Großbetriebe mit meist einige Tausend Hektar großen landwirtschaftlichen Flächen
- Hoher Einsatz an Technik, Arbeit und Kapital mit hohem Rationalisierungsgrad
- Hohe Erträge durch Einsatz von Düngemitteln und Pestiziden
- Massenproduktion mit einheitlichem Standard und hoher Qualität
- Fabrikmäßige Aufarbeitung und Vermarktung durch eigene Infrastruktur
- Agroindustrielle Betriebe, Eigentümer meist Kapitalgesellschaften oder ausländische Konzerne
- Häufig vertikale Integration in das Agrobusiness internationaler Lebensmittelkonzerne

Allerdings führt die Zunahme der Plantagenwirtschaft auch zu Konflikten. Die Ausweitung der Flächen behindert den Anbau von Foodcrops für die einheimische Bevölkerung. Dies liegt z. B. an der zunehmenden Nachfrage nach Ölpalmen und Zuckerrohr – Basis für Agrartreibstoffe, die in den Industrieländern aufgrund der Verteuerung fossiler Energieträger sowie des Ausstoßes von Treibhausgasen zunehmend attraktiver werden. In der Folge müssen Nahrungsmittel für die einheimische Bevölkerung importiert werden. Ein weiteres Problem ist der hohe Einsatz von Pestiziden und Herbiziden, da Monokulturen anfällig für Schädlings- und Pilzbefall sind. Die Pflanzenschutzmittel lagern sich im Boden ab und belasten das Grundwasser. Hinzu kommt die Abhängigkeit vom schwankenden Weltmarktpreis. Außerdem gehen die Gewinne an die – in der Regel europäischen und nordamerikanischen – Plantagenbesitzer und nicht an die lokale Wirtschaft. Der Abfluss des Kapitals behindert den Aufbau von heimischen Wirtschaftsstrukturen und bremst die allgemeine Entwicklung.

Agrarkolonisation

Im Gegensatz zur rückläufigen Shifting Cultivation gewinnt die staatlich gelenkte **Agrarkolonisation** zunehmend an Bedeutung. Dabei kommt es zur Ansiedlung von Menschen in bisher ungenutzten, peripheren Gebieten. Ein Ziel ist die Erweiterung und Sicherung der Grundnahrungsmittelversorgung durch Erschließung von Landreserven, Intensivierung der Nahrungsmittelproduktion sowie Förderung moderner Anbaumethoden und Vertriebssysteme. Dies ist notwendig, da aufgrund des raschen Bevölkerungswachstums, der geringeren Erträge der traditionellen Landwirtschaft, der ungünstigen Besitzverhältnisse sowie der enormen Verstädterung Engpässe in der Versorgung auftreten. Außerdem geht es auch um wirtschaftliche, politische und strategische Interessen. So sollen territoriale Ansprüche gesichert, Rohstoffe erschlossen sowie soziale und räumliche Disparitäten abgebaut werden.

Regionale Beispiele für Agrarkolonisationen

- **Brasilien:** Kolonisation längs der **Transamazônica** sowie in der Provinz Rondônia
- **Indonesien:** als **Transmigrasi** bezeichnete Umsiedlung von Java auf umliegende Inseln
- weitere Rodungskolonisationen z. B. in Westafrika, Thailand und Malaysia

Auf Grundlage der staatlichen Erschließungsmaßnahmen (z. B. Straßenbau) können die Neusiedler in den Urwald vordringen und ihr zugewiesenes Areal landwirtschaftlich nutzen. In der Regel wird der Wald niedergebrannt, wodurch es zu großflächigen Zerstörungen des tropischen Regenwaldes kommt.

Im Gegensatz zur traditionellen Landwechselwirtschaft erfolgt nunmehr eine permanente Pflanzenerzeugung und Viehhaltung mit marktwirtschaftlich ausgerichteten Vertriebsstrukturen.

Das planmäßige Vordringen in bisher kaum genutzte Gebiete wirft allerdings auch zahlreiche Probleme auf. Neben der Zerstörung des Regenwaldes werden auch Reservate der **indigenen Bevölkerung** berührt, was zu Konflikten mit den Ureinwohnern führt. Auch entsprechen wegen der mangelnden Erfahrung der Neusiedler mit den schwierigen naturräumlichen Gegebenheiten die erwarteten Erträge nicht den tatsächlich erwirtschafteten. Problematisch ist, vorwiegend in Lateinamerika, dass Kleinbauern zunehmend von Großgrundbesitzern verdrängt werden, die auf den von der mehrjährigen agrarischen Nutzung ausgelaugten ehemaligen Waldböden nun extensive Weidewirtschaft betreiben.

Das Beispiel Transamazônica-Projekt

Bis zum Beginn der 1970er-Jahre war das Amazonas-Gebiet in Brasilien weitgehend unbesiedelt. Unter dem Slogan „Land ohne Menschen für Menschen ohne Land" beschloss die brasilianische Regierung, sowohl Kleinbauern als auch agrarische Großbetriebe anzusiedeln. Die **Erschließung des tropischen Regenwaldes** im Amazonastiefland zielte auf die Erschließung von Bodenschätzen und auf die Landgewinnung zur Erweiterung der agrarischen Nutzflächen ab. Das Programm umfasste drei Großprojekte:

- Straßenbau: die von Ost nach West verlaufende Transamazônica und die Nord-Süd-Achse Santarem–Cuiaba als Leitlinien der Erschließung,
- Besiedlung: Anlage eines Siedlungsnetzes aus ländlichen und städtischen Siedlungen entlang dieser Straßen,
- Kartierung des Raums auf der Grundlage von Luftbildern.

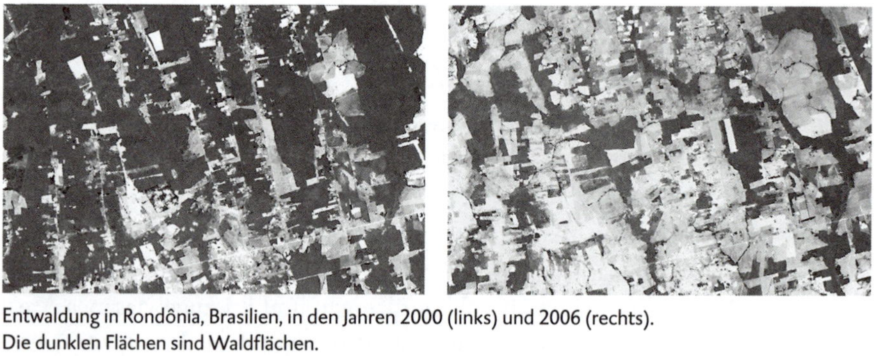

Entwaldung in Rondônia, Brasilien, in den Jahren 2000 (links) und 2006 (rechts).
Die dunklen Flächen sind Waldflächen.

Der Gang der Kolonisation lässt sich in mehrere Zeitabschnitte einteilen:

- **1. Phase (um 1970):** Beschluss zum Bau der Transamazônica und weiterer Fernstraßen als **Entwicklungsachsen** der Binnenkolonisation. Landnahme von Landlosen und Kleinbauern in einem 10 km breiten Streifen beiderseits der Straßen, Größe bis 100 ha. In einem bis 100 km weiten Abstand Ansiedlung von Mittelbetrieben (Größe bis 3 000 ha); in noch weiterer Entfernung Großbetriebe (Forstwirtschaft/Rinderzucht) mit bis 50 000 ha Größe
- **2. Phase (Mitte der 1970er-Jahre):** Ansiedlung von steuerbegünstigten Industrien zur Nahrungsmittelproduktion, Einrichtung von Rinderfarmen durch Großgrundbesitzer auf Rodungsflächen
- **3. Phase (um 1980):** Förderung kleinbäuerlicher Betriebe, auch durch Beteiligung der regionalen Bevölkerung an Entscheidungen
- **4. Phase (Mitte der 1980er-Jahre):** Bau von Bergwerken, Industrieanlagen und Kraftwerken mithilfe von privaten und staatlichen Investitionen
- **5. Phase (um 1990):** Der Umweltgedanke hält Einzug – ein internationales Programm zum Schutz der Regenwälder wird initiiert

Vor allem im Distrikt Rondônia war die Agrarkolonisation zunächst erfolgreich. Das Projekt wurde von der Bevölkerung angenommen, die Bevölkerungszahlen stiegen. Neben Produkten für den eigenen Bedarf wie Bohnen, Mais und Maniok konnten zunehmend Cashcrops wie Kaffee und Kakao angebaut werden. Allerdings machten sich auch hier bald die Nachteile des tropischen Bodens bemerkbar, der nach einiger Zeit der Nutzung ausgelaugt war. Heute ist die Verdrängung der Kleinbauern durch Großbetriebe mit Rinder-Weidewirtschaft das größte sozioökonomische Problem.

Insgesamt ist das Ergebnis des Transamazônica-Projektes nicht zufriedenstellend. Die Neusiedler hatten neben den sinkenden Erträgen v. a. mit Erosionsschäden, tropischen Krankheiten und einer schlecht ausgebauten Infrastruktur zu kämpfen. Außerdem gab es organisatorische Mängel bei der kooperativen Zusammenarbeit wie auch fehlende Absatzmöglichkeiten.

Zwischencheck

- Vergleichen Sie die Bodennutzungssysteme und Betriebsformen in den Subtropen mit denen in der gemäßigten Zone.
- Erläutern Sie die verschiedenen landwirtschaftlichen Nutzungsformen in den Tropen.
- Nennen Sie Gründe und Ziele von Agrarkolonisationen.

Sojaanbau in Brasilien – Entwicklungen und Folgen

Aufgabe 1 Lokalisieren Sie die brasilianischen Anbaugebiete für Sojabohnen.

Aufgabe 2 Erörtern Sie die Entwicklungen im Sojaanbau Brasiliens.

M 1 Anbaufläche für Soja 1990 und 2011 in den beim Sojaanbau führenden Bundesstaaten Brasiliens

Angaben in Mio. ha
1990/2011
Brasilien gesamt:
11,58/24,03

M 2 Futter statt Land

Heute werden drei Viertel der weltweiten Sojaproduktion auf dem amerikanischen Kontinent hergestellt. [...] Allein Brasilien ist für ein Viertel der weltweiten Sojaproduktion verantwortlich. [...] Von dem Geschäft profitieren fast ausschließlich Großunternehmen. Während der Sojaanbau vor Ort oft vom lokalen Agrobusiness und sogenannten Sojakönigen betrieben wird, kontrollieren internationale Großkonzerne den Großteil des Geschäfts. Die Konzerne, die (genmanipuliertes) Saatgut verkaufen, sind häufig dieselben, die auch die für den erfolgreichen Anbau der Monokulturen erforderlichen Pestizide und Herbizide anbieten. [...]
Mittlerweile reicht die Soja-Monokultur weit in den Urwald des Amazonas hinein. Auf dem Weg von Süden nach Norden vernichtete das Soja die zentralbrasilianische Savanne Cerrado zu großen Teilen. Diese ist mit einer Fläche von 204 Mio. ha etwa sechsmal so groß wie Deutschland und stellt das biologisch vielfältigste Savannen-Ökosystem der Erde dar. [...]
Bereits seit den 1980er-Jahren war der Sojaanbau auch für die Abholzung des Regenwaldes im Amazonas mit verantwortlich. Rinderfarmer verlegten ihre Weiden aufgrund der Ausbreitung des Sojas nach Amazonien und rodeten dafür Wald. Mittlerweile reichen die Sojaflächen selbst bis dorthin. [...]
Auf die kleinbäuerliche Landwirtschaft, die Menschen vor Ort und die Umwelt hat der Soja-Boom äußerst negative, teils dramatische Auswirkungen. Das Soja-Modell basiert grundsätzlich auf Monokultur und Mechanisierung der Landwirtschaft. Der Anbau rentiert sich erst im großen Maßstab, da für genmanipulierte Samen, Pestizide und Technik hohe Kosten anfallen. Bauern werden in dem Soja-Modell praktisch überflüssig. Für 500 ha Soja-Anbau reicht eine Person zur Bewirtschaftung des Landes. Die Ausbreitung der Soja-Front hat permanent die erzwungene und teils offen gewaltsame Vertreibung der ländlichen und indigenen Bevölkerung zur Folge. [...]

M 3 Brasilien wird führender Sojaproduzent

Bis Ende 2013 wird Brasilien erstmals die USA als größten Sojaproduzenten ablösen. [...] Der Anstieg der brasilianischen Soja-Produktion beruht auf dem Einsatz neuester Technik und Wiederbewirtschaftung brachliegender Weideflächen. In der Vergangenheit wurden rücksichtslos riesige Waldflächen vernichtet, um Anbauflächen zu gewinnen. Neri Geller, Minister für Agrarpolitik des brasilianischen Landwirtschaftsministeriums, versichert, das sich dies geändert habe. „Es wird keine Waldrodung mehr geben“, beteuert er im Interview mit der Deutschen Welle. [...]
Kaum zu glauben, aber wahr: Die Soja-Anbauflächen wachsen und gleichzeitig sind die Waldrodungen rückläufig. Rund 27 Mio. ha brasilianischen Bodens bedeckt die Sojabohne in dieser Saison [2013]. Das bedeutet einen Anstieg von 9 % gegenüber dem Vorjahr. Die Abholzung des Amazonas-Regenwaldes ging hingegen deutlich zurück: Sie sank um 27 %, melden offizielle Zahlen von 2012.

Eine große Rolle spielt hierbei das sogenannte Soja-Moratorium. 2006 verpflichteten sich brasilianische Sojaverarbeiter und -händler gegenüber der Regierung und zivilen Organisationen, keine Sojabohnen aus abgeholzten Regenwaldgebieten zu kaufen. Einer aktuellen Bilanz zufolge würden nur 0,4 % der gesamten Sojabohnen auf gerodeten Flächen angebaut, seit das Moratorium in Kraft getreten ist. Jüngst wurde es bis 2014 verlängert. [...]
Noch eine Entwicklung wird durch das Soja-Moratorium begünstigt: Degradierte Weideflächen kommen wieder in Einsatz. „Es handelt sich dabei um Weideland, das bereits seit 20 oder 30 Jahren genutzt wurde und nun nicht mehr brauchbar ist. Jetzt wird dort Soja angebaut", sagt Endrigo Dalcin, Direktor des Soja-Anbauverbands Aprosoja. Mithilfe modernster Technik kann auf den degradierten Böden hohe Produktivität gewährleistet werden. Die Maschinen werden von GPS oder Autopiloten gesteuert. Diese erkennen genau, wo der Boden mehr Dünger benötigt und wo nicht. [...]

Ernährungspotenzial für eine wachsende Weltbevölkerung

Verteilung von Lebensmitteln während einer Hungersnot im Sudan.

1 Ernährungssicherung zwischen Agrobusiness und kleinbäuerlicher Landwirtschaft

1.1 Auf der Suche nach Wegen zur Ernährungssicherung

Das Konzept der Ernährungssicherheit (Food Security)

Nach einer Definition der FAO, der Food and Agriculture Organization der Vereinten Nationen, ist Ernährungssicherheit gegeben, wenn alle Menschen jederzeit Zugang zu ausreichender, gesunder und nährstoffreicher Nahrung haben, die ihren Nahrungsbedarf deckt, ihren Ernährungspräferenzen entspricht und ihnen ein aktives und gesundes Leben ermöglicht.

Nach allgemeiner Einschätzung der Experten wird zurzeit weltweit genügend Nahrung für die mehr als sieben Milliarden Menschen auf der Erde produziert. Dass dennoch rund eine Milliarde Menschen unterernährt sind, gilt als Folge eines Verteilungsproblems, also wirtschaftlicher und sozialer Zugangshemmnisse. Hungerkrisen werden zusätzlich durch besondere Ereignisse wie Dürren, Überschwemmungen oder Konflikte ausgelöst.

Angesichts des prognostizierten Bevölkerungswachstums (siehe S. 184) wird es nötig sein, die Agrarproduktion erheblich zu steigern. Die mittlere Variante der aktuellen Prognosen der Vereinten Nationen geht von einer Zunahme der Weltbevölkerung auf über neun Milliarden Menschen im Jahr 2050 aus. Damit eine angemessene Ernährungsgrundlage bei wachsenden Ansprüchen und unter den sich abzeichnenden Risiken durch den Klimawandel gesichert ist, müsste die weltweite Nahrungsmittelproduktion nach Berechnungen der FAO bis 2050 um ca. 70 % zunehmen.

Wie diese Steigerung zu erreichen ist, wird kontrovers diskutiert. Aus einer Fülle unterschiedlicher Ansätze lassen sich zwei Grundpositionen herauskristallisieren, die nicht nur agrarwirtschaftlich, sondern auch politisch und ideologisch divergent sind: die (bio)technologisch ausgerichtete Weiterentwicklung der **konventionellen Landwirtschaft** durch verschiedene Modernisierungs- und Intensivierungsmaßnahmen einerseits (siehe S. 89 ff.) sowie eine grundlegende ökologische und soziale Neuorientierung der Landwirtschaft unter Ausrichtung an den Prinzipien der **Nachhaltigkeit** und der **Ernährungssouveränität** andererseits (siehe S. 96 ff.).

1.2 Strukturen und Trends in der globalen Landwirtschaft

In der Vergangenheit wurden beträchtliche Steigerungen in der landwirtschaftlichen Produktion erzielt (siehe folgende Tabelle). In der Zukunft ergeben sich hinsichtlich weiterer Steigerungen jedoch Schwierigkeiten, bedingt durch folgende Faktoren:

- Schrumpfung der landwirtschaftlichen Nutzfläche durch Klimaveränderungen und Desertifikationserscheinungen (siehe S. 37 ff.),
- geringe und ökologisch bedenkliche Ausdehnungsmöglichkeiten der landwirtschaftlichen Nutzfläche wie durch Rodungen im tropischen Regenwald (siehe S. 79),
- zunehmende Wasserknappheit,
- Flächenkonkurrenz der Lebensmittelproduktion mit der Bioenergieerzeugung (siehe S. 31 ff.),
- Veränderung der Konsummuster, u. a. gekennzeichnet durch stärkere Nachfrage nach Fleisch mit entsprechend höherem Flächenbedarf für Futtermittel.

	1961/63 bis 2005/07	2005/07 bis 2050 (Berechnung)
Welt		
Gesamte landwirtschaftliche Produktion	148 %	70 %
Gesamte pflanzliche Produktion	157 %	66 %
Tierische Produktion	136 %	76 %
Entwicklungsländer		
Gesamte landwirtschaftliche Produktion	255 %	97 %
Gesamte pflanzliche Produktion	242 %	82 %
Tierische Produktion	284 %	117 %
Industrieländer		
Gesamte landwirtschaftliche Produktion	63 %	23 %
Gesamte pflanzliche Produktion	64 %	30 %
Tierische Produktion	62 %	17 %

Zunahme der landwirtschaftlichen Produktion in Vergangenheit und Zukunft (Berechnung auf Basis des Produktionswerts bei konstanten Weltmarktpreisen der Jahre 1989–91 in US-$)

2,6 Mrd. Menschen, also ca. 40 % der Weltbevölkerung, verdienen ihren Lebensunterhalt hauptsächlich durch die Landwirtschaft. In den Industriestaaten ist ihr Anteil an den Erwerbstätigen mittlerweile verschwindend gering (z. B. Deutschland: ca. 2 %). Obwohl ihr Anteil auch in den Entwicklungsländern rückläufig ist, beträgt er dort noch bis zu 60–85 %.

Die Landwirtschaft in den Industrieländern befindet sich in einem seit Jahrzehnten anhaltenden **Konzentrationsprozess**. Die Durchschnittsgröße der Betriebe in Europa und Nordamerika ist beträchtlich gestiegen, ihre Zahl ist hingegen weiter rückläufig. In Asien, Lateinamerika und in einigen dicht besiedelten Regionen Afrikas ist die durchschnittliche Größe der Betriebe in den letzten drei Jahrzehnten gesunken. Weltweit gibt es etwa 450 Mio. Kleinbetriebe unter 2 ha; viele dieser Betriebe, insbesondere in Asien und Afrika, haben jedoch noch erheblich kleinere Flächen (siehe folgende Tabelle).

Region	Durchschnittliche Größe (ha)	% < 2 ha
Mittelamerika	10,7	63
Ostasien	1,0	79
Europa	32,3	30
Südamerika	111,7	36
Südasien	1,4	78
Südostasien	1,8	57
Afrika südl. d. Sahara	2,4	69
USA	178,4	4
Westasien und Nordafrika	4,9	65

Durchschnittsgrößen landwirtschaftlicher Betriebe und Anteil der Betriebe unter 2 ha weltweit, Stand 2010

International ist damit eine **strukturelle Disparität** zwischen technisierten, marktorientierten Unternehmen in den Industrieländern und diversifizierten und partiell für den Eigenbedarf produzierenden kleinbäuerlichen Betrieben in den Entwicklungsländern erkennbar, in denen mit einfachen, häufig traditionellen Mitteln gewirtschaftet wird. Diese Disparität ist jedoch auch für die Struktur der Landwirtschaft innerhalb vieler Entwicklungs- und Schwellenländer charakteristisch. Dort hat sich, oft ausgehend von der Plantagenwirtschaft (siehe S. 78 f.), neben der überkommenen kleinbäuerlichen eine hoch produktive agroindustrielle Struktur entwickelt.

Zwischencheck

- Beschreiben Sie die Struktur- und Produktionsentwicklung in der Landwirtschaft seit den 1960er-Jahren. Differenzieren Sie zwischen Industrie- und Entwicklungsländern.
- Erläutern Sie das Konzept der Ernährungssicherheit und stellen Sie dar, vor welche Herausforderungen es die Landwirtschaft stellt.

2 Agrobusiness

2.1 Merkmale des Agrobusiness

Agrobusiness

Das Agrobusiness (oft auch Agribusiness) wird als System verstanden, das alle direkt und indirekt an der Produktion und am Absatz von Agrarprodukten und Lebensmitteln beteiligten Unternehmen einbezieht, also Landwirtschaft einschließlich vor- und nachgelagerter Unternehmen.
Vorgelagerte Unternehmen stellen z. B. Düngemittel, Maschinen oder Saatgut her, nachgelagerte Unternehmen verarbeiten und vermarkten die landwirtschaftlichen Produkte.
Betrachtet man nicht den gesamten Wirtschaftssektor, sondern räumlich oder sektoral abgegrenzte Teilsysteme, z. B. eine bestimmte Anbauregion oder die Produktion, Verarbeitung und Vermarktung von Fleisch, spricht man auch von agroindustriellen Produktionskomplexen.

Charakteristische Merkmale der Wirtschaftsweise im Agrobusiness sind

- hoher Kapitaleinsatz,
- Produktion unter industriellen Maßstäben,
- hohe Produktivität,
- geringer Gewinn je Einheit und
- geringer Arbeitskräfteeinsatz.

Im Rahmen der wirtschaftlichen Verflechtung der landwirtschaftlichen Produktion mit ihren vor- und nachgelagerten Bereichen wird die allgemeine Entwicklung der Landwirtschaft zu einer immer stärker industriell geprägten Erzeugung von Lebensmitteln fortgesetzt. Charakteristische Kennzeichen für diese Entwicklung sind neben der Mechanisierung und Rationalisierung die zunehmende Technisierung bis hin zur gentechnischen Weiterentwicklung des Saatguts. Dieser Prozess bringt eine stetige Erhöhung des Kapitalbedarfs landwirtschaftlicher Betriebe mit sich. Diese **Kapitalisierung der Agrarproduktion** begünstigt große, kapitalkräftige Unternehmen und trägt dazu bei, dass das Agrobusiness interessant für Investoren aus dem nicht-agrarischen Bereich wird.

Die Erzeugnisse werden zunehmend auf die Erfordernisse der nachgelagerten Sektoren abgestimmt. So verlangt der durch große Supermärkte und Ketten dominierte Einzelhandel beispielsweise standardisierte Ware in bestimmten Qualitäten und Mengen und übt einen großen Einfluss auf die Preise und damit indirekt auf die Produktionsbedingungen aus.

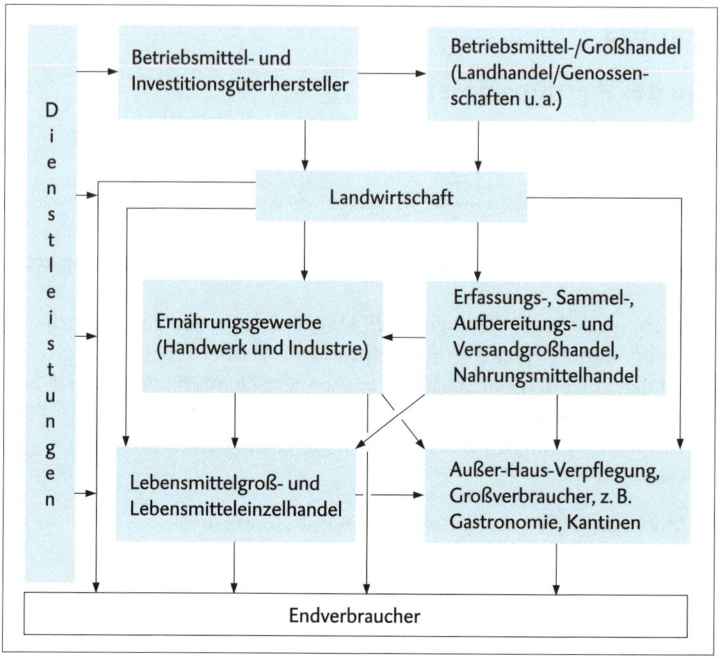

Elemente des Agrobusiness

In der Entstehung und dem Wachstum agroindustrieller Produktionskomplexe finden besonders die Konzentrationsprozesse ihre Fortführung, die die Industrialisierung der Landwirtschaft geprägt haben und weiterhin prägen (siehe folgenden blauen Kasten). Die gesamte Lebensmittelproduktion, einschließlich ihrer Verarbeitung und Verteilung über den Handel, konzentriert sich auf eine abnehmende Zahl von Unternehmen mit zunehmend globalem Aktionsradius.

Konzentrationsprozesse in der Landwirtschaft

- **Sektorale Konzentration:** Rückgang der Zahl der Betriebe in einem Produktionsbereich/Sektor (z. B. Rindermast, Milchproduktion, Maisanbau), Durchschnittsgröße der verbleibenden Betriebe nimmt zu
- **Regionale Konzentration:** Ballung von Unternehmen der verschiedenen Produktions- und Verarbeitungsstufen entlang der gesamten Produktionskette eines Nahrungsmittels auf vergleichsweise kleinem Raum (z. B. Eierproduktion in Südoldenburg)
- **Horizontale Integration:** Zusammenschluss (durch Aufkauf oder vertragliche Bindung) von Betrieben auf derselben Produktionsstufe zu größeren Einheiten; Ziel ist die Einsparung von Kosten und die Steigerung der Konkurrenzfähigkeit
- **Vertikale Integration:** Zusammenschluss von Unternehmen mit vorgelagerten Bereichen (Zulieferern → Rückwärtsintegration) und nachgelagerten Bereichen (Abnehmern → Vorwärtsintegration) zu größeren Produktionskomplexen

2.2 Entstehung und Entwicklung des Agrobusiness in den USA am Beispiel der Rindfleischproduktion

In den USA zeigten sich die Konturen des Agrobusiness sehr früh; sie sind besonders ausgeprägt entwickelt. So ist das System der Rindermast in sogenannten **Feedlots** zum Sinnbild des US-amerikanischen Agrobusiness geworden. Feedlots sind Betriebe mit riesigen Freiluftpferchen, in denen die Tiere, überwiegend Rinder, zu Tausenden gehalten werden. Rinder können hier durch energiereiches Futter, das zu 70–90 % aus Getreide und Proteinkonzentraten besteht, in durchschnittlich 140 Tagen bis zur Schlachtreife gemästet werden. Die größten Feedlots haben über 100 000 Mastplätze. Der Wandel von der traditionellen **extensiven Weidewirtschaft** zur **intensiven Rindermast** setzte in der Mitte der 1950er-Jahre ein, ausgelöst durch einen schnellen Anstieg des Pro-Kopf-Verbrauchs von Rindfleisch aufgrund sich wandelnder Essgewohnheiten und eine zusätzliche Nachfragesteigerung durch das Bevölkerungswachstum.

Innerhalb von zwei Jahrzehnten entstand in den Staaten des Mittelwestens, Kansas, Nebraska, Oklahoma und Texas, eine neue **regionale Konzentration** der Rindfleischproduktion. Bezieht man Colorado mit ein, so wurden Ende der 1990er-Jahre 85 % der US-amerikanischen Rinder in diesem Raum gemästet.

Die regionale Konzentration ging mit einer **sektoralen Konzentration** einher. Die Zahl der kleinen Mastbetriebe nahm stark ab. 5 % der Feedlots haben mehr als 1 000 Plätze, doch vermarkten sie zusammen 80–90 % der Rinder. Auf die großen Feedlots mit über 2 000 Mastplätzen entfallen 40 % der Produktion schlachtreifer Rinder.

Feedlot in den USA

Der Konzentrationsprozess hält an und ist von einer Zunahme der **vertikalen Integration** unter Einbeziehung der Kälberproduktion, der Schlachtung und der Fleischverarbeitung geprägt. Gegenwärtig wird der US-amerikanische Fleischmarkt von vier großen Unternehmen beherrscht. Die sogenannte Vormast der Kälber auf ein bestimmtes Ausgangsgewicht wird häufig von kleineren Vertragsfarmern **(Vertragslandwirtschaft)** durchgeführt.

Die agroindustrielle Rindermast beruht auf der Verfügbarkeit energiereicher Futtermittel, die in großen **Monokulturen** angebaut werden. In den USA hat sich für die Erzeugung der Hauptfutterpflanzen Mais und Soja der Anbau **gentechnisch veränderter Sorten** durchgesetzt. Sie sind z. B. immun gegen das **Herbizid** Roundup mit dem Wirkstoff Glyphosat. Dieses Herbizid kann dann auf bereits bestellten Feldern gegen Unkräuter eingesetzt werden, ohne dass die Kulturpflanzen Schaden nehmen. Das gentechnisch veränderte Saatgut wird vom US-Konzern Monsanto produziert, der auch das Patent am Pflanzenschutzmittel Roundup hält. Dies ist ein Beispiel für die Entwicklung und Vermarktung eines **Technologiepakets**, mit dessen Hilfe führende Agrobusiness-Unternehmen eine zunehmende Kontrolle über die Wertschöpfungskette erlangen. 80 % der Maisernte und mehr als 90 % der Sojabohnen in den USA tragen Monsanto-Patente.

Prägnante Beispiele für Räume mit einer besonders hohen regionalen bzw. sektoralen Konzentration im Bereich der Agrarproduktion in Europa finden sich in der südspanischen Provinz Almería (Gemüseanbau), in Dänemark (Schweinefleischproduktion) oder in der niedersächsischen Region Südoldenburg (Geflügelhaltung).

	Soja	Mais	Baumwolle	Zuckerrübe	Raps	Alfalfa
Fläche in Mio. ha	29,2	35,4	3,7	0,46	0,53	0,42
Anteil in %	93	90	90	95	93	30
Gesamtfläche 2013	69,4 Mio. ha					

USA: Anbau von gentechnisch veränderten Pflanzen 2013

Zwischencheck

- Beschreiben Sie die Elemente des Agrobusiness und ihre Verknüpfung.
- Erläutern Sie Konzentrationsprozesse, die die Entwicklung des Agrobusiness prägen.
- Erläutern Sie, inwiefern die US-amerikanische Rindermast für das Agrobusiness charakteristisch ist.

3 Kleinbauern im Spannungsfeld von Subsistenzwirtschaft und Marktorientierung

3.1 Existenzsicherung in diversifizierten Livelihood-Systemen

Subsistenzwirtschaft

Subsistenzwirtschaft ist eine Wirtschaftsweise, bei der die Produkte primär für den Eigenbedarf der Landwirte und ihrer Familien angebaut, gelagert und zur Verwendung verarbeitet werden. Subsistenzwirtschaft umfasst auch die Erträge aus Jagen und Sammeln. Sie stellt ein geschlossenes, autarkes System dar, in dem ohne Marktorientierung und Gewinn und nicht arbeitsteilig produziert wird. Da es Subsistenz in Reinform kaum mehr gibt, wird in einem weiteren Sinne auch bei einem Marktanteil bis zu 25 % des Ertrages noch von Subsistenzwirtschaft gesprochen.

In den Entwicklungsländern ist die Produktion von Nahrungsmitteln für die Eigenversorgung bis heute unverzichtbar für die Existenzsicherung. Sie umfasst in Lateinamerika noch 30–40 %, in Afrika über 50 % der Agrarproduktion, während sie in Industrieländern nur noch eine untergeordnete Rolle spielt (z. B. Deutschland 2012: BIP-Anteil 0,9 %, Beschäftigtenanteil 2,1 %).

Die klassische Subsistenzwirtschaft reicht jedoch angesichts der zunehmenden Bevölkerungsdichte, des gewachsenen Bedarfs und sich verknappender Ressourcen nicht mehr aus, um die grundlegenden Bedürfnisse zu decken. Ein großer Teil der Landbevölkerung betreibt deshalb ein System der **„Mischproduktion“:** Das Familieneinkommen setzt sich in wechselnden Anteilen aus der Produktion für den Eigenbedarf, Verkaufserlösen landwirtschaftlicher Produkte und zusätzlichen Einkommen aus der Lohnarbeit einzelner Familienangehöriger zusammen. Man spricht in diesem Zusammenhang auch von **Livelihood-Systemen**. In der typischen Arbeitsteilung der Livelihood-Systeme ist die Frau für den Subsistenzbereich zuständig, während der Mann **Cashcrops** auf eigenem Feld oder in Lohnarbeit anbaut. So kommt den Frauen in Entwicklungsländern eine besondere Bedeutung bei der Ernährungssicherung zu.

Mit dem Anteil der Cashcrop-Produktion steigt die Anfälligkeit gegenüber Preis- und Nachfrageschwankungen und das wirtschaftliche Risiko von Missernten nimmt zu. Demgegenüber ist es für eine Absicherung der Existenz über die Subsistenz wichtig, die Produktion zu diversifizieren. Einnahmen durch Überschüsse werden jedoch zur Deckung des Bedarfs in anderen Bereichen benötigt und können nicht reinvestiert werden. Die Bauern befinden sich also in einem Konflikt zwischen den Erfordernissen der Subsistenzwirtschaft und den Produktionsanforderungen auf dem Markt.

3.2 Kleinbäuerliche Landwirtschaft im Kräftespiel der Globalisierung

Kleinbauern in Schwellen- und Entwicklungsländern gelten häufig als Verlierer im Globalisierungsprozess. Die vielfach beschworenen Chancen können sie meist nicht nutzen. Die Ursachen hierfür sind vielfältig:

- Die Öffnung und Deregulierung der Binnenmärkte bringt Kleinbauern in eine Konkurrenzsituation mit billigen, oft subventionierten Nahrungsmittelimporten aus den USA und Europa, der sie nicht gewachsen sind.
- Die zunehmende Flexibilität der Finanzmärkte erhöht die Instabilität von Wechselkursen, Preisen und Zinsen, was die Marktrisiken für die Bauern steigen lässt.
- Ihre Integration in den Markt, die zur Nutzung der sich bietenden Entwicklungschancen nötig wäre, scheitert hingegen häufig an Anforderungen hinsichtlich Qualität und Termintreue, die sie nicht erfüllen können.
- Zudem fehlt es ihnen an Lagermöglichkeiten und Transportmitteln, um Lieferungen flexibel und zuverlässig gewährleisten zu können.
- Die Verkehrsinfrastruktur weist Mängel auf. Die Transportbedingungen verschlechtern sich in der Regel mit zunehmender Entfernung zu den großen Städten.
- Durch Staatsabbau und Privatisierung, die im Rahmen von Strukturanpassungsprogrammen der Weltbank und des Internationalen Währungsfonds in den 1980er- und 1990er-Jahren in vielen verschuldeten Entwicklungsländern durchgeführt wurden, verschlechterte sich der Zugang der ländlichen Bevölkerung zu landwirtschaftlichen Produktionsmitteln.
- Ohne staatliche Einflussnahme unterliegen die Preise für Agrarprodukte saisonalen und regionalen Schwankungen, die kleinbäuerliche Betriebe durch fehlende Möglichkeiten zur Lagerhaltung kaum ausgleichen können.
- Kleinbauern haben aufgrund von Informationsdefiziten keinen Marktüberblick und aufgrund ihrer geringen Produktionsmengen keine Verhandlungsmacht. Sie haben es daher schwer, ihre Interessen gegenüber Vertragspartnern und Zwischenhändlern durchzusetzen und faire Preise zu erzielen.
- Die Förderung der Landwirtschaft ist von vielen Entwicklungsländern über lange Jahre gegenüber anderen Wirtschaftsbereichen vernachlässigt worden. Bei privaten und öffentlichen Investitionen in die Landwirtschaft lag der Fokus auf exportorientierten, an den Weltmarkt angebundenen Bereichen der Landwirtschaft, z. B. Produktion von Cashcrops wie Soja oder Zuckerrohr.

3.3 Die Stärken kleinbäuerlicher Landwirtschaft

Die gravierenden ökologischen Folgen der industriellen Landwirtschaft und die erkennbaren Schwächen des freien Markts für die Ernährungssicherung haben ein Umdenken bezüglich der Einschätzung kleinbäuerlicher Landwirtschaft eingeleitet. In einer ganzheitlichen Sichtweise muss neben der wirtschaftlichen Funktion auch die Bedeutung der Landwirtschaft in ökologischer und sozialer Hinsicht berücksichtigt werden. Sie dient nicht nur der Nahrungsmittelproduktion, sondern ist multifunktional (siehe folgende Abb.).

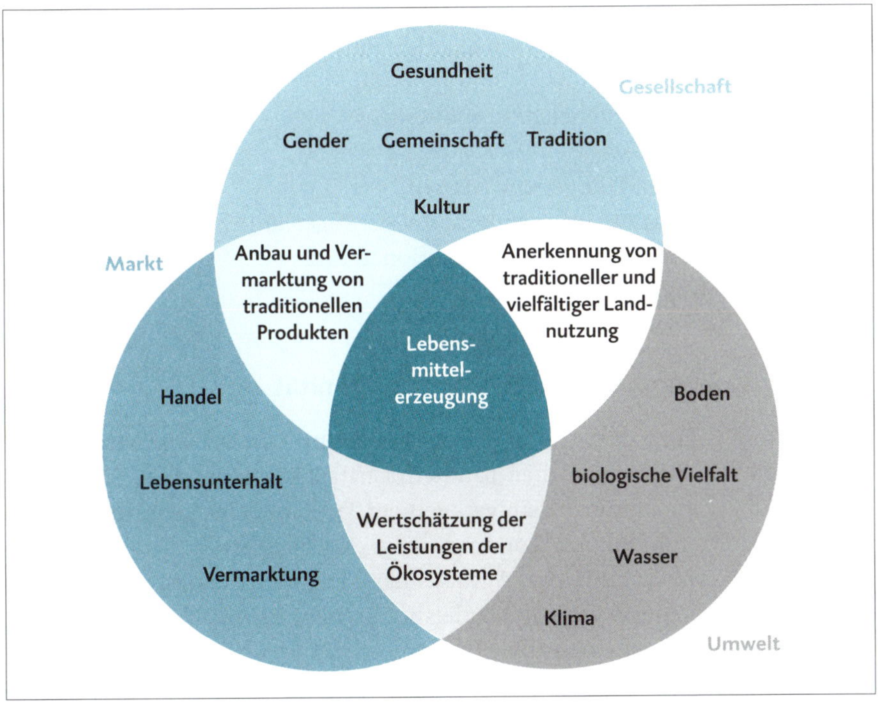

Die Multifunktionalität der Landwirtschaft

Vor dem Hintergrund der **Multifunktionalität der Landwirtschaft** und angesichts der Anforderungen an die Nachhaltigkeit der landwirtschaftlichen Produktion werden die Stärken der kleinbäuerlichen Landwirtschaft hervorgehoben. Viele Experten sehen heute kleinbäuerliche Strukturen v. a. in Asien, Afrika und Lateinamerika als die **wichtigsten Garanten für eine sozial, wirtschaftlich und ökologisch nachhaltige Lebensmittelversorgung** der künftigen Weltbevölkerung an. Hierfür sprechen folgende Argumente:

- Die höhere Arbeitsintensität kleinbäuerlicher Produktion führt dazu, dass mehr Menschen in der Landwirtschaft eine Existenz finden können.
- Über verbesserte Anbaumethoden, basierend auf meist einfachen Technologien und traditionellen Kenntnissen, sind große Produktivitätssteigerungen auch ohne große Investitionen möglich.
- Kleinbauern wirtschaften umweltschonender, insbesondere wenn sie an ihren traditionellen Methoden festhalten können, die an die naturräumlichen Besonderheiten des jeweiligen Standortes angepasst sind. Besondere Chancen bietet auch das **Ecofarming** (siehe S. 78 und 99).

Die Voraussetzungen für eine nachhaltige Entwicklung der kleinbäuerlichen Landwirtschaft sind u. a.
- Rechtssicherheit bezüglich des Landbesitzes,
- angemessene Preise,
- Zugang zu Wasser, Dünger und Saatgut,
- eine Verbesserung der Infrastruktur, v. a. für Lagerung und Transport,
- faire Kredite für grundlegende Investitionen und
- Versicherungen gegen Missernten.

3.4 Das Konzept der Ernährungssouveränität

Eine weitere **Liberalisierung** und **Deregulierung der Märkte** wird aus der Perspektive der kleinbäuerlichen Landwirtschaft kritisch gesehen. Angesichts der zunehmenden Dominanz einiger weniger **Transnationaler Konzerne** bei der Lebensmittelproduktion kommen diese Maßnahmen v. a. der weiteren Stärkung der Marktmacht des Agrobusiness zugute. Stattdessen wird eine grundlegende Neuregelung der handelspolitischen Rahmenbedingungen zur Beseitigung der einseitigen Vorteile für Industrieländer und die agroindustrielle Landwirtschaft sowie zur Schaffung von Anreizen für eine sozial- und umweltverträgliche Produktionsweise gefordert.

Das Konzept der Ernährungssouveränität

Der Begriff der **Ernährungssouveränität** wurde 2001 von der internationalen Bauernorganisation „La Via Campesina" in die Diskussion gebracht. Er bezeichnet im Kern das Recht der Menschen, die eigene Lebensmittelproduktion und -versorgung selbst zu gestalten. Ernährungssouveränität besteht auf staatlicher Ebene in der freien und unabhängigen Gestaltung der Landwirtschafts- und Ernährungspolitik, bezieht sich aber auch auf das Recht ländlicher Gemeinschaften auf Selbstbestimmung und auf das Recht der Verbraucher auf Information und Wahlfreiheit.

Das Konzept der Ernährungssouveränität erweitert das Konzept der Ernährungssicherung. Angesichts der Verflechtungen, die die Ernährungssicherung durch die Landwirtschaft mit allen menschlichen Lebensbereichen und den globalen Ökosystemen aufweist (siehe Abb. S. 95), wird deutlich, dass es nicht nur darauf ankommt, ausreichend Nahrung zu produzieren, sondern auch auf welche Weise und durch wen diese Produktion erfolgt.

Der Sicherstellung der Welternährung durch eine globale Arbeitsteilung wird der Gedanke von der **Nahrungsmittelautarkie** gegenübergestellt. Länder und Regionen sollten zumindest potenziell in der Lage sein, sich selbst zu versorgen. Für diesen Gedanken spricht neben dem Argument der Unabhängigkeit v. a. die aus ökologischer Sicht gebotene Einsparung von Ressourcen für den Transport. Nach Auffassung der internationalen Bauernorganisation „La Via Campesina“ widerspricht Ernährungssouveränität dem Handel nicht.

Zwischencheck

- Beschreiben Sie die Existenzsicherung kleinbäuerlicher Familien in einem charakteristischen Livelihood-System.
- Kennzeichnen Sie die Multifunktionalität der Landwirtschaft.
- Vergleichen Sie das Konzept der Ernährungssicherung mit dem Konzept der Ernährungssouveränität.

4 Ökologische Landwirtschaft

4.1 Ökologische Landwirtschaft – Alternative mit Zukunft?

Ökologische Landwirtschaft (auch ökologischer Landbau) ist eines von mehreren Konzepten der **nachhaltigen Landwirtschaft**. Dieses Konzept zeigt einen möglichen Weg, wie bäuerliche Landwirtschaft in der Balance zwischen den Erfordernissen des Marktes und dem Anspruch des Natur- und Umweltschutzes auch (oder gerade?) erfolgreich wirtschaften und in Konkurrenz zur vorherrschenden agro-industriellen Landwirtschaft überleben kann.

Weltweit werden von 1,8 Mio. Betrieben nur etwa 37 Mio. ha landwirtschaftlicher Nutzfläche ökologisch bewirtschaftet, das ist ein Anteil von 0,9 %. Hinzu kommen weitere 42 Mio. ha aus den Bereichen Forstwirtschaft und Aquakultur sowie Flächen, die für die Wildsammlung genutzt werden. Gegenüber der konventionellen Landwirtschaft sind diese Zahlen noch gering, doch wird die Zukunftsbedeutung dieser in raschem Zuwachs befindlichen Wirtschaftsweise für die Ernährungssicherung unter Erhalt der natürlichen Ressourcen immer deutlicher.

Die Diskussion um die Absicherung des Ernährungspotenzials auf der Basis ökologischen Landbaus ist stark von einem grundlegenden Richtungsstreit zwischen Anhängern der konventionellen und der ökologischen Landwirtschaft geprägt, in dem jeweils unterschiedliche Wertvorstellungen und wirtschaftliche Perspektiven zum Ausdruck kommen. Der potenzielle Beitrag der ökologischen Landwirtschaft zur Ernährungssicherung darf nicht allein in Produktionsmengen gemessen werden. Ihr Potenzial erschließt sich nur in ganzheitlicher Betrachtung ihrer multifunktionalen Wirkungsmechanismen in den Bereichen Ökologie, Ökonomie und Gesellschaft. Zudem muss berücksichtigt werden, dass die größten Probleme bei der Ernährungssicherung in ländlichen Regionen der Entwicklungsländer liegen, wo die Bauern vielfach an marginalen Standorten wirtschaften. Unter diesen Bedingungen erweist sich die ökologische Landwirtschaft als besonders vorteilhaft.

4.2 Merkmale des ökologischen Landbaus

In einer ganzheitlichen Sichtweise wird der **Betrieb als Organismus oder Ökosystem** verstanden. Die Eingriffe des wirtschaftenden Menschen in dieses System sollen so schonend wie möglich sein. Angestrebt ist ein **geschlossener Betriebskreislauf**, in den möglichst wenig fremde Stoffe von außen zugeführt werden.

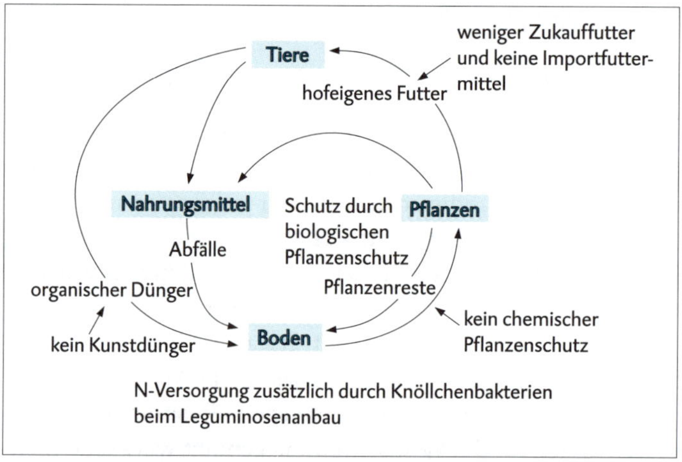

Kreislaufwirtschaft im ökologischen Landbau

Aus diesem Prinzip leiten sich eine Reihe charakteristischer Merkmale der ökologischen Landwirtschaft ab:

- Verzicht auf den Einsatz von Kunstdüngern, stattdessen Einsatz organischer Düngemittel, v. a. aus der Viehhaltung;
- eigene Futtererzeugung, Ausrichtung des Tierbestands nach Art und Zahl der zur Verfügung stehenden landwirtschaftlichen Nutzfläche;
- Verzicht auf den Einsatz chemischer Pflanzenschutzmittel, stattdessen Pflanzenschutz über anbautechnische und biologische Maßnahmen wie die **Untersaat** zur Verdrängung von Ackerunkräutern, mechanische Unkrautbekämpfung, gezielte Förderung von Nützlingen;
- Erhalt und Verbesserung der Bodenfruchtbarkeit durch Nutzung **stickstoffbindender Hülsenfrüchtler (Leguminosen)**, ausgewogene **Fruchtfolge** und Abdecken des Bodens mit **Mulch**, schonende Bodenbearbeitung;
- Rückbesinnung auf regional angepasste Haustierrassen und Pflanzensorten;
- Förderung der Tiergesundheit durch artgerechte Haltung und Naturheilmittel;
- strikte Ablehnung von Gentechnik in der Tier- und Pflanzenzucht.

Abgrenzung zu ähnlichen Anbauformen

- **Biologische/ökologische Landwirtschaft:** Mit den Begriffen „biologisch" bzw. „bio" und „ökologisch" bzw. „öko" dürfen nur jene Produkte gekennzeichnet werden, die die Vorschriften der EU-Verordnung Ökologischer Landbau und ihrer Durchführungsbestimmungen erfüllen. Die Begriffe „biologisch" und „ökologisch" werden synonym gebraucht.
- **Integrierte Landwirtschaft:** Konventionelle Landwirtschaft, in der bestimmte Methoden des ökologischen Landbaus, wie die Anpassung der Bewirtschaftungsmaßnahmen an den natürlichen Standort, der Bodenschutz und die Vermeidung von Umweltbelastungen, aufgegriffen werden, wobei jedoch auf die ertragssteigernden Wirkungen der modernen Agrotechnik, insbesondere des chemischen Pflanzenschutzes oder des Kunstdüngereinsatzes, nicht generell verzichtet wird.
- **Nachhaltige Landwirtschaft:** Landwirtschaft, die den drei Nachhaltigkeitsdimensionen „Ökologie", „Ökonomie" und „Soziales" (siehe S. 24) gerecht wird. Vielfältig verwendeter Begriff mit unterschiedlichen Inhaltsschwerpunkten.
- **Ecofarming:** Sammelbegriff für agrarökologische Systeme der Landnutzung in den Tropen, die als Antwort auf die Übernutzung und Degradierung der naturräumlichen Grundlagen entwickelt wurden; Ecofarming weist viele Merkmale der ökologischen Landwirtschaft auf (siehe S. 78).

4.3 Ökologischer Landbau in Deutschland

Die Ursprünge des ökologischen Landbaus in Deutschland liegen in den 1920er-Jahren, doch erst in den 1970er-Jahren gewann er tatsächlich an Bedeutung. Mit Beginn der 1990er-Jahre hat die Entwicklung des ökologischen Landbaus deutlich an Dynamik gewonnen. Sie ist eng verknüpft mit der Zunahme des Umwelt- und Gesundheitsbewusstseins der Bevölkerung, aus der eine gestiegene Nachfrage resultiert, welche sich wiederum förderlich auf die nachgelagerten Bereiche der Verarbeitung und Vermarktung auswirkt.

2012 gab es in Deutschland 23 096 Betriebe, die nach den EU-weiten Regelungen des ökologischen Landbaus wirtschaften, das entspricht 8 % aller Betriebe. Zusammen bewirtschaften die Betriebe des deutschen ökologischen Landbaus mit 1 043 528 ha rund 6,3 % der gesamten landwirtschaftlichen Nutzfläche. Über die Hälfte (53 %) der von Betrieben des ökologischen Landbaus bewirtschafteten Flächen wird als Grünland genutzt, 43 % sind Ackerland und der Rest entfällt auf Sonderkulturen.

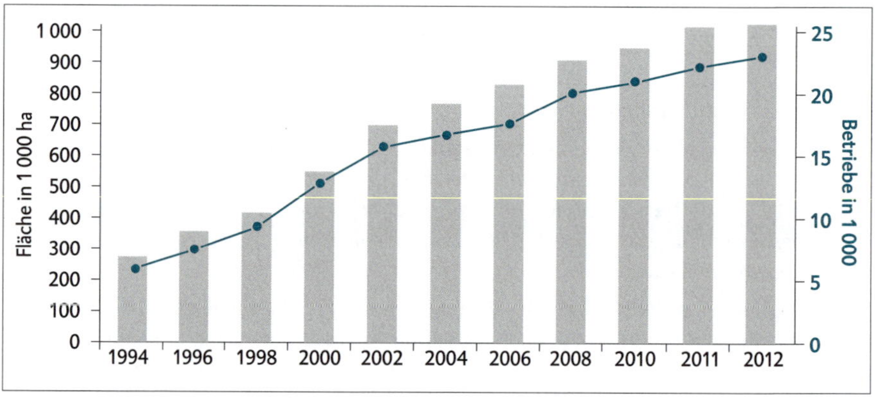

Entwicklung der Betriebe im ökologischen Landbau in Deutschland

Im Vergleich mit konventionell wirtschaftenden Betrieben erzielen ökologisch wirtschaftende Betriebe in Deutschland deutlich niedrigere Erträge. Die Erntemengen bei Weizen sind beispielsweise nur halb so hoch, der Unterschied bei Kartoffeln beträgt 40 %, die Milchleistung ist um ein Fünftel niedriger. Zudem können im Verhältnis zur Betriebsfläche weniger als halb so viele Tiere gehalten werden. Die Arbeitsintensität ist im ökologischen Anbau höher. Im Vergleich zu konventionellen Betrieben weisen ökologisch wirtschaftende Betriebe einen deutlich höheren Arbeitskräftebesatz auf und müssen damit durchschnittlich doppelt so hohe Personalaufwendungen leisten. Auf der anderen Seite haben sie sehr niedrige Aufwendungen für Dünge- und Pflanzenschutzmittel. Dass ökologisch wirtschaftende Betriebe trotzdem unter dem Strich in den meisten Jahren höhere Gewinne erzielen als vergleichbare konventionell geführte Höfe, liegt zum einen an den deutlich höheren Preisen, die sie für ihre Produkte erzielen können, und zum anderen an höheren Zuschüssen.

Ausgewählte Produkte		Preise im Wirtschaftsjahr 2010/2011	
		aus ökologischer Erzeugung	aus konventioneller Erzeugung
Weizen	(€/100 kg)	33,58	18,08
Milch	(€/100 kg)	41,04	34,01

Preisunterschiede zwischen ökologisch und konventionell erzeugten landwirtschaftlichen Produkten in Deutschland

4.4 Die weltweite Verbreitung des ökologischen Landbaus

Ökologischer Landbau wird in fast allen Staaten der Erde betrieben, wenn auch in unterschiedlicher Form und Intensität. Den größten Anteil an der weltweiten ökologischen Nutzung haben Wiesen und Weiden mit 23 von insgesamt 37 Mio. ha. Entsprechend sind die Regionen, in denen die extensive Weidewirtschaft eine große Rolle spielt, auch die Regionen, die eine hohe ökologisch bewirtschaftete Gesamtfläche aufweisen, wie z. B. Australien (12 Mio. ha) und Lateinamerika (8,6 Mio. ha). Die höchste Anzahl ökologisch wirtschaftender Betriebe gibt es in Indien (547 591), in weitem Abstand gefolgt von Uganda (188 625) und Mexiko (169 570).

In Europa gab es im Jahr 2011 fast 260 000 ökologisch wirtschaftende Betriebe, die zusammen eine Fläche von 10,6 Mio. ha bestellten; das entspricht 2,2 % der landwirtschaftlichen Nutzfläche Europas und 29 % der globalen Ökolandwirtschaftsfläche. Die Länder mit der größten Gesamtfläche sind Spanien, Italien und Deutschland, die höchsten Flächenanteile (relativ) weisen Liechtenstein, Österreich und die Schweiz auf.

Der europäische Umsatz von Produkten aus ökologischer Landwirtschaft belief sich im Jahr 2011 auf ca. 21,5 Mrd. €. Die höchsten Pro-Kopf-Umsätze wurden 2011 in der Schweiz (177 €), Dänemark (162 €) und Luxemburg (134 €) erzielt; der europäische Durchschnittswert lag bei 27 €. Bei einem Pro-Kopf-Umsatz von 81 € wurde im bevölkerungsreichen Deutschland mit weitem Abstand der höchste europäische Gesamtumsatz erreicht (6 590 Mio. €). Deutschland ist somit der bedeutendste Markt für ökologisch erzeugte Produkte in Europa.

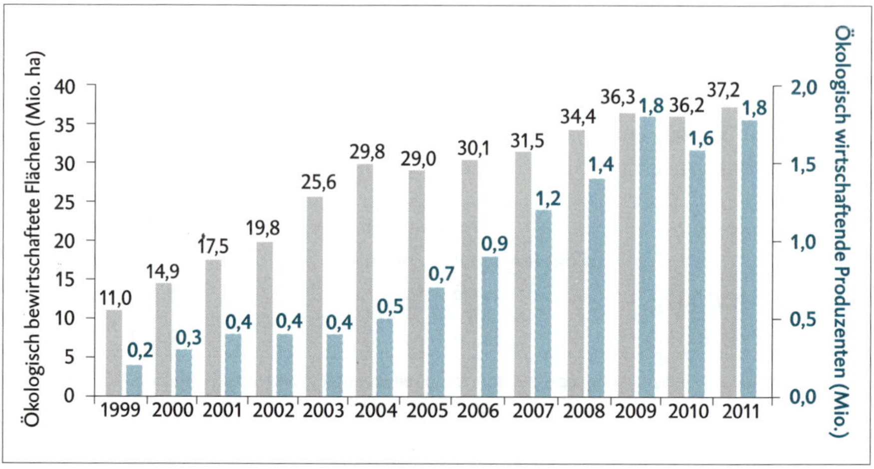

Flächengröße und Anzahl der Produzenten im ökologischen Landbau weltweit

Das weltweite Wachstum des ökologischen Landbaus insbesondere in den Entwicklungsländern lässt erkennen, dass eine Veränderung in der Einschätzung seiner Möglichkeiten eingetreten ist und Erfolge bei der Umstellung zu verbuchen sind. Mittlerweile hat sich dieses Konzept auch innerhalb der Entwicklungspolitik etabliert und wird sowohl von der europäischen Entwicklungszusammenarbeit als auch von Einrichtungen der UN gefördert.

In Entwicklungsländern sind darüber hinaus lokale Formen der ökologischen Landwirtschaft völlig unabhängig von der Ökolandwirtschaftsbewegung der Industriestaaten entstanden. Sie beruhen auf lokalem Ökosystemwissen und haben häufig sogenannte **„indigene“**, d. h. traditionelle einheimische Anbausysteme zur Vorlage, z. B. Ecofarming (siehe S. 78 und 99).

Zwischencheck

- Erläutern Sie, inwiefern in der ökologischen Landwirtschaft im Unterschied zur konventionellen Landwirtschaft von einem „geschlossenen Betriebskreislauf“ gesprochen werden kann.
- Kennzeichnen Sie den Beitrag der ökologischen Landwirtschaft zur weltweiten Ernährungssicherung.

Agroindustrielle Produktion oder Ökolandbau? – Maisanbau in Mexiko zwischen zwei Strategien zur Ernährungssicherung

gabe 1 Beschreiben Sie die Bedeutung des Maisanbaus in Mexiko.

gabe 2 Kennzeichnen Sie die Vor- und Nachteile der beiden im Titel genannten Produktionsweisen im Maisanbau vor dem Hintergrund der besonderen Bedingungen in Mexiko.

M 1 Daten und Fakten zur Maisproduktion Mexikos

Maiskonsum in Mexiko	• Pro-Kopf-Verbrauch > 200 kg/Jahr (vgl. Deutschland: 13 kg) • Deckung der Hälfte des Kalorienbedarfs, bei der Landbevölkerung 70 % • große lokale Varianz der Maissorten und Zubereitungsweisen
Maisanbau	• 2 Mio. von insgesamt 5,7 Mio. Bauern sind Maisbauern, davon 85 % Kleinbauern (< 5 ha) • durchschnittliche Erträge: 3,3 t/ha; auf Feldern der Kleinbauern nur ca. 1, 5 t/ha (vgl. USA 10,3 t/ha) • 92 % der heimischen Produktion für menschlichen Konsum • Importe zwischen 25 und 35 % der Eigenproduktion mit steigender Tendenz; für die Futtermittel- und Stärkeindustrie wird Importmais aus den USA verwendet
Innovation in der Pflanzenzucht	• 1960er-Jahre: großflächige Einführung von Hybrid-Mais im Zuge der Grünen Revolution (heute ca. 25 % des Anbaus), Anbau in Monokulturen auf tiefgründigen Böden im bewässerten Flachland • 2009: Aufhebung des Anbauverbots für gentechnisch veränderten Mais auf Antrag der vier größten Agrobusiness-Konzerne
Rahmenbedingungen des Agrarmarkts	• 1994: Nordamerikanisches Freihandelsabkommen (NAFTA) tritt in Kraft → Abschaffung von Zöllen und Importbeschränkungen • 1999: Abschaffung des staatlichen Aufkauf- und Vertriebssystems, seither erfolgt der Maishandel über vier multinationale Großunternehmen
Umfang des ökologischen Landbaus	• 128 000 Bauern, v. a. indigene Kleinbauern, bewirtschaften 332 000 ha • 90 % der Produkte sind für den Export bestimmt • 20 ökologische regionale Bauernmärkte in Mexiko

„Die Milpa-Wirtschaft ist ein landwirtschaftliches System, das von den indigenen Völkern Mesoamerikas seit prähistorischen Zeiten bis heute betrieben wird. […] In der typischen Milpa werden im Regenfeldbau neben Mais meist Bohnen und Kürbis kultiviert. Die Maisstauden bieten den Bohnen die nötige Rankhilfe. Die Bohnen fixieren den Luftstickstoff und versorgen damit den Mais. Die großen Kürbisblätter decken den Boden ab, halten die Feuchtigkeit, regulieren den Beikrautwuchs und verhindern Erosion durch starke Regenfälle und Austrocknung. […] Neben zahlreichen Gemüse- und Gewürzpflanzen werden auch Wildkräuter für medizinische und kulturelle Zwecke angebaut. In der Milpa verstreut oder an den Rändern können schattenspendende Obstbäume wachsen, deren Früchte den Speiseplan zusätzlich diversifizieren. Viele Bauern kombinieren die der Selbstversorgung dienende Milpa mit kleineren Flächen für Cashcrops […].“

Die Bedeutung von Standortfaktoren für die Industrie

Fördergerüst der Zeche Zollverein Schacht XII in Essen, durch die Glasscheibe der UNESCO gesehen.

1 Standortentscheidungen im Zusammenhang mit harten und weichen Standortfaktoren

Die räumliche Verteilung der Industrie in einem Land ist nicht zufällig. Industrieunternehmen siedeln sich nur dort an, wo sie ökonomisch vorteilhaft produzieren können. Dazu müssen Vor- und Nachteile eines Standorts genau geprüft und bewertet werden. Die Standortwahl eines Unternehmens beeinflussen auch andere Interessengruppen: Die Kommunen schaffen vor dem Hintergrund wirtschaftlicher Motive (Verkauf von Gewerbegelände, Schaffung von Arbeitsplätzen, Einnahmen durch Gewerbesteuer, Steigerung der Kaufkraft, Abbau der Sozialkosten) Anreize für die Ansiedlung von Betrieben. Die Arbeitnehmer und die Wohnbevölkerung sind einerseits an einem umfassenden Angebot an Arbeitsplätzen interessiert, andererseits sollen Industrieunternehmen bei der Standortwahl die wachsenden ökologischen Ansprüche der Wohnbevölkerung (Erhalt der Luftqualität, Vermeidung von Lärm, Erhalt von Grünflächen) mit berücksichtigen. Die Standortwahl eines Industrieunternehmens ist also ein raumprägendes Ergebnis eines differenzierten Abstimmungsprozesses verschiedener Interessengruppen.

1.1 Standorttheorie nach Alfred Weber

Das von Alfred Weber im Jahr 1909 veröffentlichte Werk „Über den Standort der Industrien“ stellt die erste systematische und theoretische Herleitung des optimalen **Standorts** für ein einzelnes Industrieunternehmen unter Berücksichtigung betriebswirtschaftlicher Aspekte dar. Weber geht dabei von vereinfachenden Annahmen aus (siehe blauen Kasten S. 107). Unter Einbeziehung dieser Annahmen hängt der wirtschaftliche Erfolg eines Unternehmens von den **Transportkosten**, den **Löhnen** und den **Agglomerationsvorteilen** ab. Die für das Unternehmen entstehenden Transportkosten spielen bei Weber die zentrale Rolle, da er sein Modell auf die Schwerindustrie bezieht. In dieser Standorttheorie wird zunächst der sogenannte **Transportkostenminimalpunkt** ermittelt, d. h. der Ort, an dem die Transportkosten der für die industrielle Produktion benötigten Materialien/ Rohstoffe für den Weg vom Fund- zum Verarbeitungsort sowie für den Transport der fertigen Produkte zum Verbraucher minimal sind. Der Transportkostenminimalpunkt wird anhand der tatsächlich anfallenden Transportkosten berechnet.

Rahmenbedingungen der Standorttheorie nach Weber

1. Die Standorte der Rohstoffe sind bekannt.
2. Die räumliche Verteilung des Konsums ist bekannt.
3. Das Transportsystem ist einheitlich, die Transportkosten sind eine Funktion von Gewicht und Entfernung.
4. Die räumliche Verteilung der Arbeitskräfte ist bekannt und gegeben, die Arbeitskräfte sind immobil, die Lohnhöhe ist konstant, aber räumlich differenziert, bei einer gegebenen Lohnhöhe sind Arbeitskräfte unbegrenzt verfügbar.
5. Die Homogenität des wirtschaftlichen, politischen und kulturellen Systems wird unterstellt.

Bei den Produktionsfaktoren unterscheidet Weber zwischen Ubiquitäten, Reinmaterialien und Gewichtsverlustmaterialien. Unter **Ubiquitäten** versteht man Produktionsfaktoren, die in einem bestimmten Raum überall vorhanden sind (z. B. Holz in waldreichen Gebieten); sie wirken sich deshalb nicht auf die Wahl des Standorts aus. **Reingewichtsmaterialien** übertragen ihr gesamtes Gewicht ins Endprodukt, **Gewichtsverlustmaterialien** verlieren bei der Verarbeitung einen Teil ihres Gewichts (z. B. Trennung des Nicht-Metall-Anteils an Erz vom Eisenanteil), wodurch die Transportkosten des Endprodukts gegenüber denen der Rohstoffe niedriger ausfallen. In Abhängigkeit von den beim Verarbeitungsprozess benötigten Produktionsfaktoren kann es sinnvoll sein, den Produktionsort entweder näher an der Rohstoffbasis oder näher am Absatzmarkt zu wählen. Die abschließende Berücksichtigung der Lohn- und Agglomerationskosten führt zu dem nach Weber **optimalen Standort** (siehe folgende Abb.).

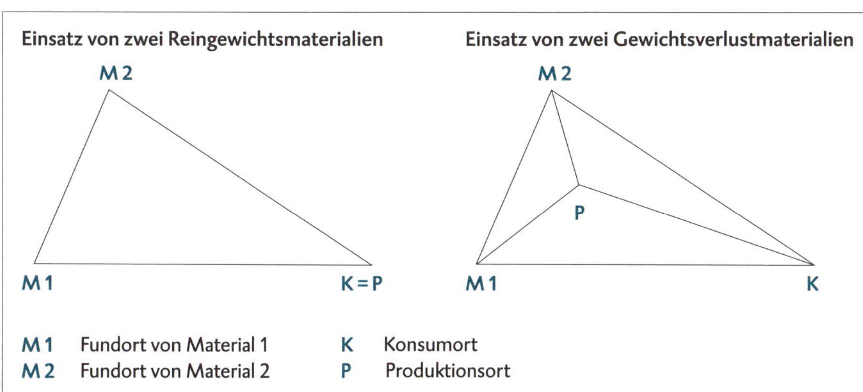

Transportkostenminimalpunkt nach Alfred Weber

Der optimale Standort kann sich vom Transportkostenminimalpunkt unterscheiden, wenn z. B. die **Arbeitskosten**ersparnis größer ist als das Mehr an Transportkosten. Gleiches gilt für die **Agglomerationskosten**. Unter Agglomeration versteht man die Konzentration mehrerer Unternehmen an einem Standort. Hierdurch können entweder Lokalisationsvorteile bei der Konzentration gleicher Branchen (z. B. Nutzung identischer Infrastruktur) oder Urbanisationsvorteile (Vorteile, die sich aus dem Grad der Verstädterung ergeben) bei der Konzentration verschiedener Branchen entstehen. Der optimale Standort wird daher vom Transportkostenminimalpunkt abweichen, wenn die Agglomerationskostenersparnis größer ist als die Mehrkosten für den Transport.

Obwohl Webers Standorttheorie aufgrund ihrer restriktiven Annahmen von vielen Wissenschaftlern für realitätsfern gehalten und entsprechend kritisiert wurde, beziehen sich die meisten heutigen Standorttheorien auf die Grundideen von Weber. Andere Standortfaktoren, die aufgrund des technischen Fortschritts oder geänderter Ansprüche an den Raum eine immer größere Bedeutung erlangt haben, werden jedoch berücksichtigt.

1.2 Standortfaktoren

Arten und Bedeutung von Standortfaktoren

Standortfaktoren sind die für die Standortwahl eines Unternehmens entscheidenden Einflussgrößen, die sich aus den räumlichen Rahmenbedingungen ergeben.
Unter **harten Standortfaktoren** versteht man die Einflussgrößen, die für ein Unternehmen exakt mess- und berechenbar sind, z. B. die Anzahl der verfügbaren Arbeitskräfte.
Weiche Standortfaktoren sind hingegen durch subjektive Einschätzungen geprägt und nicht quantifizierbar, z. B. der Freizeitwert eines Raumes.
Harte und weiche Standortfaktoren decken das gesamte Spektrum möglicher standortrelevanter Bedingungen für unternehmerische Standortentscheidungen ab. Ihre Bewertung erfolgt innerhalb einzelner Branchen z. T. unterschiedlich.

Harte Standortfaktoren

Die Bedeutung der harten Standortfaktoren hat mit der Veränderung der Produktionsbedingungen, ausgelöst durch technische und gesellschaftliche Neuerungen, zwar einen Wandel erfahren; die harten Standortfaktoren haben aber ihre zentrale Position als Kriterien bei der unternehmerischen Standortwahl beibehalten. Die wichtigsten harten Standortfaktoren sind:

- **Absatzmarkt:** Größe, Entfernung, Konkurrenz
- **Agglomerations- und Fühlungsvorteile:** Anwesenheit gleicher oder verwandter Branchen, Kooperationsmöglichkeiten, Nähe zu Behörden, Zulieferern und Hochschulen
- **Arbeitskräfte:** Zahl, Qualifikation, Löhne, Lohnnebenkosten
- **Energiequellen:** Kosten, Verfügbarkeit
- **Flächen:** Verfügbarkeit, Kosten, Grad der Erschließung, Beschaffenheit
- **gesetzliche und tarifliche Rahmenbedingungen:** Arbeitszeiten, Sozialversicherungen, Genehmigungsverfahren, Steuern, Abgaben
- **Infrastruktur:** Ver- und Entsorgungseinrichtungen aller Art, Bildungseinrichtungen, berufliche Aus- und Weiterbildung, Kommunikation, Verkehr
- Nähe zu **Forschungs- und Entwicklungseinrichtungen (FuE):** Hochschulen, Fachhochschulen, Institute
- **öffentliche Wirtschaftsförderung:** Steuerentlastung, Darlehen, Investitionszulagen, Vorleistungen im Bereich der Infrastruktur
- **politische und soziale Situation:** Stabilität, Sicherheit der Investitionen, sozialer Friede, Streikhäufigkeit
- **Rohstoffe:** Preise, Lage zum Beschaffungsmarkt, Standorte von Zulieferern
- **Steuern und Abgaben:** Höhe der Hebesätze für die Gewerbesteuer
- **Umweltauflagen:** Standards, Kosten
- **Verkehr:** Verkehrslage, Anbindung an Straßen, Bahn, Wasserwege, Nähe zu Flughäfen, Pipelines, Frachtsätze

Weiche Standortfaktoren

Weiche Standortfaktoren können unternehmens- bzw. personenbezogen sein. Unternehmensbezogene Faktoren sind von unmittelbarer Wirksamkeit für die Standortentscheidung, z. B. das Image einer Region. Zu den weichen personenbezogenen Faktoren gehören die persönlichen Präferenzen der Entscheider bzw. der Beschäftigten, z. B. die Einschätzung des Wohn- und Erholungswerts des Standorts. Die wichtigsten weichen Standortfaktoren sind:

- **Image** des Standorts und der Region
- **Mentalität:** Arbeitseinstellung, Motivation, Leistungsbereitschaft
- **persönliche Gründe:** Vorlieben, Bindung an Heimatraum
- **Werbewirksamkeit des Standorts:** Herkunfts-Goodwill, z. B. „Made in Germany"
- **Wohn- und Freizeitwert:** landschaftlicher Reiz, kulturelles Angebot, Erholungswert, Verfügbarkeit von Wohnraum und privaten Grundstücken

Zusammenhang zwischen harten und weichen Standortfaktoren

Harte und weiche Standortfaktoren dürfen nicht isoliert voneinander betrachtet werden. Beide Faktorengruppen sind miteinander verzahnt und stehen in wechselseitiger Beziehung; eine strenge Trennung ist oft nicht möglich. Der harte Standortfaktor „Verfügbarkeit von Arbeitskräften" (Perspektive Unternehmer) steht z. B. stets in einem engen Zusammenhang mit dem weichen Standortfaktor „Wohn- und Freizeitwert", denn qualifizierte Arbeitskräfte sind insbesondere an Standorten mit hohem Wohn- und Freizeitwert interessiert. Ebenso ist ein besonders gutes Image einer Region (Perspektive Unternehmer und Arbeitnehmer) häufig auf das Vorhandensein harter Standortfaktoren (z. B. gute infrastrukturelle Ausstattung) zurückzuführen.

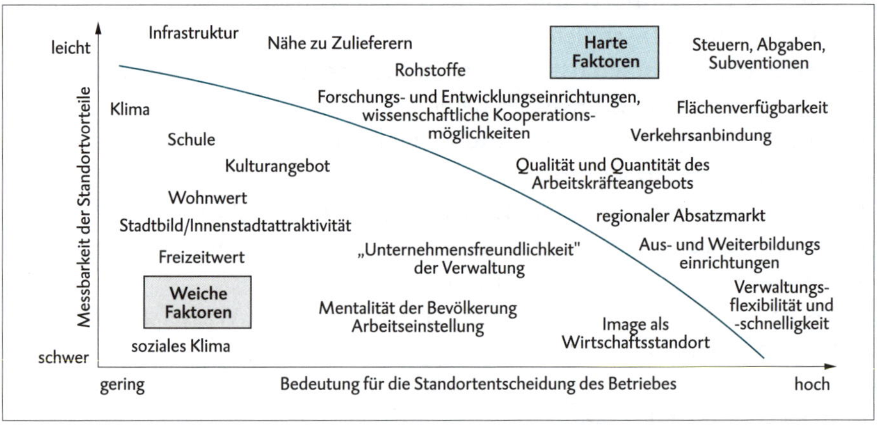

Harte und weiche Standortfaktoren

1.3 Bedeutungswandel von Standortfaktoren

Die Bedeutung der einzelnen Standortfaktoren für Unternehmerentscheidungen unterliegt einem steten Wandel. Der Stellenwert eines Standortfaktors für ein Industrieunternehmen (z. B. Rohstoffvorkommen) war früher recht stabil (siehe folgende Tabelle); mit der Folge, dass Unternehmen im Allgemeinen standortfest waren **(Persistenz)**.

Textilindustrie	billige Arbeitskräfte, niedrige Lohnkosten
Industrie der Steine und Erden	gute Verkehrsinfrastruktur
Druckindustrie	Anbindung an Absatzmarkt
chemische Industrie	Nähe zu Rohstoffquellen bzw. günstigen Transportwegen

Branchenspezifische Zuordnung dominierender Standortfaktoren

Heute kommt es im industriellen Sektor regelmäßig zu **Standortverlagerungen**, da sich die Bewertung der Standortgegebenheiten durch den Unternehmer verändern kann (siehe folgende Tabelle).

Die möglichen Gründe für den Bedeutungswandel von Standortfaktoren sind vielfältig: Die Ansprüche des Marktes, die Produktionsstrukturen, das Konsumverhalten oder die wirtschaftspolitischen Rahmenbedingungen ändern sich. Darauf muss dann ein Unternehmen bzw. die Produktion reagieren, z. B. mit Änderung der Fertigungsmethoden oder Gründung von Tochterfirmen, was wiederum Auswirkungen auf andere Standortfaktoren haben kann.

Zeit	Standorte der Eisen- und Stahlherstellung	Standortfaktoren
18. Jh.	Siegerland, Lothringen, Obersteiermark (Erzbasis)	Rohstoffe Eisenerz, Wald (Holzkohle), Wasser am Produktionsstandort vorhanden
19. Jh.	Ruhrgebiet, Saarland, Asturien (Kohlebasis)	Steinkohle ersetzt die Holzkohle, Eisenerz wird zu den Kohlevorkommen transportiert (wirtschaftlicher, da ca. 5 t Steinkohle pro t Roheisen eingesetzt werden müssen)
20. Jh.	Bremen, Duisburg, Dunkerque, Tarent („Nasse Hütten", siehe S. 133)	Technologische Innovationen verringern den Bedarf an Steinkohle pro t Roheisen auf 2:1; Transportkosten verringern sich, wenn Steinkohle und Eisenerz zu Standorten in Küstennähe oder auf Binnenwasserstraßen transportiert werden wegen des Weitertransports der Fertigprodukte von dort auf den Weltmarkt
Heute	Industrieländer: Salzgitter, Ijmuiden	Spezialisierung, Qualifikation der Arbeitskräfte, technisches Know-how
	Entwicklungs-, Schwellenländer: Ciudad Guayana, Serra dos Carajás, Whitebank („global")	niedrige Lohnkosten, eigener Industrialisierungsprozess/Binnenmarkt

Standortverlagerung der Eisen- und Stahlindustrie

Neue Kommunikationstechniken und Transportmöglichkeiten (z. B. **Containerisierung** des Handels, siehe S. 130 ff.) haben die Kosten für einzelne Waren so stark gesenkt, dass Unternehmen unabhängig von einem Standort werden können. Für die sogenannte **Footloose Industry** (z. B. Betriebe aus der Bekleidungs-, Elektro- und Spielzeugbranche) ist es gleichgültig, wo sich ihre Produktionsanlagen befinden; sie kommt zunehmend mit angelernten Arbeitskräften aus. Vorgefertigte Teile werden zu den Standorten mit den weltweit niedrigsten Lohn- und Lohnnebenkosten **(Billiglohnländer)** oder den geringsten Umweltauflagen transportiert (siehe Abb. S. 112 oben).

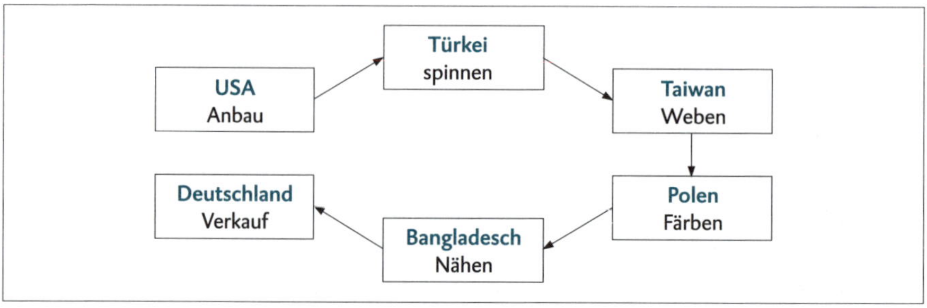

Produktionsschritte und -standorte bei der Herstellung eines Baumwoll-T-Shirts

Oft werden die Güter als Halbfertigprodukte reimportiert oder an Drittländer zur weiteren Bearbeitung oder Endfertigung weitertransportiert.

Auch der **Produktlebenszyklus** kann Auswirkungen auf den Standort haben. Die Theorie des Produktlebenszyklus besagt, dass ein industriell hergestelltes Produkt einen vierphasigen Entwicklungsprozess durchläuft. Hierbei verändert sich das Verhältnis zwischen Kosten und Erlösen für das Produkt, wodurch sich im Laufe der Zyklen auch neue Anforderungen an den Produktionsstandort ergeben (können).

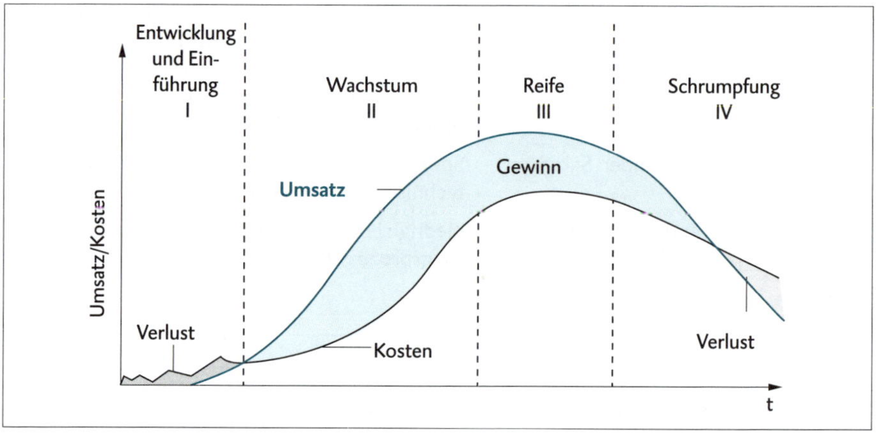

Phasen des Produktlebenszyklus

- Die **erste Phase** ist geprägt von Verlusten infolge hoher Investitionen für die Entwicklung der Innovation, den Aufbau einer Fertigung und die Erschließung eines Marktes. Die Produktionsmengen sind bis zur Etablierung des Produktes auf dem Markt gering.

- Die **zweite Phase** ist gekennzeichnet von Wachstum und Gewinn. Bei hohen Preisen wird das Produkt stark nachgefragt, was eine große Gewinnspanne garantiert. Produktion und Umsatz wachsen.
- In der **dritten Phase** der Reife kommt es zur Absatzstagnation auf hohem Niveau, die Produktionsanlagen sind ausgelastet. Der Konkurrenzdruck nimmt zu, die Gewinnspanne wird geringer bei nachlassenden Preisen und Rationalisierungsinvestitionen.
- Die **vierte Phase** ist gekennzeichnet von der zunehmenden Sättigung des Marktes und einem Preisverfall. Die Produktion wird mehr und mehr unwirtschaftlich, weshalb u. U. eine Verlagerung in Billiglohnländer erfolgt.
  Technische Weiterentwicklung oder Verbesserungsinnovationen können die Markt- und Absatzchancen eines Produktes jedoch deutlich verlängern. Hochwertige Produkte erlauben höhere Lohnkosten und ermöglichen eine längere Produktionsphase in den entwickelten Regionen; bei minderwertigen Produkten erfolgt früher eine Verlagerung in Billiglohnländer oder die Produktion findet von Anfang an dort statt.

1.4 Standortentscheidungen

Die Einrichtungen eines Unternehmens (Bürogebäude, Fertigungshallen, Lager oder Verkaufsstützpunkte) müssen nicht zwangsläufig an einem Ort konzentriert sein. Eine Standortentscheidung ist daher nicht notwendigerweise nur auf die Wahl eines einzelnen Standorts beschränkt, sondern kann auch die Entscheidung über die räumliche Verteilung mehrerer Standorte eines Unternehmens umfassen. Standortentscheidungen werden immer dann getroffen, wenn Unternehmen gegründet werden, bisherige Standorte den Anforderungen des Unternehmens nicht mehr entsprechen **(Standortverlagerung)** oder weitere Standorte aufgebaut werden sollen **(Standorterweiterung)**. Bei seiner Entscheidung muss ein Unternehmen darauf achten, dass die Anforderungen (z. B. Rohstoff-, Arbeitskräfteverfügbarkeit), die sich aus der spezifischen Tätigkeit des Unternehmens ergeben, mit den Gegebenheiten des infrage kommenden Standorts übereinstimmen. Die Standortwahl besitzt eine besondere Tragweite, da zum einen von ihr vielfältige Folgewirkungen ausgehen und sich zum anderen einmal getroffene Standortentscheidungen nur schwer und nur bei hohen Kosten revidieren lassen. Die Standortwahl kann sich in räumlich unterschiedlichen Dimensionen vollziehen: international (Kontinent, Staat), national (Region innerhalb eines Landes), lokal (Stadt oder Gemeinde einer Region) oder innerörtlich (Ortsteile, Stadtviertel).

Im Februar 1993 gründete die zum Volkswagen-Konzern gehörende Audi AG die hundertprozentige Tochtergesellschaft Audi Hungaria Kft. mit Sitz im ungarischen Györ. Die Gründung der Tochtergesellschaft war Bestandteil der strategischen Neuausrichtung der gesamten Audi AG. Im Jahr 1994 begann der Automobilhersteller eine umfangreiche Erweiterung und Erneuerung seiner Modellpalette: Das Unternehmen führte die überarbeiteten Modelle A4 und A6 ein und brachte zeitgleich die Oberklasse-Limousine A8 neu auf den Markt. Außerdem rechnete man bei Audi aufgrund der Modelloffensive mit einem Absatzwachstum, sodass zusätzliche Kapazitäten in Form neuer Montagelinien für Motoren errichtet werden mussten. Während des achtmonatigen Auswahlprozesses für den neuen Standort zur Montage von Motoren hatte Audi mehr als 180 mögliche Standorte in ganz Europa geprüft. Folgende Standortfaktoren hatten 1992 die Standortentscheidung der Audi AG zugunsten der nordwestungarischen Industriestadt Györ beeinflusst:

- Györ liegt auf halber Strecke zwischen den Hauptstädten Wien und Budapest.
- Györ ist weder von der Unternehmenszentrale der Audi AG in Ingolstadt noch von den deutschen Produktionsstätten und den Zulieferbetrieben weit entfernt.
- Györ ist verkehrstechnisch (Autobahn- und Bahnverbindung) gut angebunden.
- Die Arbeitskosten (Löhne und Gehälter sowie Lohnnebenkosten) betrugen zum Zeitpunkt der Standortentscheidung nur etwa ein Achtel der deutschen Arbeitskosten.
- Das ungarische Arbeitsrecht ist arbeitgeberfreundlich.
- Die Produktionskosten sind in Györ relativ gering (40-Stunden-Woche, Schichtbetrieb an sieben Tagen in der Woche).
- Györ bietet Kostenvorteile bei weiteren Produktionsfaktoren (geringe Energie-, Reinigungs-, Transport- und Sicherheitskosten).
- Györ verfügte über den Rohbau einer 100 000 m^2 großen Produktionshalle, die preiswert aus der Zeit vor 1989 übernommen werden konnte.
- Das umliegende Werksgelände ist relativ groß, sodass Raum für potenzielle Erweiterung vorhanden war.
- Der ungarische Staat gewährte der Audi AG für den Zeitraum von zehn Jahren eine hundertprozentige Befreiung von der Ertrags- und Gewerbesteuer.
- Das Audiwerk in Györ ist zollfreie Zone.
- In Györ sind ausreichend gut ausgebildete Arbeitskräfte verfügbar. Da das Konglomerat Rába (Fahrzeughersteller in Györ vor 1989) 20 000 Arbeitsplätze abbauen musste, waren viele Arbeitskräfte mit relevanter Berufserfahrung auf der Suche nach einer neuen Beschäftigung.

Die örtliche Hochschule für Transport und Telekommunikation bildet darüber hinaus Ingenieure und andere Akademiker aus.

Standortanalyse – Audi Hungaria in Györ

Besonders bei Neuerrichtungen größerer Betriebsstätten erfolgt der durchgeführte Standortwahlprozess in mehreren Schritten. In der Regel wird zunächst der sogenannte **Makrostandort** (Land, Region, Gemeinde) festgelegt, indem für den entsprechenden Standort entstehende Investitionskosten den zu erwartenden Gewinnen gegenübergestellt werden. Ist der Makrostandort gefunden, muss in einem weiteren Schritt der **Mikrostandort** (Standort innerhalb der Gemeinde) unter Berücksichtigung der relevanten Standortfaktoren ermittelt werden.

Zwischencheck

- Erläutern Sie den Begriff Standortfaktor.
- Erklären Sie, wie es zum Bedeutungswandel von Standortfaktoren kommt.
- Erläutern Sie die Standortentscheidung der Audi AG für den Standort Györ.

2 Hauptphasen des industriellen Strukturwandels

Industrialisierung ist ein komplexer und vielschichtiger volkswirtschaftlicher Prozess, der durch eine signifikante Zunahme der gewerblichen **Gütererzeugung** (sekundärer Sektor) bei gleichzeitigem Bedeutungsverlust des Agrarsektors (primärer Sektor) gekennzeichnet ist. Dabei erfolgt die **Massengüterproduktion** mit zunehmendem Maschineneinsatz in großgewerblicher arbeitsteiliger Produktionsorganisation. Der Prozess der Industrialisierung beinhaltet technische, wirtschaftliche, gesellschaftliche, politische und ökologische Aspekte und hat enorme Auswirkungen auf Siedlungs-, Raum- und Bevölkerungsstrukturen.

2.1 Phasen der Industrialisierung

Vorindustrielle Phase (Deutschland: 1780–1835)

Bevor im Industriezeitalter Massengüterproduktion betrieben werden konnte, wurden Güter im **Handwerk** oder in der **Manufaktur** hergestellt. Diese Produktionsformen werden als Vorläufer der Industrie bezeichnet.

Merkmale eines Handwerksbetriebs:

- geringe Betriebsgröße
- geringer Grad der Technisierung

- Einzelanfertigung von Gütern aufgrund individueller Bestellungen
- Materialbeschaffung, Produktion und Absatz sind dezentralisiert
- Wohn- und Arbeitsplatz sind vereint
- Standort des Handwerksbetriebs ist am Abnehmer orientiert

Merkmale einer Manufaktur:
- Betrieb im Übergangsstadium vom Handwerk zur Fabrik
- Güterproduktion findet weiterhin in Handwerkstechnik statt
- Produktionsprozess ist durch Zusammenlegung, Spezialisierung, Arbeitsteilung und Serienfertigung gekennzeichnet

Frühindustrielle Phase (Deutschland: 1835–1870)

Industrielle Produktion unterscheidet sich von vorindustriellen Produktionsformen in wesentlichen Punkten:
- Produktion mithilfe von Maschinen
- konsequent arbeitsteilige Produktion
- Serien- bzw. Massenproduktion
- Produktion auf Vorrat
- Produktion für anonymen überregionalen Absatzmarkt
- Standortwahl nicht am Abnehmer orientiert

Die Handarbeit (Handwerk, Manufaktur) wurde in der frühindustriellen Phase durch erhöhten **Kapitaleinsatz** und **zunehmende Maschinisierung** in Folge **des technischen Fortschritts** (Erfindung der Dampfmaschine, erster automatischer Webstuhl: Spinning Jenny) von industriellen Produktionsweisen verdrängt oder durch sie erleichtert. Bereits in der vorindustriellen Phase lag der Schwerpunkt der Produktion auf dem Textilgewerbe, der Eisenproduktion sowie der Metallerzeugung und -verarbeitung; diese Branchen wurden nun insbesondere durch die Entwicklung des **Bergbaus** (Tiefzechen) unterstützt. Der Einsatz von Maschinen in der industriellen Produktion bewirkte einerseits einen enorm steigenden Energiebedarf, der durch **Steinkohle** gedeckt wurde, und er ermöglichte andererseits die Massenproduktion. Steinkohle wurde zum entscheidenden Energieträger. Die wachsende Nachfrage nach **Eisen und Stahl** (Werkzeuge, Maschinen, Haus- und Fabrikbau, Schienen- und Eisenbahnbau, Brückenbau, Schiffbau) ist ebenfalls ein Kennzeichen der aufkommenden Industrialisierung. Mit der Erfindung des **Koksverhüttungsverfahrens**, das den Einsatz von Kohle bzw. Koks als Reduktionsmittel im Hochofen ermöglichte, wuchsen die Nachfrage nach Steinkohle und die Erzeugung von Eisen und Stahl rasant weiter.

Der Übergang von der Agrar- zur Industriegesellschaft hatte aber nicht nur technische und betriebsorganisatorische Ursachen. Entscheidend für den Wandel waren auch zentrale gesellschaftliche und politische Faktoren:

- Die institutionelle **Liberalisierung** (Bauernbefreiung, Gewerbefreiheit, Erleichterung des inner- sowie interterritorialen Handels, freie Berufswahl) bewirkte **Landflucht**, sodass der enorme Bedarf an Arbeitskräften in der Industrie der Städte gedeckt werden konnte.
- Der koloniale Überseehandel ermöglichte insbesondere in Ländern, in denen die Industrialisierung früher eingesetzt hatte (z. B. England), große **Kapitalmengen**, die in Industriegründungen investiert werden konnten.

Ausbau und Dominanz der Industrie (Deutschland: 1870–1970)

In dieser Phase beschleunigte sich der Industrialisierungsprozess enorm. Ergebnis war die jahrzehntelange Dominanz des sekundären Sektors gegenüber den anderen Wirtschaftssektoren. Dies galt sowohl für die Verteilung der Beschäftigten auf die drei Wirtschaftssektoren (siehe folgende Tabelle) als auch für den Anteil des sekundären Sektors am BIP.

Sektoren	I	II	III
1800	80,0	15,0	5,0
1880	42,2	35,6	22,2
1925	30,3	42,3	27,4
1950	24,6	42,9	32,5
1960	13,7	47,9	38,3
1970	8,4	46,5	45,1
1990	3,5	36,6	59,9
2012	1,6	24,7	73,7

Verteilung der Erwerbspersonen auf die Sektoren der Volkswirtschaft in Prozent (Deutsches Reich 1800–1945, Bundesrepublik Deutschland 1950–1990, Deutschland 1995–2012)

Die Hochphase der Industrialisierung führte insgesamt zu einer völligen Umorganisation von Wirtschaft und Gesellschaft. Wichtige Kennzeichen waren:

- Steigerung und Verbilligung der Produktion
- Wachstum des Bruttosozialprodukts
- Notwendigkeit des ständig erhöhten Kapitaleinsatzes
- Urbanisierung

- Bevölkerungswachstum
- Bedeutungswandel der einzelnen Wirtschaftssektoren
- Ausbau der gesamten Infrastruktur
- Ausdehnung und Intensivierung des Handels
- Wandel in der Sozialstruktur
- Wandel der Arbeitsweise
- Wandel der Lebensweise und der gesellschaftlichen Mentalität

Phase der Deindustrialisierung (Deutschland seit 1970)

Um 1970 setzte insbesondere in bedeutenden Industrieregionen Europas ein tiefgreifender wirtschaftlicher **Strukturwandel** ein, der als **Deindustrialisierung** bezeichnet wird. Dieser Umwandlungsprozess bewirkte tiefgreifende wirtschaftliche und gesellschaftliche Veränderungen. Die Industriegesellschaft wird zunehmend von der **Dienstleistungsgesellschaft** bzw. **postindustriellen Gesellschaft** abgelöst (siehe S. 150 ff.). Die zentrale Stellung des theoretischen Wissens und das zunehmende Übergewicht der Dienstleistungs- über die produzierende Wirtschaft sind deren elementare Kennzeichen.

Ursachen des industriellen und gesamtwirtschaftlichen Strukturwandels

In den 1960er- bis 1980er-Jahren nahm die Bedeutung **altindustrieller Branchen** (z. B. Kohle-, Eisen-, Stahl- und Textilindustrie) enorm ab. Regionen, die von diesen Branchen geprägt und abhängig waren, z. B. das Ruhrgebiet oder Mittelengland, durchliefen tiefgreifende Krisen. Strukturelle Veränderungen (Deindustrialisierung, Reindustrialisierung, Tertiärisierung) waren die Folge.

Bedeutungsverlust der Montanindustrie in Europa

Ursachen der Kohlekrise

- Überangebot an Kohle und Absatzschwierigkeiten auf dem Weltmarkt
- Hohe Produktionskosten aufgrund der komplizierten Lagerungsverhältnisse der Kohle im Vergleich z. B. mit den im Tagebau förderbaren Steinkohlen Australiens
- Konkurrenz durch Importkohle

Ursachen der Stahlkrise

- Substitution des Stahls durch Kunststoffe
- Absatzrückgang aufgrund von Marktsättigung
- Konkurrenz von Billiganbietern auf dem Weltmarkt
- Hohe Produktionskosten

Die **Ölkrise** von 1973/1974 und der damit verbundene drastische Anstieg des Ölpreises lösten eine weltweite Wirtschaftskrise aus.

Des Weiteren haben sich die gravierenden Fortschritte in der **Informations- und Kommunikationstechnologie** seit den 1980er-Jahren auf den Beschäftigungsmarkt, traditionelle Standortansprüche und die Produktionsstruktur zahlreicher Unternehmen ausgewirkt.

Ausgelöst durch tiefgreifende politische Veränderungen in Osteuropa in den 1990er-Jahren (Ende des kommunistischen Systems, siehe S. 251 ff.) setzte hier ein wirtschaftlicher **Transformationsprozess** ein, der für viele westliche Unternehmen dort attraktive Standorte entstehen ließ (niedrige Löhne, Arbeitskräftepotenzial, geringere Produktionskosten) und somit Sekundärfolgen für traditionelle westliche Industriestandorte aufgrund von Verlagerungen hatte.

Im Rahmen der **Globalisierung** entstehen seit Beginn des 21. Jh. zunehmend weltumspannende Produktions- und Arbeitsmärkte, die nahezu von jedem Standort aus erschließbar sind. Vor dem Hintergrund eines internationalen Konkurrenzkampfes sind Unternehmen gezwungen, sich grundlegend umzuorganisieren.

2.2 Veränderungen im sekundären Sektor

Als **industriellen Strukturwandel** bezeichnet man im Unterschied zum **sektoralen Wandel** (Verschiebungen zwischen den drei klassischen Wirtschaftssektoren) den branchenbezogenen Wandel innerhalb einer Region, wobei es zwischenzeitlich zu Formen und Erscheinungen der Deindustrialisierung kommen kann. Das Wiedereinsetzen industrieller Tätigkeiten bezeichnet man als **Reindustrialisierung**.

Auch innerhalb eines Unternehmens des sekundären Sektors sind strukturelle Veränderungen möglich. Während früher der sekundäre Sektor in etwa mit dem produzierenden Gewerbe gleichgesetzt werden konnte, gewinnt heute in zahlreichen Industrieunternehmen der nicht produzierende und somit tertiäre Bereich an Bedeutung. Eine wachsende Anzahl von Beschäftigten in ehemals reinen Industrieunternehmen ist heute in der Forschung und Entwicklung, in der Organisation und Verwaltung, im Marketing oder im Servicebereich tätig.

Eine weitere Form des industriellen Strukturwandels ist der sogenannte **funktionale Wandel**. Davon spricht man, wenn ein Unternehmen seine Produktion grundlegend verändert oder branchenbezogen erweitert. Ein Beispiel für den funktionalen Wandel eines Unternehmens ist die Entwicklung der RAG Aktiengesellschaft (siehe Tabelle S. 120).

1969	Gründung als Ruhrkohle AG
1997	Umbau und Umbenennung zum Spartenkonzern RAG Aktiengesellschaft. Die Ruhrkohle AG wandelt sich – unter anderem durch Übernahme der Degussa (Chemie) und der STEAG (Energie) – zu einem weltweit tätigen, diversifizierten Montan-, Energie- und Chemiekonzern
2007	Konzentration der RAG Aktiengesellschaft auf den deutschen Steinkohlebergbau. Die Geschäftsfelder Chemie, Energie und Immobilien der RAG Aktiengesellschaft werden ausgegliedert und in Evonik Industries AG umbenannt.
2018	Beendigung der subventionierten Steinkohleförderung
2019	Fortführung der RAG Aktiengesellschaft mit Bergbaufolgeaktivitäten

Entwicklung der RAG Aktiengesellschaft

Raumwirksamkeit des industriellen Strukturwandels

Die **raumstrukturelle Entwicklung** altindustrialisierter Regionen wurde jahrzehntelang weitgehend von den Interessen und Ansprüchen der industriellen Betriebe dominiert. Im Zuge ungesteuerter Wachstums- und Verdichtungsprozesse waren Industrie- und Gewerbeflächen erschlossen, Wohnraum für die in der Industrie arbeitende Bevölkerung geschaffen und eine einseitig auf die Industriebetriebe ausgerichtete Infrastruktur errichtet worden. Der Niedergang zahlreicher Industriebranchen löste eine großflächige Deindustrialisierung aus. Während die Betriebe aufgegeben oder an andere Standorte verlegt wurden, blieben die durch die Industrialisierung in Anspruch genommenen Flächen zunächst unverändert bestehen. Es entstanden große **altindustrielle Brachflächen**, die häufig mit **Altlasten** kontaminiert waren, jedoch zugleich wertvolle **Potenzialflächen für die Stadt- und Regionalentwicklung** darstellten. In vielen **altindustrialisierten Gebieten** wurden die brach gefallenen Industrieanlagen teilweise oder vollständig abgerissen. Durch die Beseitigung der historischen Bausubstanz sollte ein neues, zukunftstragendes Erscheinungsbild geprägt werden. Umnutzungen, häufig für Konsum und Freizeit, führten an vielen Stellen aufgrund fehlender gesamträumlicher Planungen zu einer unstrukturierten und konzeptlosen Raumnutzung.

Im Ruhrgebiet wurde erst durch das von 1989 bis 1999 andauernde Strukturprogramm **IBA Emscher Park** des Bundeslandes Nordrhein-Westfalen ein gesamträumliches und nachhaltiges Konzept zum Umgang mit den industriellen Hinterlassenschaften entwickelt. Durch die Etablierung der **Industriekultur** werden die ehemaligen Industrieanlagen nicht mehr lediglich als Arbeitsplatz und Zweckbau der Montanindustrie, sondern zunehmend als architektonisch wertvolle Zeugnisse und Orientierungspunkte der industriellen Vergangenheit wahrgenommen. In diesem Zusammenhang wurden bereits viele ehemalige

Industrieareale im Ruhrgebiet effektiv umgenutzt. Dennoch nehmen Brachflächen auch heute immer noch einen großen Anteil in ehemaligen Industrieregionen ein.

Aufgabe	Mit neuen Ideen und Projekten im städtebaulichen, sozialen, kulturellen und ökologischen Bereich Impulse für den wirtschaftlichen Wandel einer alten Industrieregion zu setzen
Konzeptidee	Umwandlung ehemaliger Bauflächen in neugewonnene Landschaft, Vernetzung von Freiräumen und ästhetische Interpretation des Raums als Industrielandschaft; nachhaltige Stabilisierung des Wasserhaushalts in der Region durch ökologischen Umbau des Gewässer- und Abwassersystems
Arbeiten	Entwicklung attraktiver und hochwertiger Gewerbestandorte für neue Gewerbe- und Dienstleistungsbetriebe zur Verbesserung der Beschäftigungs- und Wirtschaftsstruktur, Erhaltung und neue Nutzung von Industriedenkmälern
Stadtentwicklung	Städtebauliche und wirtschaftliche Entwicklung von Stadtteilen, Aufwertung der Bahnhofsbereiche der Köln-Mindener Eisenbahn, integrierte Entwicklung von Stadtteilen mit besonderem Erneuerungsbedarf
Wohnen	Denkmalgerechte Modernisierung gartenstädtischer Arbeitersiedlungen, Neubau von Siedlungen, Wohnprojekte für ältere Menschen und Alleinerziehende
Kultur und Tourismus	Erhaltung und neue Nutzung industriekultureller Bauten und Anlagen als Symbol für den Strukturwandel; Schaffung von Identifikationspunkten, Veranstaltungs- und Spielorten; Künstler arbeiten in Auseinandersetzung mit der Region

IBA Emscher Park: Leitthemen

Die Lohnhalle der ehemaligen Zeche Arenberg in Bottrop. Im Rahmen der IBA entstand auf dem Areal ein Gründer- und Technologiezentrum.

Der Duisburger Innenhafen – ein Beispiel für Umnutzung im Ruhrgebiet

Im Rahmen der internationalen Bauausstellung Emscher Park (IBA 1989–1999) wurde die Industriebrache „Duisburger Innenhafen" zu einem multifunktionalen Dienstleistungspark am Wasser umfunktioniert. In unmittelbarer Nähe zur City wurde das in vielen Städten bereits erfolgreich realisierte Konzept Arbeiten, Wohnen, Ausgehen, Kultur und Freizeit am Wasser verwirklicht. Die stillgelegten Mühlen- und Speichergebäude des ehemaligen Getreidehafens, die als stadtprägende Kulisse erhalten geblieben sind, wurden vielfältig neu nutzbar gemacht. So wurde die alte Küppersmühle zu einem Museum moderner Kunst umgebaut.

Duisburger Innenhafen früher

Duisburger Innenhafen heute

2.3 Modernisierung industrieller Produktionsstrukturen

Moderne Industrieunternehmen sind auf dem globalen Markt nur dann konkurrenzfähig, wenn sie ihre **Produktionsstrukturen** anhand marktwirtschaftlicher Kriterien (u. a. effektiver Einsatz von Gütern, höchstmöglicher Ertrag, Absatzsteigerung durch Werbung, Produktivitätssteigerung durch technische Innovation) permanent überprüfen und evtl. korrigieren. Unternehmer verfolgen dabei das Ziel, Wettbewerbsvorteile zu erzielen und so das Unternehmen bzw. den Standort zu erhalten bzw. weiterzuentwickeln.

Verringerung der Fertigungstiefe

Eine wichtige produktivitätssteigernde Strategie besteht in der Verringerung der **Fertigungstiefe**, d. h. des Anteils der in einem Betrieb gefertigten Bauteile am Gesamtprodukt. In der Automobilindustrie hat sich die Fertigungstiefe von gut 80 % im Jahr 1970 auf unter 30 % im Jahr 2012 verringert. Porsche hat z. B. eine Fertigungstiefe, die bei den Sportwagenmodellen 911 und Boxter ca. 20 % beträgt. Das wurde erreicht, indem man große Teile der Produktion wie auch der innerbetrieblichen Dienstleistungen auslagerte, wenn ein darauf spezialisiertes

Unternehmen diese Aufgaben qualitativ besser und kostengünstiger erfüllen konnte. Dieses sogenannte **Outsourcing** bewirkt in der Regel extreme Kosteneinsparungen, da v. a. die Löhne in den Zulieferbetrieben häufig niedriger sind.

Just-in-time-Produktion

Die Just-in-time-Produktion führt zu Kostensenkungen, da Zulieferer vertraglich verpflichtet werden, notwendige Bauteile oder fertig montierte Module zur exakt benötigten Zeit zu liefern. Lager- und Personalkosten können so eingespart werden. Die Just-in-time-Produktion ist allerdings nur bei einer reibungslos funktionierenden Logistik sinnvoll. Da jedoch das erhöhte Verkehrsaufkommen zu ständigen Staus und verzögerten Lieferungen führt, haben bereits verschiedene Zulieferer Materiallager oder Produktionsstätten in unmittelbarer Nähe **(Re-Agglomeration)** oder auf dem Gelände des zu beliefernden Unternehmens **(territoriale Integration)** errichtet.

Lean Production

Lean Production, auf Deutsch „Verschlankung der Produktion", bewirkt eine Produktivitätssteigerung, indem Produktionsmethoden in organisatorischer Hinsicht verbessert werden. Zur Vermeidung entbehrlicher Arbeitsschritte werden Abläufe verkürzt und flexibilisiert. Lean Production bedeutet nicht nur eine Verschlankung des Produktionsprozesses, sondern sämtlicher Unternehmensbereiche (Einkauf, Produktentwicklung, Verwaltung, Management, Vertrieb). Die Lean Production bewirkt v. a. deshalb eine Steigerung der Produktivität, da Arbeitnehmern im Herstellungsprozess ein deutlich höheres Maß an Verantwortung übertragen wird. Dadurch werden die von Arbeitnehmern verursachten Fehler im Produktionsprozess reduziert.

Teamarbeit in Fertigungsinseln

Einen weiteren Beitrag zur Produktivitätssteigerung leistet die Teamarbeit in sogenannten **Fertigungsinseln**. Darunter versteht man geschlossene, selbstständig operierende Einheiten innerhalb eines Betriebs, die mit allen notwendigen Personal- und Betriebsmitteln ausgestattet sind, um komplexe Bauteile und Endprodukte herzustellen. In der konventionellen Produktion durchläuft ein Werkstück nacheinander verschiedene Abteilungen, das ist zeitaufwendiger und anfälliger für Fehler. Die abwechslungsreiche Teamarbeit führt, auch infolge des Gruppendrucks, zu geringeren Krankheitsraten und einer höheren Produktivität bei geringerer Personalstärke. Kritiker sprechen von einer „Optimierung der Selbstausbeutung" aus Sicht der Arbeitnehmer.

Montage des Audi R8 in Neckarsulm

Global Sourcing

Zur **externen Flexibilisierung** gehört auch, dass Unternehmen als **Global Player** (siehe S. 237) agieren, das weltweite Angebot auf dem Beschaffungsmarkt nutzen oder Teile der Produktion in **Niedriglohnländer** auslagern. Man spricht von **Global Sourcing**. Die moderne Kommunikation via Internet ermöglicht weltweit einen Informationstransfer in Sekundenschnelle sowie eine globale Nutzung von Forschungen und Entwicklungen. Werden Niedriglohnländer zu „verlängerten Werkbänken" der Industriestaaten, geschieht dies meist auf Kosten heimischer Arbeitsplätze.

Die Modernisierung der industriellen Produktionsstrukturen verändert nicht nur den Produktionsprozess, sondern auch die industriellen Organisationsformen. Es entstehen beispielsweise **Cluster** (branchenspezifische Unternehmensnetzwerke) und **Spin-off-Betriebe** (Neugründungen von ehemaligen Mitarbeitern der Großunternehmen; siehe S. 160 f.).

Zwischencheck

- Kennzeichnen Sie wichtige Phasen der Industrialisierung.
- Erläutern Sie Formen des industriellen Strukturwandels.

Strukturwandel einer Altindustrieregion – Smartville in Hambach

gabe 1 Kennzeichnen Sie die wirtschaftliche Situation Lothringens gegen Ende der 1990er-Jahre.

gabe 2 Erläutern Sie die Standortfaktoren, die zur Ansiedlung von Smart in Hambach geführt haben, und das Produktionskonzept von Smartville.

M 1 Die lothringische Kohle-, Eisen- und Stahlindustrie 1960–2000

	Steinkohle		Eisenerz		Stahl	
	Mio. t	Beschäftigte	Mio. t	Beschäftigte	Mio. t	Beschäftigte
1960	14,7	43 000	62,7	23 600	11,3	90 000
1980	9,8	24 000	37,5	4 200	9,4	60 000
2000	2,5	6 383	0,0	0	4,7	13 300

M 2 Smartville in Hambach

In der Automobilfabrik Smartville in Hambach (Frankreich) wird der Smart gebaut. Das Werk, in dem 1997 die Produktion aufgenommen wurde, gilt als eines der modernsten weltweit. Um optimale Produktionsprozesse zu ermöglichen, ist es in Kreuzform angelegt; in jedem der vier Fabrikbereiche werden unterschiedliche Montagearbeiten erbracht. Das Zentrum, der sogenannte Marktplatz, dient als Testraum für fertiggestellte Fahrzeuge und für Nacharbeiten und ist mehrstöckig; so konnten alle Verwaltungs-, EDV- und Umkleideräume sowie die Kantine an zentraler Stelle realisiert werden. Bei der Errichtung von Smartville trug der Daimler-Benz-Konzern 75 % der Kosten, 25 % übernahm SOFIREM, eine französische Gesellschaft für die Umstrukturierung von Bergbau-Regionen.

Smartville – Daten und Fakten

Standort	südöstlich von Hambach an der Autobahn Metz (70 km)–Straßburg (90km), 25 km von Saarbrücken entfernt
Produktion	ca. 400 Einzelmodule, Teamarbeit in Fertigungsinseln
Fertigungszeit Endmontage	ca. 4,5 h
tägliche Produktion	750 Fahrzeuge
Fertigungstiefe	ca. 10 %
Zulieferer auf dem „Smart“-Betriebsgelände	Magna International (Chassis), Bosch (Front), Dynamit Nobel/Magna (Verkleidung/Türen), Siemens VDO (Cockpit, Kabelbäume, Batterien), ThyssenKrupp (Antriebseinheit), Continental (Reifen), Cubic/Surtema-Eisenmann (Lackiererei), TNT/MLT/Panopa (Logistik)
Beschäftigte bei Smart	1998: 1 055; 1999: 1 809; 2003: 1 140; 2011: 811

Verkehrs- und Kommunikationsnetze weltweit

Luftaufnahme des Flughafens Frankfurt am Main, eines der bedeutendsten Luftverkehrsdrehkreuze der Welt. Im Jahr 2012 sind in Frankfurt rund 57,5 Mio. Passagiere gestartet, gelandet oder umgestiegen und es wurden 2,1 Mio. Tonnen Luftfracht transportiert.

1 Verkehrsnetze in ihrer Bedeutung für die Verflechtung und Gestaltung von Räumen

1.1 Das Verkehrsnetz als Voraussetzung für Globalisierung

Ein leistungsfähiges **Verkehrsnetz** ist eine wichtige Voraussetzung für den weltweiten Handel und die damit verbundene **Globalisierung**, neben einem engmaschigen **Kommunikationsnetz** und der **Liberalisierung** der Märkte. Zum einen ermöglichen Verkehrsnetze den internationalen Einkauf und Vertrieb von Waren, zum anderen haben sich die Unternehmensstrukturen multinationaler Unternehmen mit den verbesserten Verkehrsnetzen verändert. Internationale **Arbeitsteilung** wird erst durch entsprechende Transportketten und Transportlogistik ermöglicht, ebenso wie z. B. die **Just-in-time-Produktion** (siehe S. 123).

Weltweit ist allein in den Jahren zwischen 2003 und 2012 fast eine Verdopplung der Weltwirtschaftsleistung sowie der Produktivität zu beobachten (siehe folgende Abb.), woraus sich eine zunehmende Wichtigkeit von Verkehrsnetzen und Transportwesen folgern lässt.

Aus der steigenden Nachfrage infolge der Globalisierung ergeben sich sinkende **Transportkosten** (siehe Abb. S. 129). Das hat wiederum zur Folge, dass mehr Güter transportiert werden, sodass sich die **Transportdichte** erhöht. Gleichzeitig werden die Transportstrecken länger und die Beförderung beschleunigt sich. Steigende Energiekosten lassen keine exakte Prognose darüber zu, wie sich die Transportkosten in Zukunft entwickeln. Grundsätzlich ergibt sich die Notwendigkeit, die Verkehrsträger und Verkehrsnetze weiterhin zu modernisieren und zu optimieren.

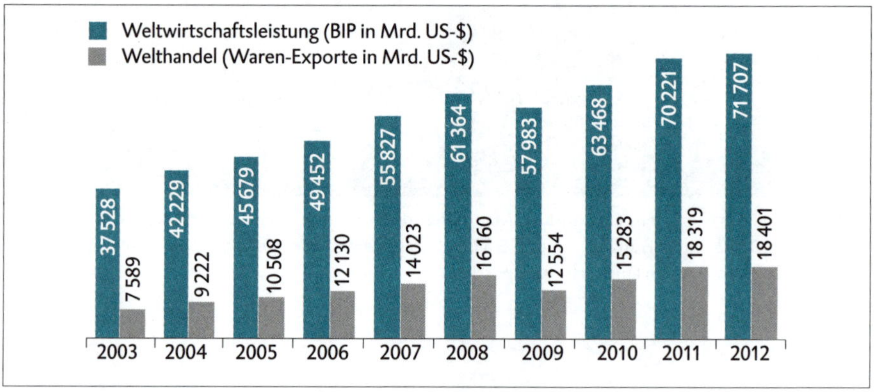

Entwicklung von Weltwirtschaft und Welthandel von 2003 bis 2012

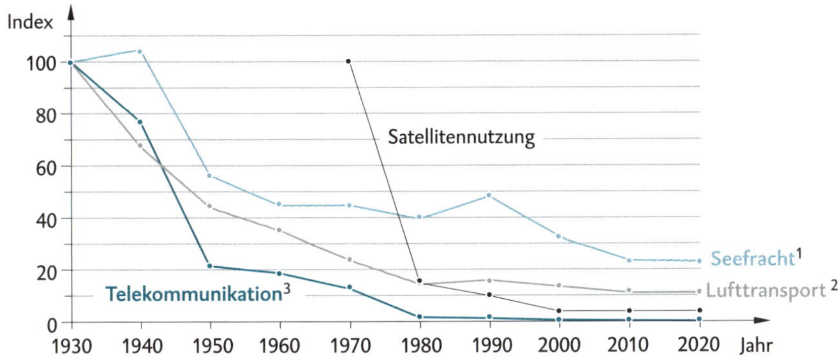

1 Durchschnittliche Seetransportkosten und Hafengebühren für Import- und Exportfracht pro short ton (tn. sh. = Amerikanische Tonne, 907,18474 kg)

2 Durchschnittlicher Lufttransportumsatz pro Passagier und Meile

3 Kosten eines dreiminütigen Telefongesprächs von New York nach London

Kostensenkung bei Transport und Kommunikation (1930 bzw. 1970 = 100)

1.2 Veränderung und Modernisierung der globalen Verkehrsnetze

Die Modernisierung der Verkehrsmittel sowohl im **Personen-** als auch im **Güterverkehr** hat die Welt bereits seit Beginn der Industrialisierung völlig verändert. Eine Weltumrundung war früher eine Reise von mehreren Monaten mit Schiff, Kutsche und Zug. 1927 dauerte ein Transatlantikflug noch 32 Stunden, im Jahr 1996 konnte diese Strecke mit einem **Überschallflugzeug** in knapp drei Stunden bewältigt werden. Auch ein normales Passagierflugzeug fliegt die Strecke von Frankfurt nach New York heute in etwas mehr als acht Stunden. **Hochgeschwindigkeitszüge** erreichen problemlos 200–300 km/h, sofern Hochgeschwindigkeitstrassen vorhanden sind. Die Geschwindigkeit im Schiffsverkehr hat sich in den letzten 100 Jahren ebenfalls erhöht. Mit einem Katamaran können bis zu 70 km/h erreicht werden, mit einem Containerschiff bis zu 54 km/h (unter 37 km/h gelten sie bereits als unwirtschaftlich). Auch im **Straßenverkehr** hat sich eine Beschleunigung ergeben, und im Lkw-Verkehr ist v. a. das Ladevolumen gestiegen.

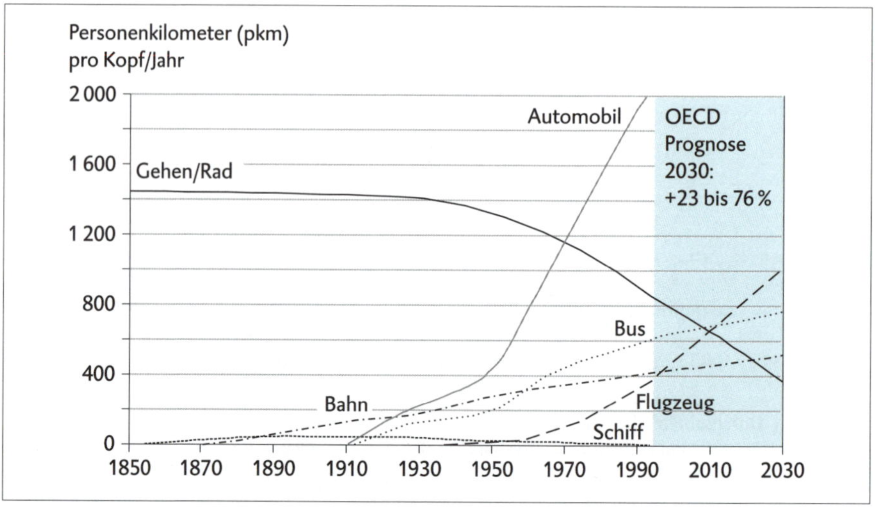

Globale Trends im Personenverkehr 1850–2030

Seefrachtverkehr und Transportoptimierung

In der Frachtschifffahrt muss die Optimierung der Verladung und Verpackung der **Seefracht** als ausschlaggebende Veränderung gesehen werden. Sie ist mit einer erheblichen Vergrößerung der Ladekapazität einhergegangen, was für den Welthandel von außerordentlicher Bedeutung ist.

Die wichtigste Erfindung in der Geschichte des Gütertransports ist zweifellos der **ISO-Container**. Das meist 20 Fuß (**TEU** = **T**wenty-Foot-**E**quivalent-**U**nit) lange, genormte Behältnis lässt sich gut stapeln und sowohl per Schiff als auch per Bahn und Lkw transportieren. Es ermöglicht einen sicheren Transport verschiedenster Waren, da nicht nur für Stück-, sondern auch für Schütt- oder Flüssiggut entsprechende Container entwickelt wurden. Der ursprünglich für den **Seefrachtverkehr** entwickelte Container ermöglicht durch seine Normierung ein einfacheres, maschinelles und daher kostengünstiges Be- und Entladen vom einen zum anderen Verkehrsmittel. Mit dem **automatisierten Umschlag** trägt der Container wesentlich zur Einsparung von Zeit und Personalkosten bei. Als Folge wächst der **Containerumschlag** in den Häfen der Welt in Korrelation zur Warenproduktion. Dennoch ist das Wachstum nicht durchgängig positiv, sondern von der allgemeinen konjunkturellen Entwicklung abhängig, wie der Einbruch des Containerumschlags im Wirtschaftskrisenjahr 2009 zeigt (siehe Abb. S. 131 oben).

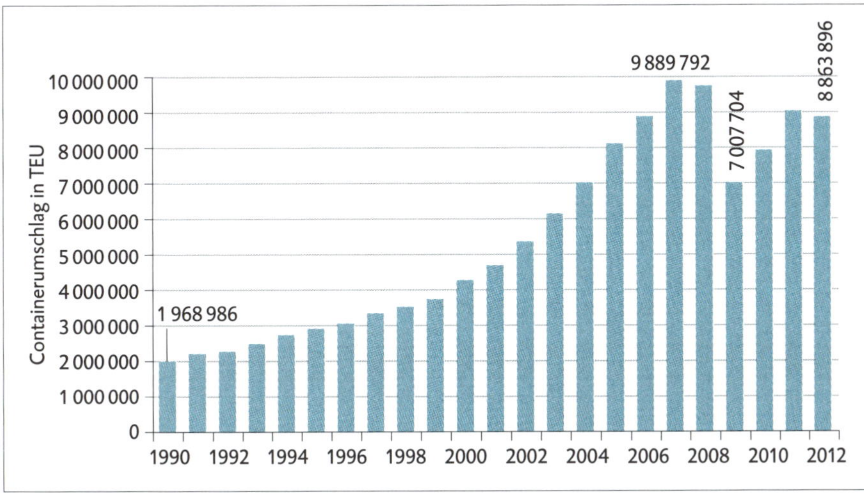

Entwicklung des Containerumschlags im Hamburger Hafen

Mit dem Siegeszug des Containers vergrößerte sich die **Kapazität der Containerschiffe**, was durch größere Effizienz wiederum zu einer Senkung der Transportkosten führte (siehe folgende Abb.). Im Jahr 2011 wiesen die weltweit größten Schiffe eine Kapazität von über 14 000 Containern auf. 2013 transportierten die größten Schiffe über 16 000 TEU.

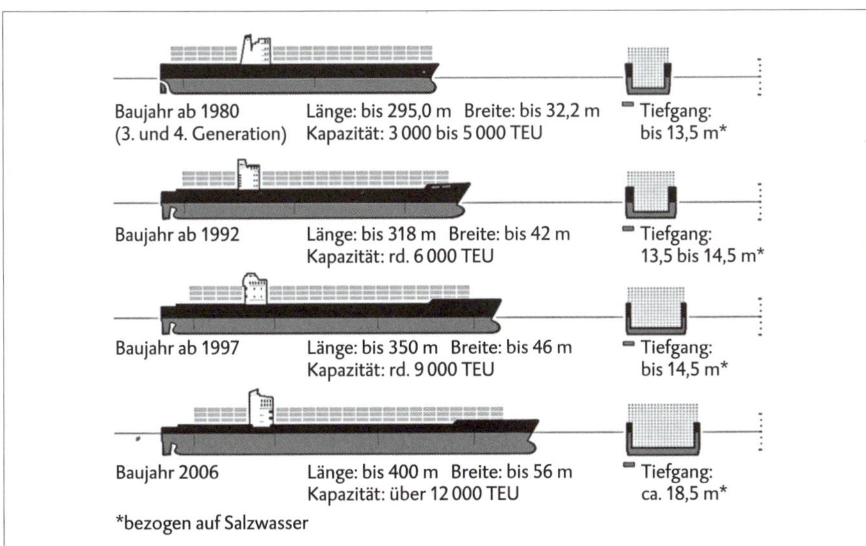

Größenentwicklung in der Containerschifffahrt

Unterschiedliche Güter erfordern verschiedene **Umschlagverfahren**. Für Autotransporte und andere Spezialladungen ist das **RoRo-Ladeverfahren** (engl. *Roll on Roll off*) entwickelt worden, bei dem die Ladung mit dem ursprünglichen Transportmittel (meist Lkw oder Zug) direkt auf das Schiff aufgefahren wird, woraus sehr kurze Umschlagzeiten resultieren. Dies ist v. a. auch bei Kurzstreckentransporten wichtig für die Transportzeit-Ladezeit-Relation. Für Stückgut wird meist das **LoLo-Verfahren** (engl. *Lift on Lift off*) verwendet (siehe folgende Abb.). Hierbei wird das Stückgut direkt vom ursprünglichen Verkehrsträger per Krananlage auf das Schiff geladen.

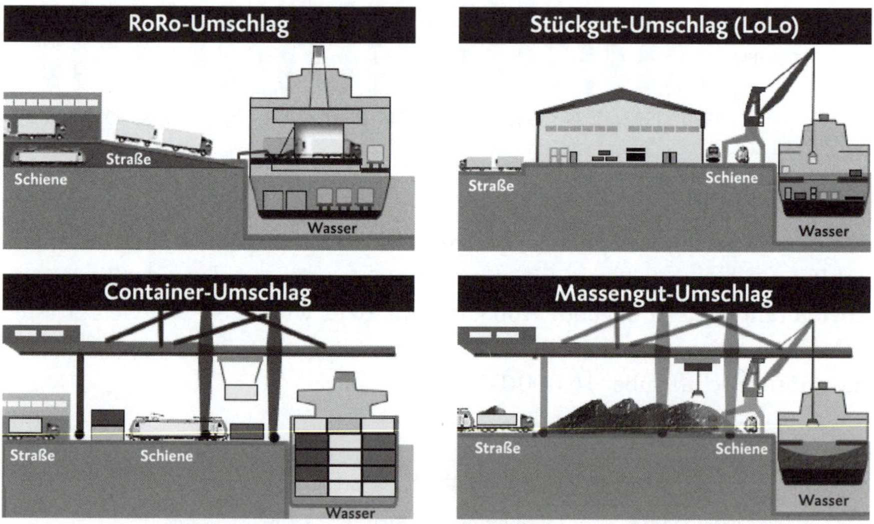

Umschlagverfahren vom Schiffsverkehr auf andere Verkehrsträger

Die immer größeren Schiffe haben eine erhebliche Auswirkung auf die Bedeutung der **Häfen** und **Schifffahrtsrouten**. So können nur noch wenige Häfen mit ausreichender Wassertiefe angelaufen werden. Häufig müssen Flüsse und Hafengebiete durch Ausbaggerungen und Vertiefung der Fahrrinne angepasst werden. Bestimmte Schifffahrtsstrecken, die durch Kanäle wie den Panama- oder Suezkanal führen, können nicht mehr von allen Schiffen genutzt werden. So konnte der Panamakanal im Jahr 2011 nur mit Containerschiffen bis 4 600 TEU befahren werden. Er wird jedoch bis 2015 ausgebaut und soll dann für Schiffe bis 12 000 TEU nutzbar sein. Der Suezkanal ist bereits jetzt mit 13 000 TEU durchquerbar.

Dadurch ergibt sich eine **zunehmende Konzentration** des Frachtverkehrs auf bestimmte Schifffahrtrouten und wenige Häfen der Welt, von denen ein Großteil in Asien liegt (siehe Tabelle S. 133).

Rang	Hafen	Land	Umschlag 2011 in TEU
1	Shanghai	China	31 500 000
2	Singapore	Singapur	29 937 700
3	Hongkong	China	24 404 000
4	Shenzhen	China	22 569 800
5	Busan	Südkorea	16 175 307
6	Ningbo	China	14 686 200
7	Guangzhou	China	14 400 000
8	Qingdao	China	13 020 000
9	Dubai	Vereinigte Arabische Emirate	13 000 000
10	Rotterdam	Niederlande	11 876 920
...	...	...	...
15	Antwerpen	Belgien	8 664 243

Die wichtigsten Containerhäfen der Welt

Die Bedeutung des Schiffverkehrsnetzes für regionale Standorte

Die Bedeutung als Hafenstandort innerhalb des globalen Schiffverkehrsnetzes ist direkt verbunden mit **wirtschaftlichen Impulsen** für die jeweilige Region und das Hinterland. Die Standorte müssen sich daher an die stattfindenden Veränderungen anpassen, indem sie ihre Lagerkapazitäten ausweiten und neue oder größere Schleusen oder Hafenbecken schaffen. Dies ist für **Seehäfen** ebenso wichtig wie für **Binnenhäfen** an Flüssen und Kanälen.

Häfen sind v. a. Umschlagplätze für Waren, die zum Teil zwischengelagert werden (Speicher, Lagerhallen, Ölbehälter u. a.); zudem oft auch Produktionsstätten, in denen Rohstoffe und Halbfertigwaren (weiter-)verarbeitet werden. In neuerer Zeit haben sich Häfen auch zu modernen **Logistikzentren** für die Warendistribution entwickelt. Ein Beispiel ist der Logport Duisburg (Duisport), der sich als Full-Service-Anbieter in der Logistikbranche versteht. Hierzu gehören die Unterstützung ansiedlungswilliger Firmen, Organisation und Koordination der Hafenlogistik, Transport und industrielle Verpackung.

Im Zuge der Globalisierung haben sich die Standortfaktoren für die Häfen als industrielle Produktionsstandorte deutlich verbessert. Denn infolge der Transportkostensenkung rückt die Produktion quasi näher an die Rohstoffquelle heran, wenn in der Nähe zu Häfen produziert wird, da die Rohmaterialien (v. a. Massengüter wie Kohle und Erze) für die Weiterverarbeitung häufig aus Übersee mit dem Schiff angeliefert werden. In der Stahlproduktion spricht man von „**Nassen Hütten**" (siehe S. 111).

Entwicklung im Luftverkehr

In der Luftfahrt nimmt v. a. der Personenverkehr weltweit zu. Dabei konzentriert sich ein Großteil des weltweiten Flugverkehrs weiterhin auf den europäischen, amerikanischen sowie süd- und ostasiatischen Raum, die sogenannte **Triade**. Die Regionen des stärksten Wachstums liegen jedoch im Nahen Osten und in Asien (siehe folgende Abb.).

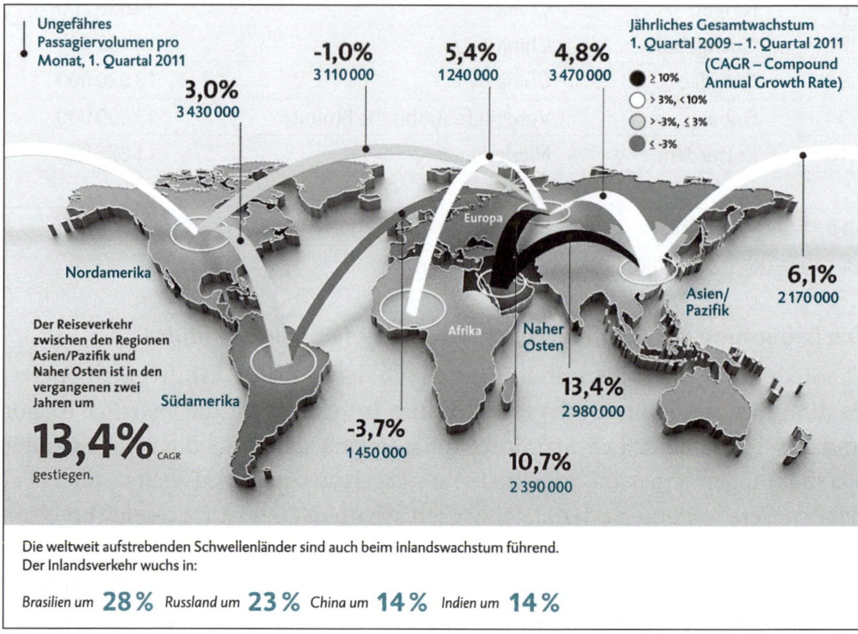

Weltweite Trends im Flugverkehr

Die **steigenden Treibstoffpreise** und wachsender **Wettbewerbsdruck** führen insgesamt zu sinkenden Erlösen, sodass verschiedene Strategien gesucht werden, um die Transportkosten zu verringern. Daher gibt es auf der einen Seite ein wachsendes Segment an **Billigfluganbietern**, sogenannte **Lowcost-Carrier**, die ihre Serviceleistungen minimieren und damit sowohl Personal- als auch Sachkosten einsparen; diese haben v. a. im Kurz- und Mittelstreckenverkehr Wachstumspotenziale. Auf der anderen Seite schließen sich einzelne große Airlines zu **Kooperationsbündnissen**, sogenannten **Allianzen**, zusammen (siehe Tabelle S. 135) und stimmen ihre Verbindungen aufeinander ab.

Star Alliance: Adria; Aegean; Air Canada; Air China; Air New Zealand; ANA; Asiana Airlines; Austrian; Blue1; bmi ; Brussels Airlines; Continental Airlines; Croatia Airlines; EgyptAir; LOT; Polish Airlines; Lufthansa; SAS Scandinavian Airlines; Singapore Airlines; South African Airways; Spanair; SWISS; TAM; TAP Portugal; Thai Airways International; Turkish Airways; United Airlines; US Airways

oneworld alliance: American Airlines; British Airways; Cathay Pacific; Finnair; Iberia; Japan Airlines; LAN; Malev Hungarian Airlines; Mexicana; Qantas; Royal Jordanian; S7 Airlines

SkyTeam: Aeroflot Russian Airlines; AeroMexico; Air France; Alitalia; China Southern Airlines; CSA Czech Airlines; Delta Air Lines; KLM; Korean Air; TAROM; Vietnam Airlines

Die drei großen Luftfahrt-Allianzen

Die **Luftfracht** hat im Vergleich zum Personentransport einen am Flugaufkommen gemessenen geringen Anteil am Luftverkehr, weil die Transportkosten sehr hoch sind; dennoch nimmt sie zu. Für den Lufttransport kommen generell verderbliche Güter infrage, z. B. Obst für den überseeischen Markt, sowie hochwertige Güter mit geringem Gewicht (z. B. Uhren oder Platinen) oder Luftpost, die ihren Empfänger schnell erreichen soll.

	1995	2012
beförderte Personen (in Mio.)	92	180
Leistung (in Mio. pkm) im Inland	25 493	56 180
beförderte Güter inkl. Post (in Mio. t)	1 993	4 336
Leistung (in Mio. tkm) im Inland	522	1 420

Personen- und Güterbeförderung im deutschen Luftverkehr

Im internationalen Flugverkehr ist eine fortschreitende Konzentration auf wenige Flughäfen erkennbar, die sich zu großen **Verkehrsdrehkreuzen** entwickeln, sogenannte **Hubs** (engl. *hub* = Nabe, Dreh- und Angelpunkt, Schnittstelle). Insbesondere der asiatische Raum weist große Zuwächse im Luftverkehr auf, sodass sich neben den Verkehrsdrehscheiben wie Tokio, Seoul und Hongkong mit Peking, Shanghai, Kuala Lumpur und Jakarta neue **Wachstumskerne** bilden. Dort siedeln sich vorrangig Firmen aus dem Dienstleistungsbereich an, die neue Arbeitsplätze schaffen und eine wirtschaftliche Entwicklung vorantreiben.

Frankfurt Airport als zentraler Hub in Europa

Der Frankfurter Flughafen ist mit 57,5 Mio. Passagieren (2012) der wichtigste Flughafen in Deutschland und der drittwichtigste in Europa. In Bezug auf den Frachtverkehr hat er mit 2,1 Mio. t Luftfracht (2012) die erste Position in Europa inne und besitzt damit den Stellenwert eines **Hubs**. Das heißt, der Fraport ist der zentrale Verlade- bzw. Umstiegsort, von dem aus kleinere Flughäfen mit Mittel- und Kurzstreckenflügen nach dem **Hub-and-Spoke-System** bedient werden. Der „Hub“ steht für die „Nabe“ als den zentralen Ausgangspunkt, während „Spoke“ die von dort abgehenden „Speichen“ darstellt.

Im Bereich des globalen Verkehrs hat das Hub-and-Spoke-System das **Point-to-Point-System** weitgehend abgelöst. So ermöglicht das Point-to-Point-System zwar eine größere Vielfalt an Strecken, die aber nicht gleich stark frequentiert werden. Daher ist das System insgesamt weniger effizient.

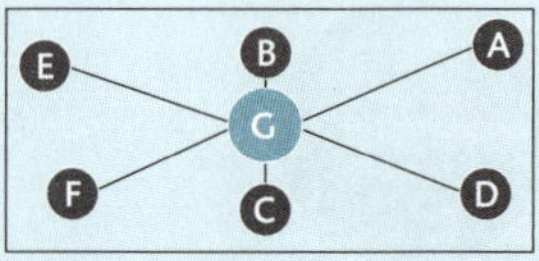

Hub-and-Spoke-System

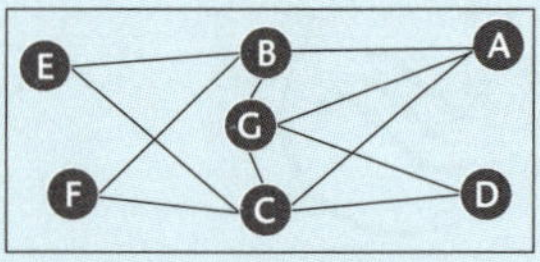

Point-to-Point-System

Entwicklungen im Schienenverkehr

Trotz des umweltpolitischen Potenzials der Bahn stagniert weltweit der Ausbau des Schienennetzes. Nur in China wird das Netz seit 2004 stark ausgebaut, um auch das Hinterland in die Wirtschaftsentwicklung einzubinden. Weltweit wird eher an der Verknüpfung und Qualität der Netze gearbeitet als an deren Ausbau.

Trotz der Stagnation im Ausbau des Schienennetzes nimmt der **Güterverkehr** v. a. in Deutschland, aber in den letzten Jahren auch weltweit zu (siehe folgende Abb.). Als Folge steigender Energiepreise liegt hier ein Potenzial, das in Zukunft vermutlich höhere Investitionen in den Schienenverkehr notwendig macht.

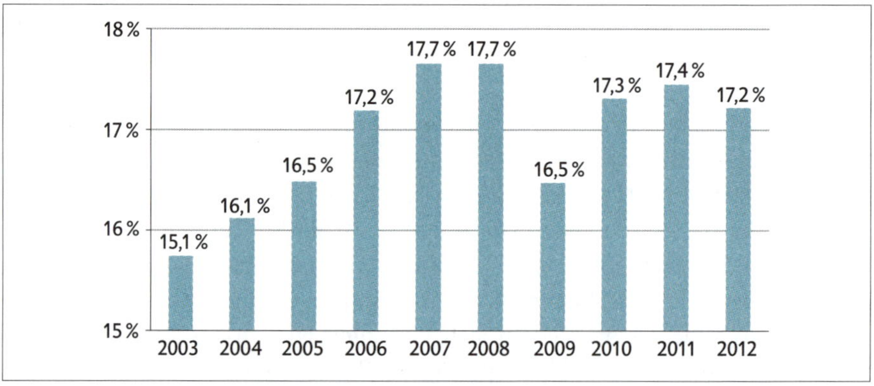

Marktanteil der Güterbahnen in Deutschland (Marktanteil in %, auf Basis der Verkehrsleistung in tkm)

Um einen reibungslosen, umschlagfreien Handel zu gewährleisten, müssen Übergänge zwischen den verschiedenen **Spurbreiten** geschaffen werden. Das betrifft z. B. die Verbindung zum russischen Breitspurnetz oder den Übergang vom französischen zum spanischen Netz.

Derzeit wird v. a. am Ausbau der **Hochgeschwindigkeitsnetze** gearbeitet, damit die Bahn als Konkurrent zu Kurz- und Mittelstreckenflügen bestehen kann. Von Hochgeschwindigkeitsstrecken spricht man, wenn mindestens 200 km/h erreicht werden können. In Europa gibt es zahlreiche Lücken zwischen den Strecken; generell fehlen Hochgeschwindigkeitsstrecken in Osteuropa. Die Ausweitung des Netzes erfordert zumeist einen Neu- oder Ausbau, da bestimmte Standards gewährleistet sein müssen. So darf es z. B. keine direkten Gleisübergänge geben, sondern nur Unter- oder Überführungen.

Vor allem aus ökologischen Gründen wird an der **Elektrifizierung** der Netze gearbeitet. Diese ist in vielen Ländern noch nicht weit fortgeschritten. Das trifft nicht nur auf Entwicklungs- und Schwellenländer zu, sondern z. B. auch auf Deutschland, dessen Elektrifizierungsgrad des Schienenverkehrs im Jahr 2010 nur 58,8 % aufwies – im Gegensatz zur Schweiz, deren Schienennetz zu 99 % elektrifiziert ist.

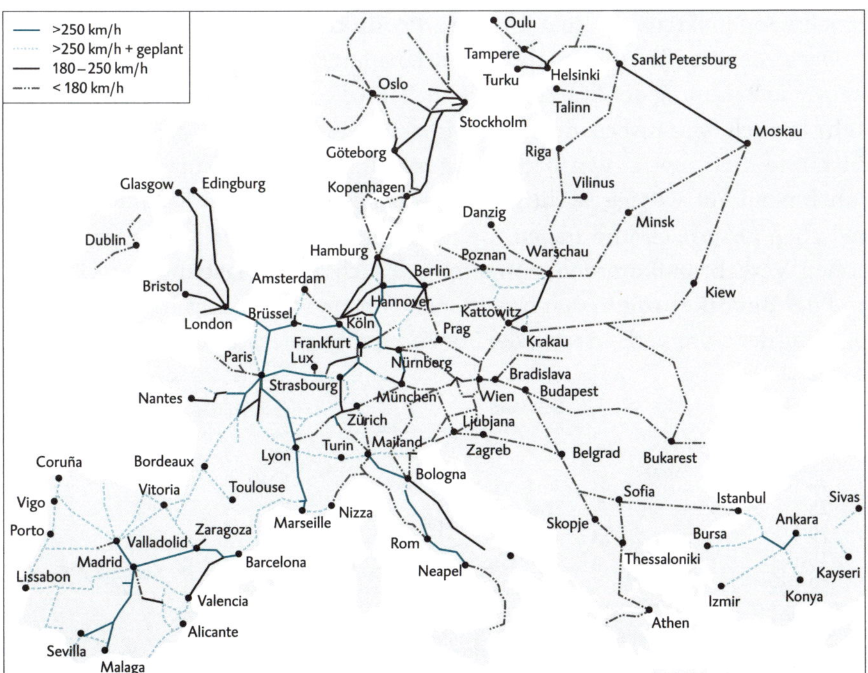

Das europäische Eisenbahn-Hochgeschwindigkeitsnetz, Stand 2010

Entwicklungen im Straßenverkehr

Von allen Verkehrsträgern besitzt der Straßenverkehr sowohl im Bereich des Güterverkehrs als auch im Personenverkehr die größte Bedeutung (siehe folgende Abb.).

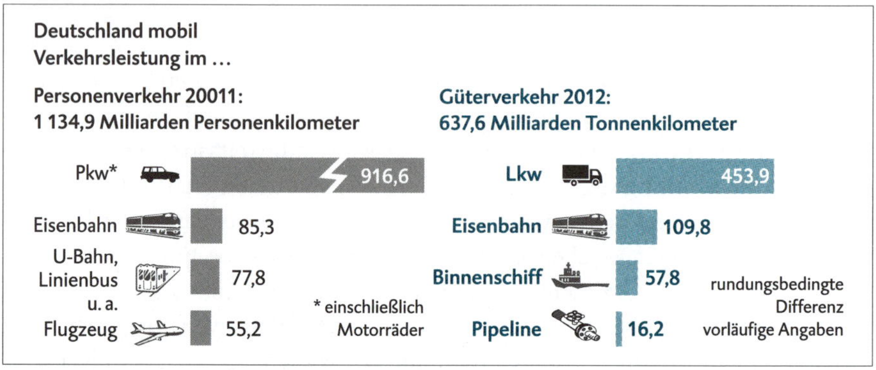

Verkehrsleistung nach Verkehrsträgern in Deutschland 2011/2012

Im Bereich des Güterverkehrs spielt auf kurzen und mittleren Distanzen v. a der Transport per **Schiene** und auf der **Straße** eine Rolle. Das liegt u. a. an der zunehmend praktizierten **Just-in-time-Produktion** (siehe S. 123).

Der zunehmende Umfang des Gütertransports auf der Straße bedeutet eine steigende Belastung des Straßenverkehrs, zumal es sich häufig um **Transitverkehr** handelt, was insbesondere für Binnenstaaten wie die Alpenländer Österreich und die Schweiz von Bedeutung ist. Hier konzentriert sich der Verkehr zunehmend auf wenige wichtige Alpenübergänge, z. B. die Brennerautobahn zwischen Österreich und Italien. Generell führt die Entwicklung nicht nur zu hohen Verkehrsaufkommen, sondern v. a. auch zur **Belastung** der **Umwelt** und der **Bevölkerung** in den betroffenen Alpentälern, sodass häufig eine Verlagerung des Güterverkehrs von der Straße auf die Schiene gefordert wird.

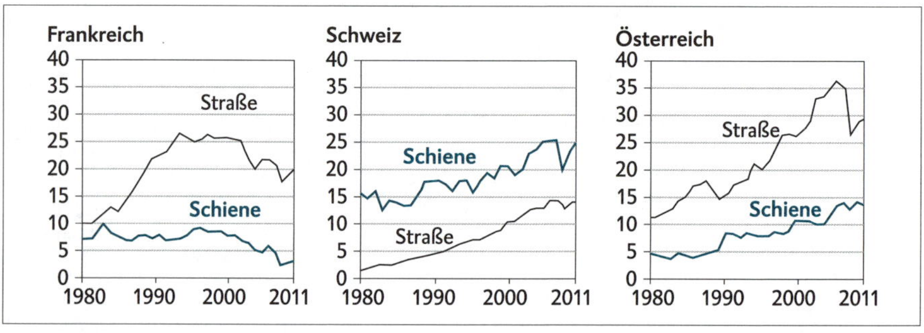

Alpenquerender Güterverkehr, in Mio. t

Die **Entwicklungen in der Automobilindustrie** haben durch die Optimierung der industriellen Fertigung einen wesentlichen Beitrag zur Wohlstandsentwicklung unserer Gesellschaft geleistet:

Nach dem Ersten Weltkrieg revolutionierte die Idee Henry Fords, den Produktionsprozess des Ford T in Teilschritten am **Fließband** durchzuführen, die industrielle Fertigung insgesamt, sodass man heute vom **Fordismus** spricht. In den 1980er-Jahren leitete der japanische Autohersteller Toyota mit der Verschlankung der Produktion (Lean Production), der Just-in-time-Lieferung, der Einführung von Fertigungsinseln und Projektgruppen, dem Einsatz von Industrierobotern sowie der Vergrößerung der Selbstverantwortung der Arbeiter die Ära des **Post-Fordismus** bzw. des **Toyotismus** ein.

Henry Fords Fließbandproduktion war zudem der erste Baustein, um das bis dahin als Luxusgut geltende Automobil für breite Bevölkerungsschichten erschwinglich zu machen. Mit der Entwicklung des **Volkswagens** wurde die Idee 1938 in Deutschland aufgegriffen, aber erst in den 1950er-Jahren wurde der Kauf eines Pkws mit dem günstigen VW-Käfer aufgrund der steigenden Einkommen während des Wirtschaftswunders für viele möglich.

Weltweit bestehen große Unterschiede im Grad der **Motorisierung**. Für die Zukunft wird in allen Regionen, insbesondere in Asien und Russland, ein erheblicher Zuwachs prognostiziert (siehe folgende Abb.).

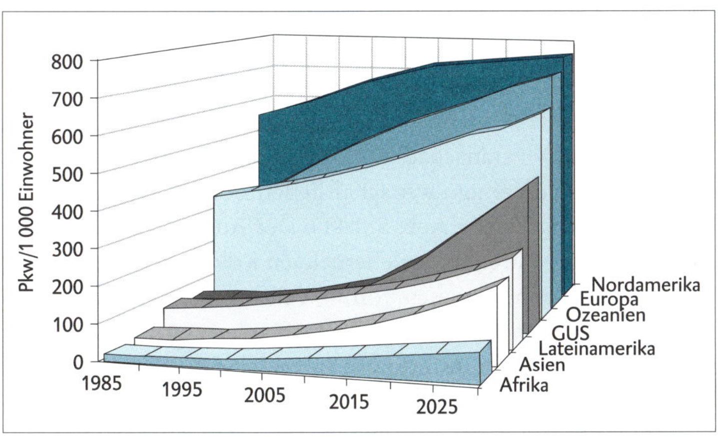

Prognostizierte Entwicklung von Personenkraftwagen pro 1 000 Einw. weltweit

Dieses Potenzial stellt einerseits eine Chance für die Wirtschaft dar, bedeutet andererseits aber auch eine verstärkte ökologische Belastung, die größer ist als beim Schienenverkehr oder bei der Schifffahrt (siehe Abb. S. 140). Selbst wenn man die **CO_2-Emission** pro Fahrzeug zukünftig verringern kann, bedeutet eine zunehmende Motorisierung bei gleichzeitiger Bevölkerungszunahme eine weitere Steigerung des CO_2-Ausstoßes und in Abhängigkeit von dem verwendeten Treibstoff einen entsprechenden Ressourcenverbrauch.

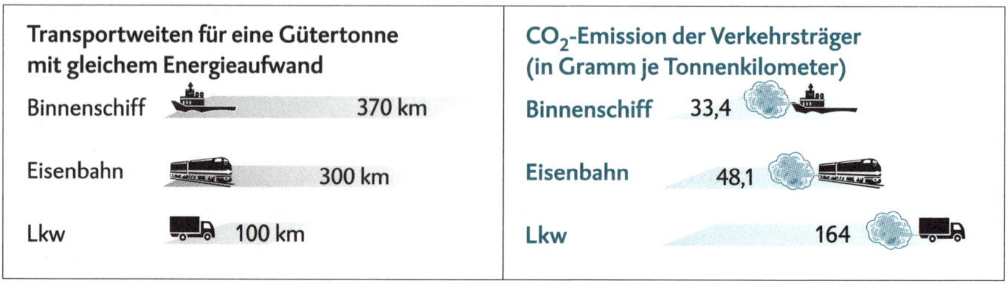

Energiebedarf und CO_2-Emission der Verkehrsträger im Vergleich

1.3 Die Bedeutung von Straße und Schiene für die Entwicklung von Räumen

Weltweit gesehen ist das Vorhandensein eines Verkehrsnetzes unerlässliche Voraussetzung für die Teilhabe von Personen und Waren an den Wirtschaftsaktivitäten und damit wesentliche Voraussetzung für das **Entwicklungspotenzial** einer Region oder eines Landes. Verkehrsnetze können einen unterschiedlichen **Verknüpfungsgrad** aufweisen sowie in der Form unterschiedlich gestaltet sein.

Dabei hängen bestimmte Ausprägungen direkt mit der historischen Entwicklung des Verkehrsnetzes zusammen, wie das Modell von Entwicklung und Aufbau von Verkehrsnetzen in Entwicklungsländern von Taaffe, Morrill und Gould **(Taaffe-Modell)** veranschaulicht, das den fortschreitenden Erschließungsgrad ausgehend von einem wirtschaftlichen **Zentrum** (z. B. Hafenstädte) in die **Peripherie** zeigt (siehe Abb. S. 141). Der Ausbau und die Komplexität eines Verkehrsnetzes waren in den ehemaligen Kolonien nicht nur von der zeitlichen Entwicklung, sondern auch vom jeweiligen Interesse der Kolonialherren am Hinterland abhängig. Gab es Rohstoffe oder wurden Cashcrops kultiviert, fand ein Ausbau in deren Richtung statt; andernfalls blieb es bei den Erschließungslinien und rudimentären Querverbindungen. Solche Grundstrukturen prägen viele ehemalige Kolonialländer bis heute. Global zeigt sich daher einerseits eine deutliche Benachteiligung der von der Küste aus kolonial besiedelten Räume, wie der zentralen Bereiche Afrikas und Lateinamerikas. Aber auch die von ihrem Naturraum her schwierigen und/ oder wenig besiedelten Räume in Australien, Russland, China und Kanada weisen ähnliche Defizite in ihrer Verkehrsinfrastruktur auf.

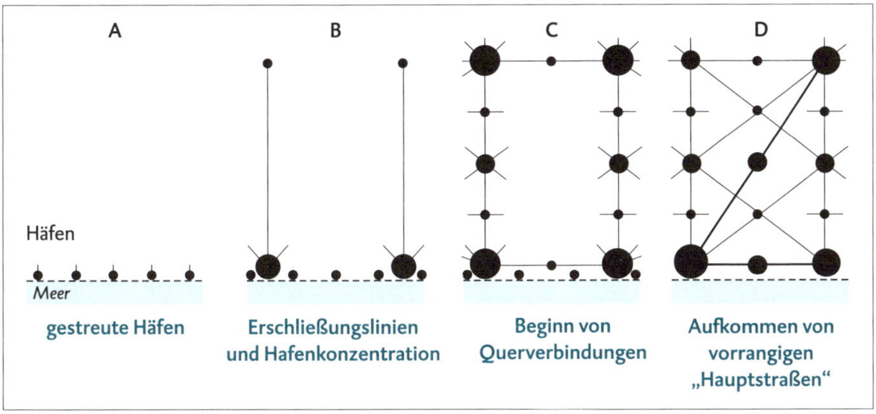

Entwicklung und Aufbau von Verkehrsnetzen in Entwicklungsländern

Eine gezielte **Raumerschließung** durch den Neu- und Ausbau von Verkehrswegen kann als Maßnahme zur Raumentwicklung genutzt werden, wie es z. B. mit dem Bau der sibirischen Eisenbahn geschehen ist. Auch hier stand, wie in den Kolonialgebieten, die Rohstofferschließung im Vordergrund. Folgende generelle Vorteile einer Verkehrserschließung lassen sich festhalten:

- **Passivräume** können in den Markt eingebunden werden und erhalten wirtschaftliche Impulse.
- Grundsätzlich können bereits vorhandene **Wirtschaftsverbindungen intensiviert** und der Handel beschleunigt und damit vergünstigt werden.
- Es können alte Grenzen überwunden und neue **Märkte erschlossen** werden.

Regional und international haben aus diesem Grund **Verkehrsprojekte** einen hohen Stellenwert. Auf europäischer Ebene gibt es die **transeuropäischen Verkehrsnetze (TEN-V)**. Ziel der Projekte ist es, in der EU ein Verkehrs-Kernnetz aufzubauen, das aus zehn großen Korridoren bestehen soll. Bis zum Jahr 2030 werden dafür 86 wichtige europäische Häfen an das Eisenbahn- und Straßenverkehrsnetz angeschlossen, 37 Großflughäfen an das Schienennetz von Ballungsgebieten angebunden, 15 000 km Hochgeschwindigkeits-Zugstrecken gebaut sowie an 35 Stellen grenzübergreifende Verkehrsengpässe abgebaut. Ziel ist es, den Binnenmarkt genauso zu stärken wie den wirtschaftlichen und sozialen Zusammenhang innerhalb der EU. Zudem sollen periphere Gebiete besser eingebunden und die Verbindungen in angrenzende Länder außerhalb der EU gestärkt werden.

In Deutschland wurden nach 1989 17 sogenannte **Verkehrsprojekte Deutsche Einheit** ins Leben gerufen, um das wirtschaftliche und nationale Zusammenwachsen zu unterstützen (siehe S. 142).

Beim Ausbau von Verkehrsnetzen müssen Kosten und Nutzen gegeneinander abgewogen sowie Umweltschutz und Bedürfnisse der Bevölkerung berücksichtigt werden. Dies kann zu **gesellschafts- und umweltpolitischen Konflikten** führen, wie es in Deutschland am Beispiel des Bahnhofumbaus und der Gleisführung in Stuttgart (Stuttgart 21) deutlich wurde.

Verkehrsprojekte Deutsche Einheit

Die 17 Verkehrsprojekte Deutsche Einheit wurden 1991 entwickelt. Die Mehrzahl der Projekte soll dazu beitragen, das Schienen- und Autobahnnetz zu erweitern; ein Projekt dient dem Ausbau einer Wasserstraße. Ziel ist es, die Verkehrsinfrastruktur innerhalb der neuen Bundesländer zu verbessern sowie die Verkehrsbedingungen zwischen Ost- und Westdeutschland nach 1989 wiederherzustellen. Damit können sich leistungsfähige Ost-Westverbindungen innerhalb Europas entwickeln, um Wirtschaftsverbindungen zu stärken und den Transitverkehr zu erleichtern.
Bis 2012 sind 33,9 Mrd. € der 1991 geplanten Summe von 39,4 Mrd. € investiert worden. Sechs Projekte wurden bereits abgeschlossen, alle anderen befinden sich noch im Bau, sind aber weitgehend fertiggestellt.

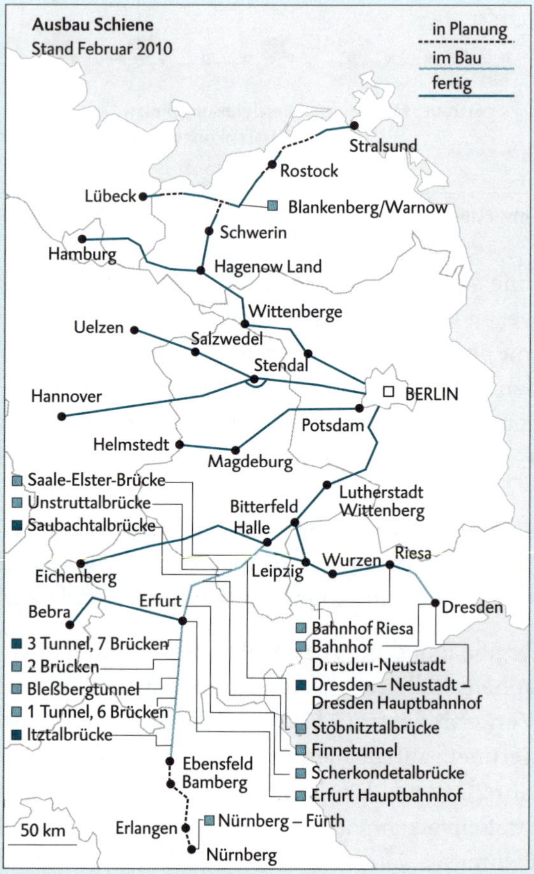

Zwischencheck

- Benennen Sie die Faktoren, die zu einer Kostensenkung im Transport geführt haben.
- Erläutern Sie mit dem Ausbau von Verkehrsnetzen verbundene Zielsetzungen.
- Erläutern Sie die Bedeutung der Verkehrsnetze für die Globalisierung.

2 Bedeutung der Informations- und Kommunikationstechnologien für Industrie, Handel und Finanzwesen

Die Entwicklung der modernen Informations- und Kommunikationstechnologien ist neben dem Verkehrsnetz die zweite wichtige Voraussetzung für den globalen Handel, aber auch für die **internationalen Finanzströme und Nachrichtendienste**. Die New Yorker Börse konnte erst mit der Erfindung der Telegrafie über die Stadtgrenzen hinaus mit Wertpapieren handeln, erst die Verlegung des **Transatlantischen Kabels 1866** ermöglichte eine zeitnahe Kommunikation mit Europa, und ohne weltweite **virtuelle Kommunikationsnetze** wäre der internationale Wertpapierhandel ebenso unvorstellbar wie die schnelle Nachrichtenübermittlung oder bestimmte politische Entwicklungen, die von der Internetkommunikation abhängig sind.

Das gilt ebenso für die räumlich ausgedehnten **Produktionsabläufe** als Folge der **Arbeitsteilung:** Internationale Transportketten müssen mithilfe der Kommunikationstechnologie logistisch geplant und aufeinander abgestimmt werden.

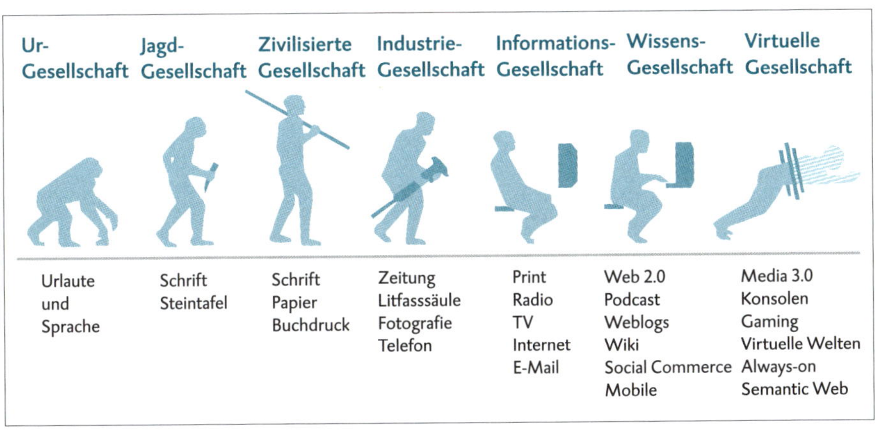

Entwicklung der Kommunikationsmedien

2.1 Internationale Arbeitsteilung und Logistik

Multinationale Unternehmen nutzen die globalen Standortvorteile zu ihren Gunsten, um die jeweiligen Teile der **Produktionskette** dorthin auszulagern, wo das entsprechende Teilprodukt am kostengünstigsten mit der notwendigen Qualität hergestellt werden kann **(komparative Kostenvorteile)**. Das hat eine grundsätzliche Reduktion der **Fertigungstiefe** zur Folge. Es findet ein

Outsourcing arbeitsintensiver Fertigungsschritte z. T. in Billiglohnländer statt, während kapitalintensive Hightech-Branchen und die zugehörige **Forschung und Entwicklung (FuE)** häufig in entwickelten Ländern verbleiben. Aber auch innerhalb einer Region wird die Produktion räumlich ausgedehnt. Voraussetzungen dafür sind ein dichtes Verkehrswegenetz und entsprechend logistisch organisierte **Transportketten**, damit die Waren pünktlich, unbeschädigt und kostengünstig zu den entsprechenden Produktions- und Absatzorten transportiert werden können. Dies wird z. B. an den räumlich verteilten Produktionsstätten des Airbus und den damit notwendigen Transportwegen deutlich (siehe folgende Abb.).

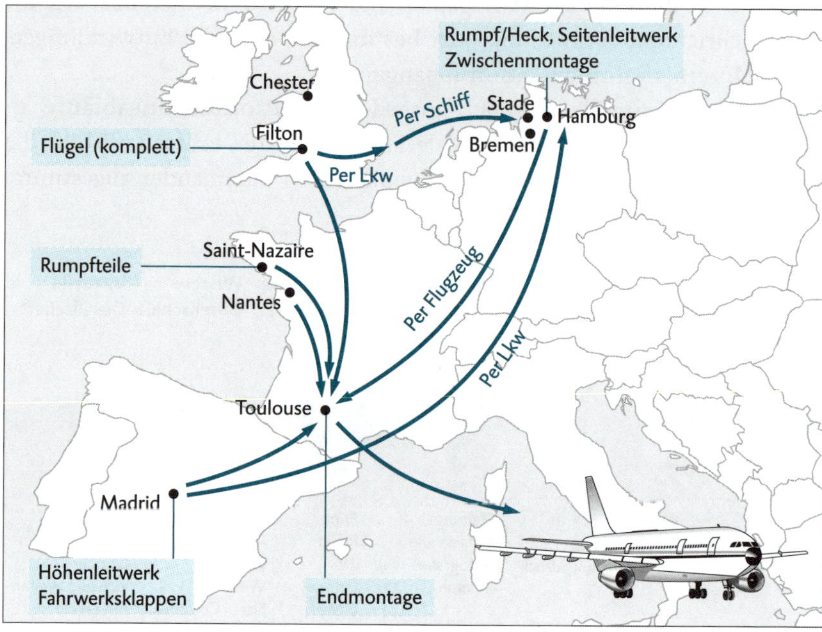

Produktionsstätten und Transportwege von Airbus Industries

Der **Produktionsprozess** wird durch die Informations- und Kommunikationstechnologie **(IKT)** optimiert. Damit man z. B. den Transportweg nachverfolgen kann, werden die Produktteile und das fertige Produkt mit entsprechenden **Tags** oder **Transpondern** versehen, mit deren Hilfe Informationen gespeichert und an den nächsten Produktions- oder Transportpunkt übermittelt werden können. Auch der Transportweg selbst wird mithilfe der Kommunikationsmedien gesteuert und kontrolliert. Denn häufig werden Transportvorgänge nicht in Form eines **Direktverkehrs** organisiert, sondern durch den Wechsel des Transportmittels und den dazugehörigen **Warenumschlag** unterbrochen. Da das Prinzip der **Lagerhaltung** zunehmend durch **Just-in-time-Produktion** abgelöst wird, sind punktgenaue logistische Abstimmungsprozesse und präzise Synchronisationsprozesse zwischen den Produktions- und Transportschritten notwendig. Gleichzeitig geht mit diesen Möglichkeiten auch die Erhöhung der Flexibilität von Produktionsprozessen einher (Beispiel virtuelle Fabrik, siehe S. 161). Entsprechend nimmt die Bedeutung der **Logistikunternehmen** zu: Waren Speditionen früher auf einzelne Verkehrswege spezialisiert, organisieren moderne Logistikunternehmen heutzutage den gesamten Transport eines Unternehmens global über alle Verkehrswege hinweg. Sie organisieren nicht nur den Transport, sondern auch den Warenumschlag; teilweise bieten sie sogar nicht-logistische Dienstleistungen wie Montage und Verpackung an. Dabei verknüpfen sie den Wareneinkauf von teils weltweit verteilten Lieferanten mit der Produktion und der Auslieferung an den Kunden, d. h., sie übernehmen große Bereiche der **Beschaffungs- und Distributionslogistik**. Im Bereich der Beschaffungslogistik nehmen **Zentrallager** eine immer größere Bedeutung als Umschlagpunkte ein.

2.2 Die Bedeutung von Kommunikationstechnologie für die globale Entwicklung von Räumen

Die Entwicklung der Kommunikationsmedien und des internationalen Kommunikationsnetzes, insbesondere des Internets, bedeuten auch für bisher benachteiligte Weltregionen eine Chance, Entwicklungsrückstände aufzuholen. Die **räumliche Zugangsbeschränkung** zu Märkten kann virtuell durch die immer preisgünstigere Telekommunikation und Kommunikation per Internet überwunden werden, z. B. durch **E-Commerce**. Allein dadurch kann die **Wettbewerbsfähigkeit** eines Standortes wesentlich erhöht werden. Aus gesellschaftspoltischer Sicht hofft man, dass sich der Prozess der **Demokratisierung** durch die zunehmende internationale Kommunikation per Internet verstärkt. Genauso wie im internationalen Warenhandel ist jedoch zu beobachten, dass nicht alle Regionen der Welt die digitale Entwicklung gleichermaßen zu ihrem Vorteil nutzen können (siehe Abb. S. 146).

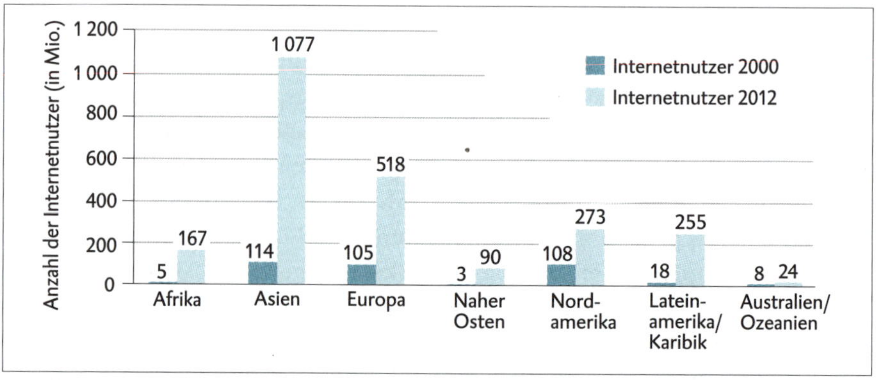

Weltinternetnutzung 2000 und 2012

Digitale Kluft

Die Entwicklungsunterschiede im Bereich der Datenverarbeitung und digitalen Kommunikation scheinen sich in den letzten Jahren eher zu verstärken als abzuschwächen. Man spricht daher von einer digitalen Kluft (engl. *digital divide*).

Die Ursache der **digitalen Kluft** liegt v. a. an grundsätzlichen Barrieren, die in vielen Entwicklungsländern vorzufinden sind:

- Die **Telekommunikations-Infrastruktur** ist nicht überall gegeben: Häufig weist die **Stromversorgung** Mängel auf oder es fehlen feste Telefonleitungen oder **Breitbandverbindungen**. Hier bedeutet allerdings die Entwicklung des Mobilfunks eine Chance. Einige Regionen sind per Mobilfunk bereits zugänglich, während kein Festnetz verfügbar ist.
- **Politische Entscheidungen** oder Konflikte sowie **religiöse Tabus** verhindern in einigen Regionen die Behebung infrastruktureller Defizite.
- Die **Kosten für Hard- und Software** sowie die Internet-/Telefongebühren sind im Vergleich zu den Löhnen unverhältnismäßig hoch.

Zwischencheck

- Benennen Sie die Aufgaben von Logistikunternehmen.
- Stellen Sie dar, inwiefern die modernen Kommunikationsmedien und die sinkenden Kommunikationskosten eine Veränderung der Produktions- und Unternehmensstrukturen ermöglichen.
- Erläutern Sie, inwiefern moderne Kommunikationsmedien für Entwicklungsländer eine Chance darstellen.

Die Eisenbahnmagistrale Paris–Budapest – eine Magistrale für Europa

gabe 1 Beschreiben Sie Strecken- und Planungsverlauf der Magistrale Paris–Bratislava/Budapest als Teil der Transeuropäischen Verkehrsnetze (TEN-V).

gabe 2 Erläutern Sie anhand der Magistrale die Funktion der Ausbaumaßnahme und damit verbundene mögliche Probleme.

M 1 Planungsphasen und Verlauf der Eisenbahnmagistrale Paris-Budapest

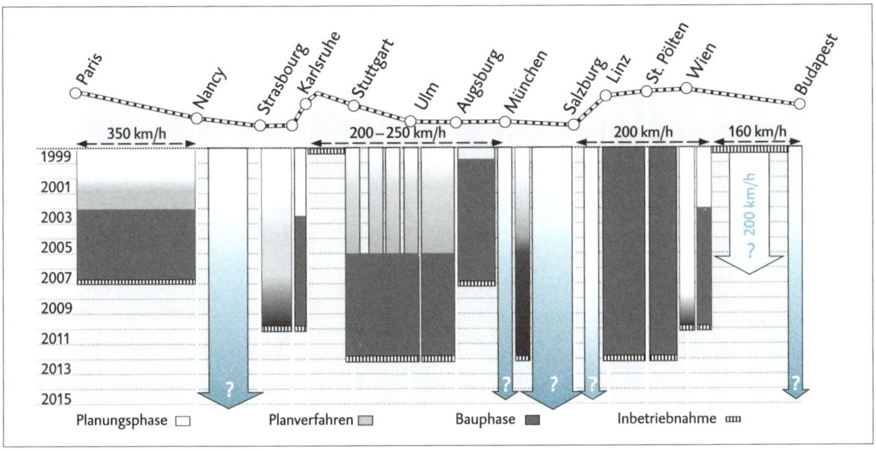

M 2 TEN-Projekt Nr. 17 – Die West-Ost-Magistrale Paris–Straßburg–München–Wien–Bratislava

- Baubeginn 2006, geplantes Ende der Baumaßnahmen 2020
- Länge der Strecke 1 382 km bis Wien/Bratislava
- geplante Gesamtkosten: 13,6 Mrd. €, 682 Mio. € werden von der EU übernommen
- Die Strecke umfasst drei baulich problematische Engpässe:
  - die Vogesen zwischen Lorrain und Straßburg
  - die Schwäbische Alb zwischen Stuttgart und Ulm
  - den Wienerwaldtunnel zwischen St. Pölten und Wien
- Fahrtzeitverkürzung für die Strecke Paris-Bratislava
  - bis 2010 konnte die Fahrzeit um 2 h verkürzt werden
  - die 2010 benötigte Fahrzeit von 11,45–12 h soll auf 7,30–8 h verkürzt werden
- konkret geplante Verlängerung der Magistrale bis Budapest; von dort aus ist eine Zugverbindung über Taschkent bis nach China möglich

Tertiärisierung – von der Industrie- zur Dienstleistungsgesellschaft

Fensterputzer an einem modernen Bürogebäude.

1 Fourastié und die Entwicklung der Gesellschaft

Nach der in den 1940er-Jahren entwickelten Theorie des französischen Ökonomen Jean Fourastié folgen auf die Phase der **Agrar-** die Phasen der **Industrie-** und schließlich der **Dienstleistungsgesellschaft**.

Ablesbar ist diese Entwicklung sowohl an den Veränderungen innerhalb der von den Wirtschaftssektoren erbrachten Leistung (z. B. BIP, BNE) als auch an den Anteilen der Beschäftigten (siehe Abb. unten).

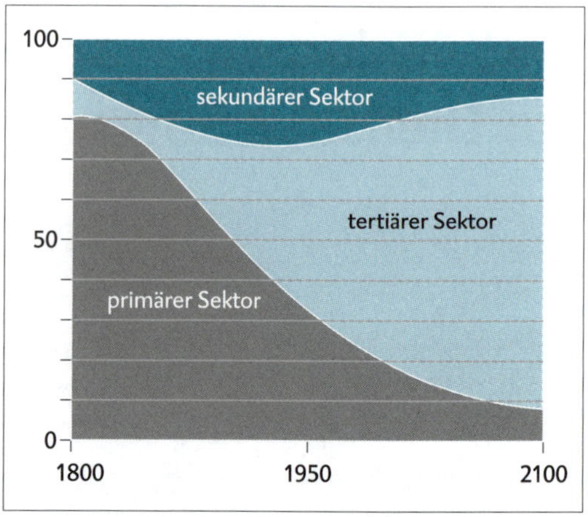

Entwicklung der Wirtschaftssektoren nach Fourastié

Dabei haben in den Industriestaaten insbesondere die **hoch qualifizierten Tätigkeiten** (Management, Organisation und Verwaltung, Forschung und Entwicklung, Beratung) zugenommen, die dem Bereich **produktionsorientierter (unternehmensorientierter) Dienstleistungen** zuzuordnen sind. **Konsumorientierte (personenbezogene) Dienstleistungen** (Friseure, Einzelhandel) sind – mit einigen Ausnahmen (Lehre, Sozialdienste, Fremdenverkehr) – meist von nachgeordneter Bedeutung. Der Dienstleistungssektor wurde so zum Motor des Wirtschaftswachstums in den Industriestaaten.

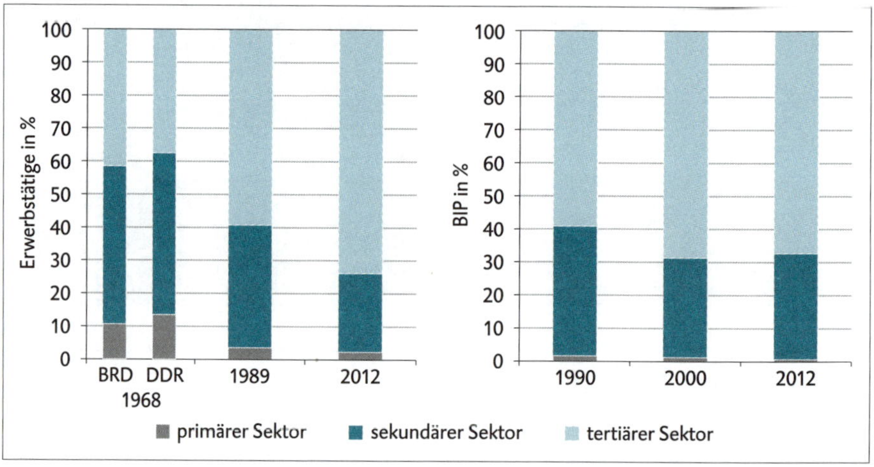

Wirtschaftssektoren: Beschäftigte und Anteil am BIP, Deutschland

Tertiärisierung: Begriffsdefinition

Der Begriff stammt aus der Betriebswirtschaftslehre und bezeichnet dort die Zunahme der Zahl der Beschäftigten in den Betriebsbereichen Verkauf, Lagerhaltung, Transport, Organisation, Marketing und Verwaltung bei gleichzeitiger Abnahme der Zahl der Arbeitsplätze in der Produktion.
Dieser Prozess hat auch räumliche Auswirkungen, v. a. die Umwandlung von Wohn- und Gewerbegebieten in tertiärwirtschaftlich genutzte Flächen (z. B. für Büros, Dienstleistungen oder Verkauf). Gesamtwirtschaftliche Folge ist die Verlagerung des Schwerpunkts der Beschäftigungsstruktur eines Staats weg vom sekundären und hin zum tertiären Sektor.

In zahlreichen **wirtschaftlich weniger entwickelten Ländern** legen die statistischen Daten auf den ersten Blick die Annahme eines ähnlichen Tertiärisierungsprozesses nahe:

Im tertiären Sektor Beschäftigte (%)	1990	2000	2012
El Salvador	42	50	58
Moldau	37	38	64
Anteil am BIP (%)	**1991**	**2000**	**2012**
Tadschikistan	19	55	54
Uganda	37	38	50

Der tertiäre Sektor in Entwicklungsländern: Beschäftigte und Anteil am BIP

Doch die gesamtwirtschaftlichen Daten deuten eher darauf hin, dass sich hinter den rasant steigenden Werten des tertiären Sektors in diesen Staaten Berufsfelder wie Schuhputzer, Müllsammler, Liftboy oder Straßenkehrer, also niedere Dienstleistungen und geringerwertige Beschäftigungen verbergen: Denn in Moldau und Tadschikistan hat sich das BIP/Einw. im Untersuchungszeitraum halbiert, in Uganda und El Salvador stieg es zwar an, z. T. auf mehr als das Doppelte, doch von einer extrem niedrigen Basis aus. Diese Zahlen verdeutlichen drei Fehlprognosen Fourastiés zur Entwicklung des tertiären Sektors:

- Das Problem der Arbeitslosigkeit werde beseitigt.
- Eine höhere Bildung der Arbeitnehmer werde nötig – viele der oben genannten Berufe verdecken nur eine versteckte Unterbeschäftigung.
- Die Dominanz des tertiären Sektors werde zu einer Angleichung der Einkommen innerhalb eines Staates auf hohem Niveau führen – das Gegenteil trifft zu. Gerade in Entwicklungsländern liegt zwischen den im **informellen Sektor** (d. h. den oben genannten Berufen) Beschäftigten und den gut ausgebildeten Angehörigen des eigentlichen tertiären Sektors im Sinne Fourastiés eine große Kluft.

Diese Differenzierung findet nicht allein in den sogenannten Entwicklungsländern, sondern weltweit im Dienstleistungsbereich statt. Gerade in den hoch entwickelten Staaten gehen im tertiären Sektor durch Rationalisierungs- und Automatisierungsmaßnahmen Arbeitsplätze in Berufen mit geringer Qualifikation verloren (z. B. Tankwart, Fahrkartenverkäufer). Andererseits entstehen neue Berufe, die von qualifizierten Beschäftigten mit einem hohen Berufsabschluss die Übernahme außerordentlicher Verantwortung sowie ein hohes Maß an Spezialisierung verlangen. Berufe aus den Bereichen Forschung, Hochtechnologie, Logistik, Informationsdienstleistungen und Beratungstätigkeiten (Rechtsanwälte, Wirtschafts- und Steuerberater) werden häufig als sogenannter **quartärer Sektor** aus dem tertiären Sektor ausgegliedert. Bei großer Bedeutung des quartären Sektors spricht man von einem Wandel von der Dienstleistungs- zur **Informationsgesellschaft**. Auch Deutschland wandelt sich zu einer derartigen Informationsgesellschaft, wie die folgende Statistik zeigt:

Bruttowertschöpfung Deutschlands 2011	2 295,5 Mrd. €
Primärer Sektor: Land- und Forstwirtschaft, Fischerei	0,95 %
Sekundärer Sektor: Bergbau, verarbeitendes Gewerbe (z. B. Nahrungsmittel, Textilien, Leder, Holz, Papier und Druck, Gummi/Kunststoffe, Glas/Keramik, Maschinen, Fahrzeuge, Möbel), Energie- und Wasserversorgung, Baugewerbe	30,05 %
Tertiärer Sektor insgesamt davon	69,00 %
(Groß- und Einzel-)Handel (einschl. Kfz-Reparatur)	9,41 %
Verkehr (Landverkehr, Schifffahrt, Luftfahrt)	4,21 %
Gastgewerbe	1,6 %
Information und Kommunikation	3,85 %
Finanz- und Versicherungsdienstleister	5,16 %
Grundstücks- und Wohnungswesen	11,59 %
Unternehmensdienstleistungen (u. a. Rechts- und Steuerberatung, Werbung/Marktforschung, Vermittlung von Arbeitskräften)	10,70 %
Öffentliche Dienstleister, Erziehung, Gesundheit	17,94 %
Sonstige Dienstleister (u. a. Unterhaltung, Erholung, häusl. Dienste)	4,51 %

Anteile der Wirtschaftssektoren an der Bruttowertschöpfung Deutschlands (blau hinterlegt: wichtige Bereiche des quartären Sektors)

Die Abgrenzung zwischen tertiären und quartären Tätigkeiten (Bereitstellung, Verarbeitung und Verkauf digital aufbereiteter Informationen, Berufe in der Medien-, Versicherungs- und Finanzbranche, ...) ist unscharf. Auf jeden Fall ist ihre Ausübung häufig nicht mehr standortgebunden **(Footloose Activity, Telearbeit)** und wird z. B. vom „vernetzten" häuslichen Arbeitszimmer aus durchgeführt. Auch die Arbeit in virtuellen Fabriken (siehe S. 161) gehört hierzu.

Dem Tertiärisierungsprozess und der Zunahme **personen-** und **unternehmensorientierter (quartärer) Dienstleistungen** liegen vielfältige Entwicklungen zugrunde:

- eine meist im Zuge der Industrialisierung erreichte Kapitalbildung, die das Angebot von technischem Know-how auf hohem Niveau sowie die Finanzierung und Entwicklung grundlegend neuer Angebote ermöglichte;
- die erhöhte Nachfrage nach Dienstleistungen aufgrund steigender Zahl berufstätiger Frauen, kleiner Haushalte sowie steigender Einkommen und damit wachsender Ansprüche der Menschen, z. B. in den Bereichen Freizeit und Unterhaltung;
- der steigende Bedarf an Wartungs-, Reparatur- und Installationsdienstleistungen angesichts zunehmend komplizierterer technischer Geräte;
- die angesichts der zunehmend älter werdenden Bevölkerung wachsende Bedeutung des Gesundheits- und Pflegebereichs;
- die notwendige Aus- und Weiterbildung der durch Rationalisierungsmaßnahmen im primären und sekundären Sektor frei werdenden Arbeitskräfte für Berufe im tertiären Sektor;
- **Outsourcing**, d. h. die Übertragung von nicht zum Kerngeschäft eines Unternehmens gehörenden Bereichen an spezialisierte und daher kostengünstigere Anbieter (Instandhaltung, Verpflegung, EDV, Transport);
- der durch die wachsende Komplexität ökonomischer und sozialer Systeme bedingte erhöhte Bedarf an Steuerung, Vermittlung und Überwachung (Wachdienste; Logistikdienstleistungen; Verwaltung u. a.);
- Bemühungen um **Lean Production and Management**, d. h. das Weglassen aller überflüssigen Produktionsschritte sowie eine intelligent organisierte Verwaltung, mit der Zuweisung komplexerer Aufgaben an den einzelnen, in Teams arbeitenden Mitarbeiter **(Job Enlargement)**;
- die parallel zur wachsenden Bedeutung von Dienstleistungen gesteigerte Notwendigkeit, deren Distribution zu organisieren, z. B. durch eine zunehmende Zahl von Personaldienstleistern. Diese vermitteln z. B. im Bedarfsfall Leiharbeiter zur Ergänzung der knapp kalkulierten Stammbelegschaft einer Firma.

Zwischencheck

- Beschreiben Sie die Vorhersagen Fourastiés zur Entwicklung der Wirtschaft vom Jahr 1800 bis zur Gegenwart.
- Vergleichen Sie aktuelle Entwicklungen im tertiären Sektor der Industrie- und der Entwicklungsländer.

2 Kondratieff und die Entwicklung des Welthandels

Der russische Wirtschaftswissenschaftler Kondratieff entwickelte 1926 die **Theorie langer Wellen** innerhalb der Konjunktur: Konjunkturelle Abschwünge würden durch einen Aufschwung abgelöst. Entscheidend hierfür seien Basisinnovationen, d. h. grundlegende technische Neuerungen sowie Umwälzungen in Produktion und Organisation (siehe folgende Abb.).

Nach dem Zweiten Weltkrieg führte das von Europa, den USA und Japan ausgehende Wachstum v. a. der Automobil- und petrochemischen Industrie zur Entstehung der modernen Dienstleistungsgesellschaft, charakterisiert durch individuellen Massen- und globalen Luftverkehr sowie steigenden Welthandel.

Zurzeit ist die Weltwirtschaft im Modell im Bereich der 5. Kondratieffwelle einzuordnen: Hightech-Branchen v. a. der Informations- und Kommunikationstechnik dominieren.

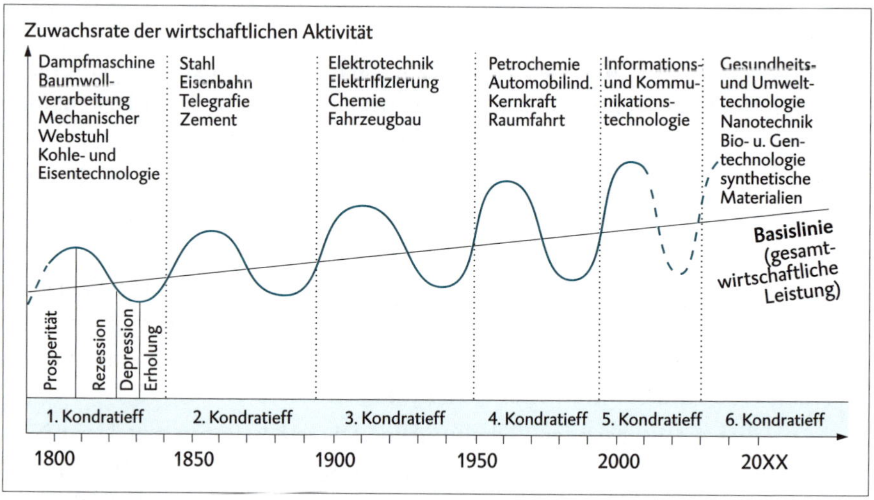

Die langen Wellen der Konjunktur und ihre Basis

An die Biotechnologie knüpfen die für die sechste Kondratieff-Welle als Basisinnovationen geltenden Bereiche Gentechnologie und psychosoziale Gesundheit an, beide mit großer Bedeutung für eine verstärkte Tertiärisierung. Hinzu sollen aus dem sekundären Sektor Branchen der Energieerzeugung treten (Kernfusion, regenerative Energien).

Die Annahme einer globalen gesamtwirtschaftlichen Aufwärtsentwicklung, wie sie Kondratieff prognostizierte, erscheint fragwürdig, wenn man die Struktur des Welthandels betrachtet: Gegenüber der sogenannten **Triade** Nordamerika, Ostasien und Europa ist der Anteil der anderen Regionen am Welthandel extrem gering, sodass vielfach von einer **Triadisierung** gesprochen wird, d. h. einem immer stärker werdenden Handelsdreieck USA – Europa – Ostasien. Dieser Prozess fördert die zahlreichen **bilateralen Handelsvereinbarungen** zwischen den drei Wirtschaftsriesen. Generell hat der innerregionale Handel die jeweils größte Bedeutung (**Regionalisierung** des Welthandels), wozu **Schutzzölle** und **Subventionen** für einheimische Produkte beitragen. **Wirtschaftsbündnisse** wie ECOWAS, EU, MERCOSUR, COMESA, NAFTA, ASEAN usw. (siehe S. 241) verstärken diese Regionalisierungstendenzen.

Zwischencheck

- Beschreiben Sie den Verlauf der weltwirtschaftlichen Entwicklung seit 1800 nach Kondratieff; achten Sie hierbei auf den Kurvenverlauf.
- Erläutern Sie die Bedeutung der 5./6. Kondratieffwelle für die bisherige und künftige globale Entwicklung.
- Erklären Sie die Begriffe Globalisierung, Triadisierung und Regionalisierung.

3 Tertiärisierungsprozesse innerhalb und am Rand von Städten

Anders als noch zu Beginn des 20. Jh. sind unsere Städte heute nicht mehr industriell, sondern tertiärwirtschaftlich geprägt. In Deutschland erreichen einige Städte beim **Tertiärisierungsgrad** (Prozentsatz der im tertiären Sektor Beschäftigten) Werte von über 80, einige sogar um 90 %:

Bonn (2011)	90,9	Wiesbaden (2011)	84,9
Frankfurt/Main (2011)	89,8	Stralsund (2010)	84,0
Münster (2010)	89,3	Rostock (2008)	83,8
Berlin (2011)	88,4	Hamburg (2011)	82,4
Kiel (2011)	88,1	Essen (2011)	81,2
Köln (2009)	85,8	Düsseldorf (2011)	80,0

Deutsche Städte mit besonders hohem Tertiärisierungsgrad (Auswahl)

Der vorausgegangene **Deindustrialisierungsprozess** (siehe S. 118) machte gerade in altindustriellen Gebieten einen grundlegenden Strukturwandel nötig. Nicht nur ehemalige Fabrikgelände, auch ehemals militärisch genutzte Flächen unterliegen Prozessen einer Umwidmung **(Konversion)**, v. a. seit dem politischen Wandel zu Beginn der 1990er-Jahre. Das Spektrum umfasst u. a. die Bereitstellung nicht mehr industriell oder militärisch genutzter Flächen für den Naturschutz, für eine Nachverdichtung der Wohnbebauung – oder für zusätzliche tertiäre Einrichtungen aus den Bereichen Versorgung und Freizeit.

Vielfach sind die tertiären Einrichtungen innerhalb einer Stadt(region) hierarchisch angeordnet. Das Verteilungsmuster entspricht häufig Christallers Theorie vom System der zentralen Orte (siehe S. 228 f.). Man spricht von einer **Hierarchie dienstleistungsorientierter Teilzentren**. Die höchstrangigen **tertiären Einrichtungen** (z. B. Einzelhandelsgeschäfte, Kaufhäuser, öffentliche und private Dienstleistungen) sind in der **City** konzentriert, in großen Städten untergliedert in Haupt- und Nebengeschäftsstraßen, Museums-, Vergnügungs- und Bankenviertel.

In jüngster Zeit verändert sich das Gesicht der City: Sogenannte **Schnelldreher**, d. h. Läden ohne Lagervorhaltung z. B. für Brot und Backwaren oder Körperpflegeprodukte, uniforme Kettengeschäfte sowie Spielhallen und Sonnenstudios breiten sich aus **(Trading-down-Effekt)**. Nicht wenige Städte versuchen, mit **Stadtmarketing- oder Citymanagement-Maßnahmen** wie Schaffung von Parkmöglichkeiten, Einrichtung von Einkaufsgalerien und innerstädtischen Erholungsräumen oder Förderung des Austauschs aller Innenstadtakteure dem Trading-down-Effekt entgegenzusteuern.

Der zunehmende Bedeutungsverlust der Innenstädte wird v. a. durch die Konkurrenz großflächiger Einzelhandelseinrichtungen in nicht-integrierten Stadtrandlagen forciert. Die Raumenge, die Verkehrsbelastung der City, die hohen Miet- und Bodenpreise sowie die Tendenz zum Wochen- statt Tageseinkauf haben zur Entstehung von **Versorgungszentren** am Stadtrand geführt, wo diese negativen Standortgegebenheiten entfallen. So entstanden dort **Shopping Center/Malls** und Verbrauchermärkte (Baumarkt, Gartencenter, Möbelhaus). **Urban Entertainment Center** integrieren Freizeit- und Unterhaltungsangebote und stellen insofern eine Weiterentwicklung von Shopping Centern dar. Sie ermöglichen einen erlebnisorientierten Einkauf mit Kino, Fitnessstudio sowie Gaststätten und Restaurants.

Auf dem fast 100 ha großen Gelände eines Hütten- und Walzwerkes wurde 1996 ein 7 ha großes Einkaufszentrum mit rund 200 Geschäften („CentrO"), einem Freizeit- und Vergnügungspark sowie über 20 Cafés, Gaststätten und Restaurants, einem Kino und einer Veranstaltungshalle mit 12 500 Plätzen eröffnet. Im Umkreis entstanden Hotels, ein Business-Park mit fast 2 000 Büro-Arbeitsplätzen sowie ein Musical-Theater. Die Gesamtzahl neu geschaffener Arbeitsplätze liegt bei über 10 000. Jährlich besuchen 23 Mio. Gäste diese „Neue Mitte Oberhausen", die dank moderner Freizeiteinrichtungen (Sea Life Aquarium, Gasometer) auch zu einem Touristenmagneten geworden ist.

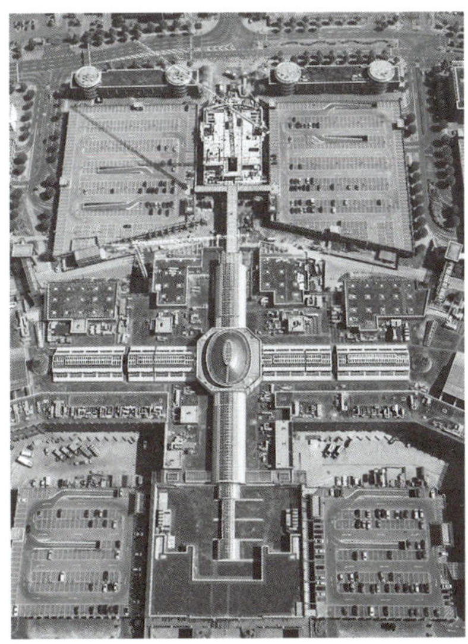

Beispiel für ein Urban Entertainment Center: Die Neue Mitte Oberhausen

Das weltweit erste **Factory Outlet Center (FOC)** entstand 1971 in den USA, das erste europäische 1984 in Frankreich. Gegenwärtig gibt es über 140 FOCs in Europa, in Deutschland wegen häufiger Vorbehalte der Genehmigungsbehörden weniger als ein Dutzend. FOCs umfassen mindestens 60 Läden, getragen von einer Betreibergesellschaft – und mit der Folge niedriger Fixkosten und starker Ausnutzung von Synergieeffekten. Auf mehreren Tausend Quadratmetern Verkaufsfläche werden Markenwaren zweiter Wahl, Überbestände, Retouren und Vorjahreskollektionen preisreduziert angeboten. Wichtig sind eine verkehrsgünstige Lage (Autobahnanschluss) sowie mindestens drei Millionen potenzielle Kunden innerhalb von 60 Pkw-Fahrminuten. Zu einem FOC gehören auch gastronomische, evtl. auch Freizeiteinrichtungen.

Am Stadtrand finden auch unternehmensorientierte Dienstleister, die nicht auf den direkten Kontakt zum Kunden angewiesen sind, ihren Standort (Reinigungsfirmen, Autovermieter, IT-Unternehmen). Im Zuge des **Suburbanisierungsprozesses** können hier auch neue Bürostandorte entstehen.

Zwischencheck

- Kennzeichnen Sie aktuelle Entwicklungen des tertiären Sektors im Großstadtraum.
- Nennen Sie die Standortanforderungen an Shopping Center und Factory Outlet Center und begründen Sie deren Fehlen im Stadtkern.

4 Durch Tertiärisierung an die Spitze: Global Citys

Vor allem im Bereich der Triade (siehe S. 233) liegen Städte, denen wegen der Ausprägung ihres tertiären Sektors eine überragende, ja weltweite Bedeutung zukommt. Sie sind globale Verkehrsknotenpunkte; hier sind Börsen, Rating-Agenturen, Finanzdienstleister und Großbanken ansässig, Holding-Gesellschaften und multinationale Konzerne haben ihren Firmensitz, ebenso inter nationale Immobilienagenturen und Versicherungen. In diesen Städten findet man kulturelle (Museen, Theater), politische (Behörden, Botschaften) und überstaatliche Einrichtungen (Nicht-Regierungs-Organisationen, engl. **NGOs** = ***N**on-**G**overnment-**O**rganizations*). Ihr Bedeutungsüberschuss erstreckt sich über die Landesgrenze, manchmal sogar über den Kontinent hinaus.

Eine derartige Stadt wird als **Global City** bezeichnet. Dieser Begriff hat sich zeitgleich mit dem Globalisierungsprozess entwickelt. Während sich der Begriff **Weltstadt** überwiegend durch die Einwohnerzahl definiert, kommt beim Begriff Global City der Aspekt eines Steuerungszentrums in der globalen Wirtschaft hinzu. In den Städten selbst wird dies nicht nur anhand der Dominanz der oben genannten Dienstleistungen deutlich, sondern auch in einer Uniformität moderner Bauweisen (Hochhausarchitektur, Stahl-Glas-Konstruktionen) und einer Internationalisierung von Geschäften und Bevölkerungsgruppen mit eigenen Kultureinrichtungen.

Indikatoren zur Einordnung in die Hierarchie der Global Citys

- Zahl und Umsatz der Firmensitze der 500 größten transnationalen Konzerne (TNKs)
- Zahl der Hauptverwaltungen der 500 größten Banken nach Umsatz
- Sitz der umsatzstärksten Börsen
- Bedeutendste internationale Flughäfen nach Anzahl der Passagiere und nach Frachtaufkommen
- Führende Seehäfen nach dem Umschlag
- Sitz bedeutender internationaler Institutionen

Als Global Citys im strengen Wortsinn mit einer Kontrollfunktion der Weltwirtschaft gelten die „Großen Vier“ – New York, Paris, London und Tokio. Hier werden die wesentlichen Entscheidungen im Rahmen der Weltwirtschaft getroffen. Die weiteren wichtigen Zentren sind überwiegend in den Industrieländern zu finden. Dabei spielen die USA sowie Europa, aber auch Südostasien eine bedeutende Rolle. Städte in Deutschland können aufgrund von föderalistischen Strukturen (Verteilung von Funktionen auf mehrere Städte) wie auch aus Lagegründen nur mit einzelnen Indikatoren in die Bewertung eingehen und nehmen deshalb keine Plätze in den vorderen Rängen ein.

Inzwischen wird häufig eine dreistufige Hierarchisierung in Alpha-, Beta- und Gamma-Städte vorgenommen. Infolge dieser Abstufung werden nun auch Städte in der sogenannten „Dritten Welt“ erfasst, die aufgrund der Bewertung ansonsten nur hintere Plätze in der Abfolge erreichen.

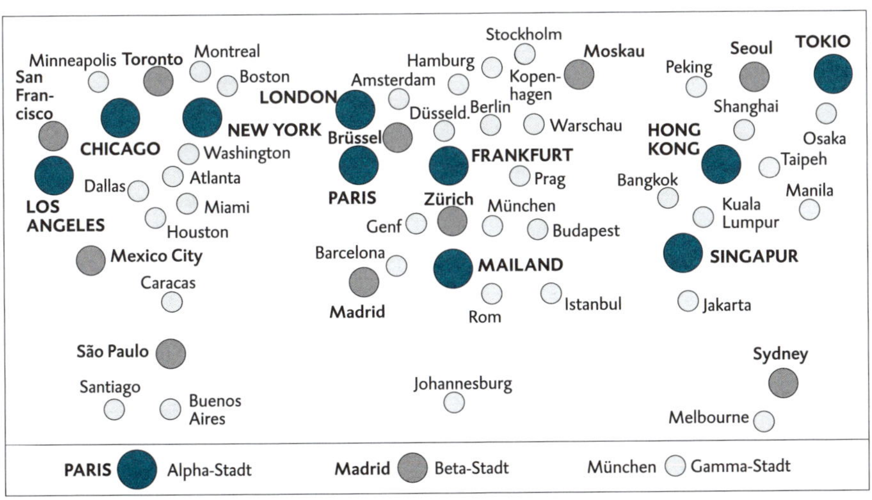

Die Hierarchie der Global Citys

Zwischencheck

- Erläutern Sie den Begriff „Global City".
- Begründen Sie mit Bezug auf den tertiären Sektor, warum Alpha-Städte ausschließlich in Industriestaaten zu finden sind.

5 Tertiärisierung durch neue wirtschaftliche Organisationsformen

Cluster sind Netzwerke von eng zusammenarbeitenden Unternehmen, Institutionen und (öffentlichen) Einrichtungen. Ihnen gilt das Interesse des amerikanischen Ökonomen Michael E. Porter (* 1947).

Cluster: Begriffsdefinition und Beispiel

Cluster: branchenspezifisches Netzwerk von

- innovativen wissenschaftlichen oder technischen Großunternehmen,
- deren Zulieferern (einschließlich Klein- und Handwerksbetrieben),
- Forschungs- und politischen Einrichtungen wie Hochschulen und Handelskammern,
- zugehörigen Dienstleistern (Ingenieurbüros, Designern, Spediteuren, ...),

in räumlicher Nähe zueinander und entlang einer **Wertschöpfungskette** angeordnet.

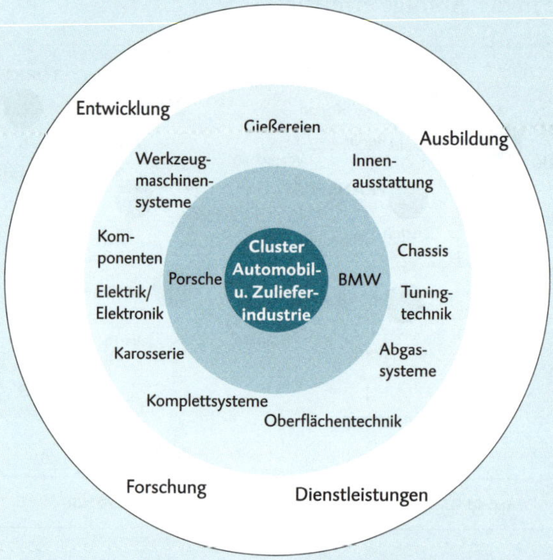

Nach Porter sind die Stufen der Produktion eines Gutes als geordnete Tätigkeiten (Entwurf, Herstellung, Vertrieb, Auslieferung, Wartung/Reparatur) zu verstehen. Diese Tätigkeiten verbrauchen Ressourcen, schaffen Werte und sind prozessual miteinander verbunden.

Beispiel für einen Cluster: Automobil- und Zulieferindustrie

Cluster erlauben die Vernetzung wirtschaftlicher, technischer und wissenschaftlicher Kompetenzen und besitzen durch die so erzielten **Synergieeffekte** eine hohe Innovationskraft. Zu ihnen gehören u. a. sogenannte **Spin-off-Betriebe**, die von ehemaligen Mitarbeitern gegründet werden. Sie übernehmen – nicht selten in Abstimmung mit dem früheren Unternehmen – einzelne Produktionsschritte und verringern so die Menge der im Stammunternehmen gefertigten Komponenten.

Virtuelle Fabriken

Selbstständige Unternehmen können sich mittels Telekommunikation zu **virtuellen Unternehmen** zusammenschließen: Für Entwicklung, Einkauf, Absatz, Finanzierung und Marketing sind darin jeweils unterschiedliche Firmen zuständig, sodass in den Stammwerken die Fertigungstiefe verringert, spezialisierte Fähigkeiten genutzt und rasch auf Marktveränderungen reagiert werden kann.

Eine **virtuelle Fabrik** basiert auf einem interdisziplinären stabilen Netzwerk ausgewählter Unternehmen. Fachleute erstellen in Kooperation Produkte und Dienstleistungen. Mit der Schnelligkeit der kleinen und den Möglichkeiten der großen Partner können in kürzester Zeit optimale Lösungen gefunden werden. Das enorme Potenzial der virtuellen Fabrik hilft, die Kapazitäts- oder Kompetenzengpässe eines Unternehmens zu überwinden, und gestattet das kurz-, mittel- oder langfristige Outsourcing von Produkten und Dienstleistungen. Die folgende Abb. verdeutlicht dies am Beispiel der „Virtuellen Fabrik Bodensee".

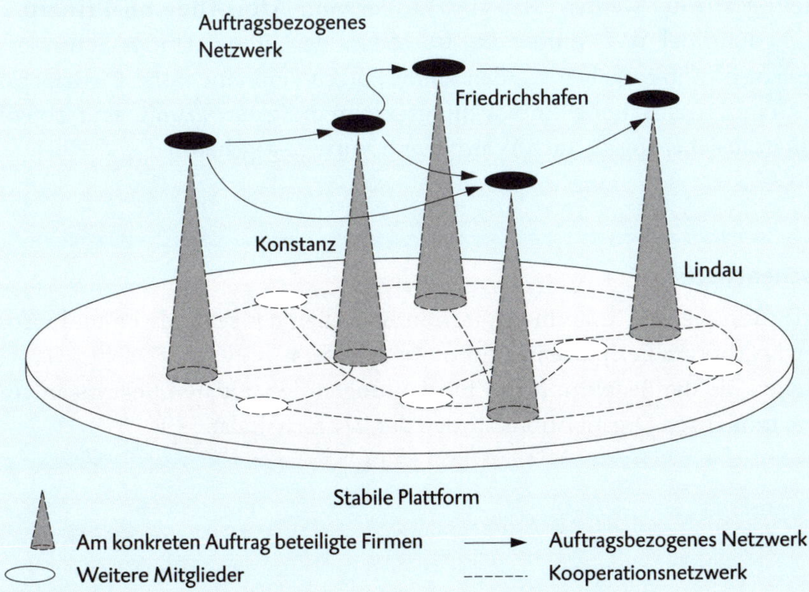

Region Dresden	größter europäischer Cluster für Mikroelektronik: rd. 1 200 Firmen, mehr als 40 000 Beschäftigte; 75,7 % Tertiärisierungsgrad
Irland	2007 Cluster von 9 der 10 weltweit größten Pharmaunternehmen, für 7 der 10 größten Firmen der Medizintechnik, für 5 der 10 größten Softwarehäuser; seit 2008 deutlicher Bedeutungsverlust
Frankfurt/Rhein/Main Consulting	Cluster 70 000 beratend Beschäftigter, davon 27 000 Unternehmensberater; 92 % in Kleinstbetrieben und als Einzelberater; 11 % des deutschen Beratungsumsatzes
Präzisionscluster Solothurn/Jura/Bern/Neuenburg	Cluster von 85 Unternehmen, Zulieferern, Fachhochschulen, Schulungs- und Forschungsinstitutionen auf dem Gebiet der Präzisionsindustrie und Mikrotechnik; Ziel: Stärkung der Innovationsfähigkeit, Erhöhung des Exports, Senkung der Produktionskosten
Silicon Valley (im Süden San Franciscos)	seit der Einrichtung eines Industrieparks 1951 neben der Stanford University, verstärkt dann seit den 1960er-Jahren Ansiedlung von 7 000 Unternehmen mit 500 000 Beschäftigten der Hochtechnologie (Intel, Hewlett-Packard, Yahoo, Google, Apple, Texas Instruments, Infineon, Ebay); Jahresumsatz 180 Mrd. US-$

Beispiele für Cluster mit hohen Anteilen an im tertiären Sektor Beschäftigten

Aufgrund eines globalen internetbasierten Netzwerkes und Standortgeflechtes kann 24 Stunden an der Entwicklung eines „Produkts" (Idee/Konzept/Plan/Modell) gearbeitet werden. Man spricht hier vom **After-the-sun-Prinzip**, da irgendwo auf der Welt immer Tag ist, sodass der „Entwicklungs-Staffelstab" ohne Pause weitergegeben werden kann: Folgen sind eine hohe Partizipation sowie eine enorm hohe Entwicklungsgeschwindigkeit. Damit sind sowohl Qualitätsabsicherung als auch Wettbewerbsvorteile gegeben.

Zwischencheck

- Erläutern Sie das Zusammenspiel von Betrieben des sekundären und tertiären Sektors am Beispiel eines Automobilclusters.
- Stellen Sie die Bedeutung von Einrichtungen des tertiären Sektors anhand von modernen Organisationsformen der Wirtschaft dar.

Zweibrücken – Konversion eines ehemaligen Militärstandorts

abe 1 Lokalisieren Sie das Konversionsgelände Zweibrücken (Atlas, M 1) und beschreiben Sie seine aktuelle Nutzung.

abe 2 Erläutern Sie den Vorgang der Konversion und verdeutlichen Sie hierbei typische Tertiärisierungsprozesse der Gegenwart.

M 1 Flugplatz Zweibrücken – Nutzungskonzeption für das bis 1991 durch die Luftwaffe der USA genutzte Gelände

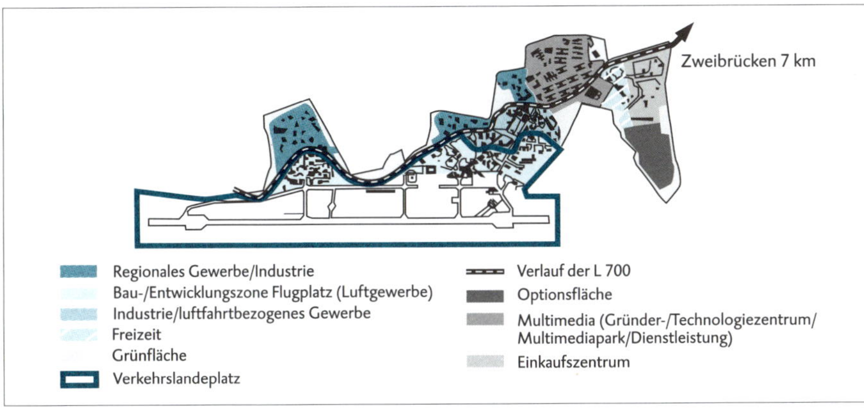

M 2 Pressemitteilung vom 21. 4. 2011

Der rheinland-pfälzische Wirtschaftsstaatssekretär Schweitzer bei der Eröffnung des Freizeitparks Zweibrücken: Dieser stärke die „Säule ‚Freizeit und Tourismus' im [...] Konzept zur zivilen Nutzung des ehemaligen Militärgeländes. Mit Flugbetrieb, Style Outlet[1], Multimedia-Internet-Park[2] und Tourismusangeboten sei es gelungen, in der strukturschwachen Region[3] dauerhaft qualifizierte Jobs zu schaffen und Impulse [...] zu setzen: ‚Direkt am Flughafen sind knapp 2 600 Arbeitsplätze mit unterschiedlichsten Qualifikationsprofilen in Produktion, Informationstechnologie und unternehmensnahen Dienstleistungen[4] entstanden. Damit verdienen auf dem Flughafen[gelände] heute fast achtmal so viele Menschen ihren Lebensunterhalt, wie dies in Zeiten der militärischen Nutzung der Fall war. Wenn man die mittelbaren Beschäftigungseffekte im näheren Umfeld hinzuzählt, sind im Rahmen des Konversionsprojektes mehr als 4 500 Arbeitsplätze entstanden', bilanzierte der Staatssekretär.
Zum Familien-Freizeit-Park [...] gehören neben der Eishalle eine Bowlingbahn, ein Kinderspielpark, eine Blacklight Indoor-Minigolfanlage und eine neue Erlebnisgastronomie. [...] Das Land hat das Projekt mit [...] 1,35 Mio. € [...] unterstützt."

1 größtes FOC Deutschlands: rd. 130 Läden; 2,7 Mio. Besucher pro Jahr, davon 40 % aus Rheinland-Pfalz
2 > 70 Unternehmen, > 1 000 Mitarbeiter, in Zusammenarbeit mit der FH Kaiserslautern/Pirmasens
3 seit 1980 Schließung nahezu aller Betriebe der Textil- und Lederindustrie
4 > 10 luftfahrtbezogene Unternehmen

Konzepte für nachhaltiges Wirtschaften in der Einen Welt

Mosaik des Neusser Quirinusmünsters aus fair gehandelten Produkten – Titelbild des Einkaufsführers „Fair einkaufen in Neuss“.

1 Ökobilanzierung

1.1 Die Ökobilanz

Die Globalisierung von Produktion, Handel und Konsum führt dazu, dass die Industrieländer zunehmend Ressourcen aus anderen Regionen dieser Welt in Anspruch nehmen. Zur Erfassung der Umweltauswirkungen eines Produkts wurden international anerkannte und standardisierte Verfahren zur Aufstellung von **Ökobilanzen** entwickelt. Hierzu wird, soweit die Datenlage es zulässt, der gesamte Lebenslauf eines Produkts von der Rohstoffgewinnung über Herstellung und Nutzung bis zur Entsorgung (Recycling, Müllverbrennung, Deponierung, Kompostierung) analysiert. Vorprodukte oder Dienstleistungen, teils auch Hilfs- und Betriebsstoffe sowie alle Transporte werden in die Bilanz einbezogen. Mit den Ergebnissen können Produktionsprozesse in Bezug auf die **Material- oder Energieeffizienz** optimiert und Emissionen vermieden werden.

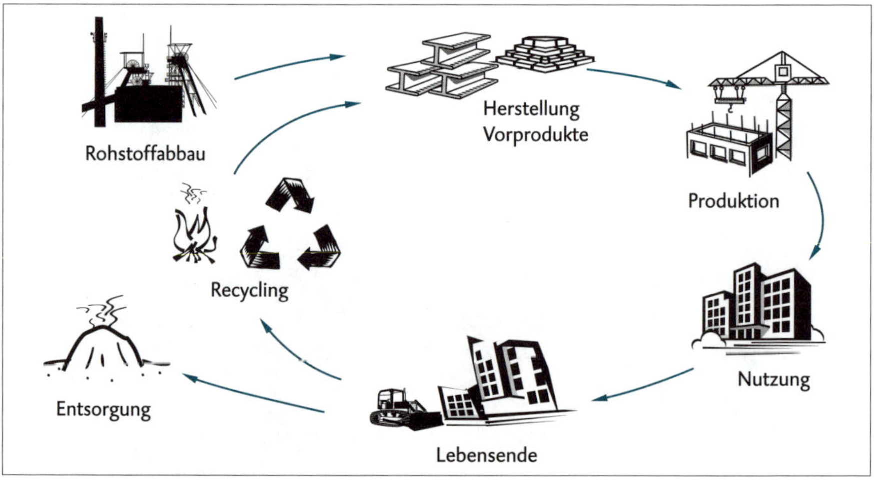

Lebenslauf eines Produkts

Die umweltrelevanten Stoff- und Energieströme werden in einem ersten Schritt quantitativ erfasst und in einem zweiten hinsichtlich ihrer qualitativen Wirkung auf die Umwelt kategorisiert und gewichtet. Alle Emissionen beispielsweise, die auf das Klima wirken, werden der Kategorie „Treibhauseffekt" zugeordnet. Handelt es sich um Kohlenstoffdioxid (CO_2), so ist die Gewichtung geringer als bei Stickstoffdioxid (NO_2), dessen Klimawirksamkeit um ein Vielfaches höher ist. Als Einheit für die Messung der Umweltauswirkung verwendet man häufig sogenannte **Umweltbelastungspunkte:** Je niedriger die

Punktzahl, desto geringer die Umweltbelastung. Beispielsweise werden bei der Berechnung der Umweltbelastungspunkte verschiedener Trinkbecher (siehe folgende Tabelle) Verpackung, Transport, Entsorgung und ggf. Abwasch berücksichtigt.

Trinkbecher mit 300 ml Inhalt	Gewicht	Einweg/Mehrweg	Wie oft gebraucht?	Umweltbelastungspunkte
Kunststoff (PP)	35 g	Mehrweg	50 ×	11
nachwachsende Rohstoffe	6,8 g	Einweg Entsorgung auf dem Kompost	1 ×	47
Kunststoff (PET)	7 g	Einweg	1 ×	42
Karton	7,5 g	Einweg	1 ×	31
Glas	200 g	Mehrweg	450 ×	12
Kunststoff (PS)	11 g	Einweg	1 ×	63

PP: Polypropylen PET: Polyethylenterephthalat PS: Polystyrol

Trinkbecher im ökologischen Vergleich

1.2 Der ökologische Rucksack

Eine entscheidende Größe für das Ausmaß von Umweltauswirkungen bei der Produktion von Gütern oder bei der Bereitstellung von Dienstleistungen ist die Menge der Ressourcen, die dafür eingesetzt werden. Sie kann mittels der Berechnung des **Materialinputs (MI)** näherungsweise ermittelt werden. Berücksichtigt werden auch die Materialien, die zur Gewinnung der zur Produktion benötigten Energie eingesetzt werden, also die Energieträger selbst und die anteiligen Massen der Anlagen, die für die Energieerzeugung benötigt wurden. Das Ergebnis wird in Kilogramm oder Tonnen angegeben.

Zieht man das Eigengewicht des Produkts von dessen Materialinput ab, erhält man das Gewicht seines **ökologischen Rucksacks**, das die „Schwere" des Ressourcenverbrauchs bei seiner Herstellung versinnbildlicht.

Wenn man einen aus Sicht der Nachhaltigkeit angemessenen Preis zahlen würde, müsste man neben den Kosten für das Produkt selbst auch die Kosten für dessen ökologischen Rucksack tragen. Bei einer solchen Berechnung geht es nicht allein um den **Ressourcenverbrauch** im engeren Sinne, also um die mehr oder weniger dauerhafte Entnahme von Stoffen aus der Natur und deren Verwendung, sondern generell um die hiermit in Verbindung stehenden Stoff- oder Materialströme in ihren negativen Auswirkungen auf die Umwelt.

Ökologischer Rucksack: Begriffsdefinitionen

Der ökologische Rucksack eines Produkts ist definiert als die Summe aller in und aus der Natur bewegten Massen (= Materialinput/Materialinput inkl. Energie) bis zum verkaufsfertigen Produkt, vermindert um das Gewicht/ die Eigenmasse des Produkts selbst (Einheit: kg oder t).

Der ökologische Rucksack von Dienstleistungen, die mithilfe der Nutzung von Gütern erbracht werden, ist die Summe der anteiligen Rucksäcke der eingesetzten technischen Mittel (z. B. Geräte, Fahrzeuge und Gebäude) vermehrt um die Summe des Verbrauchs an Material und Energie während der Nutzung.

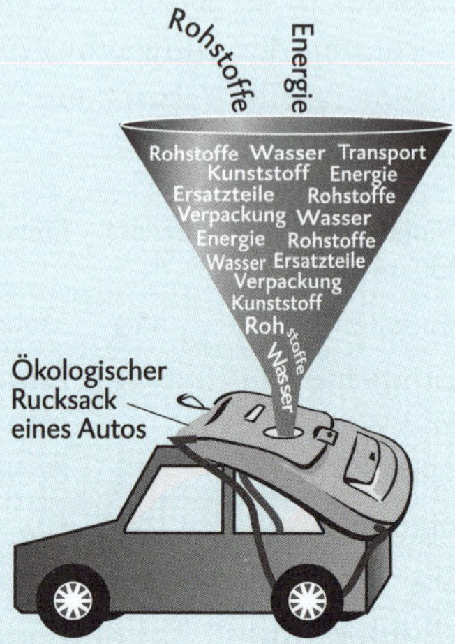

Die Minimierung der Stoffströme und ihrer ökologischen Konsequenzen gilt in diesem Ansatz der Ökobilanzierung als Kernanliegen der **Nachhaltigkeit** (siehe S. 24). Der ökologische Rucksack von Steinkohle ist beispielsweise knapp 8,5-mal, der von Braunkohle sogar insgesamt 10-mal so schwer wie die Kohle selbst. Er setzt sich im Wesentlichen zusammen aus dem Gewicht des Abraums, der bewegt werden muss, um an die Kohle heranzukommen, und dem Grundwasser, das beim Abbau abgepumpt werden muss. Hinzu kommt das Gewicht des Kohlenstoffdioxids, das bei der Verbrennung freigesetzt wird.

Bauteil	Material für die Herstellung inkl. Energiegewinnung (in kg)	Gewicht des Teils (in kg)
Gehäuse	19,2	1,22
Leiterplatten, bestückt	286,6	0,41
Display	48,0	0,33
Prozessor und Arbeitsspeicher	29,7	0,01
Sonstiges	45,5	0,78
Verpackung	5,9	1,30
Gesamt	**434,9**	**4,05**
Ökologischer Rucksack	**434,9 kg – 4,05 kg = 430,85 kg**	

Materialeinsatz bei der Herstellung eines Notebooks

Der ökologische Rucksack eines Kilogramms Industrieprodukte wiegt im Durchschnitt etwa 30 kg. Das bedeutet, dass weniger als 10 % der in der Natur bewegten Materialien letztlich in nutzbringende Industrieprodukte verwandelt werden. Weltweit wird etwa ein Wert von 30 Cent aus einem Kilogramm der Natur entnommenem bzw. dort bewegtem Material geschöpft. Man kann dies als die **globale Ressourcenproduktivität** bezeichnen. Umgekehrt werden im Durchschnitt 3,5 kg Natur bewegt, um einen Euro zu erwirtschaften, zu verdienen oder den Gegenwert zu konsumieren.

Aufgrund der **Ineffizienz der Ressourcennutzung**, die über das Bild des ökologischen Rucksacks vermittelt wird, wird von wissenschaftlicher Seite die Forderung nach einer **Dematerialisierung** abgeleitet. Dematerialisierung bedeutet, die Nutzung materieller natürlicher Ressourcen für die Befriedigung menschlicher Bedürfnisse und damit die Stoffströme zu reduzieren. Die Wege zur Dematerialisierung sind vielfältig. Sie betreffen sowohl die Unternehmen, die aufgefordert sind, „öko-effiziente" Produkte zu entwickeln und zu vermarkten, als auch die Konsumenten, die derartigen Produkten bei Kaufentscheidungen den Vorzug geben. Sie sollten künftig bei der Nutzung Aspekte wie Auslastung, Sparsamkeit und Langlebigkeit beachten.

Materialflussrechnungen der Europäischen Union zeigen, dass der Gesamt-Ressourcenverbrauch pro Kopf zwischen 1985 und 2005 weitgehend stabil geblieben ist. Die Wirtschaft wuchs in diesem Zeitraum jedoch um 50 %. Dies war nur möglich durch eine Steigerung der Ressourcenproduktivität um den Faktor 1,5. Aufgrund dieser Steigerung konnte also mehr Wohlstand mit weniger Energie- und Materialeinsatz erwirtschaftet werden. Dematerialisierung bewirkt somit eine Entkoppelung von Wirtschaftswachstum und Naturverbrauch.

Damit ein nachhaltiges Niveau erreicht werden kann, müssen die Stoffströme nach Einschätzung von Wissenschaftlern weltweit bis zum Jahr 2050 etwa um die Hälfte abnehmen. Für den industrialisierten Teil der Menschheit, auf den ein Großteil der Ressourcennutzung entfällt, bedeutet dies eine Reduktion um den Faktor 10, d. h. auf etwa ein Zehntel der derzeitigen Stoffströme.

1.3 Der ökologische Fußabdruck

Der ökologische Fußabdruck (engl. Ecological Footprint) gehört zu den bekanntesten **Messgrößen für Nachhaltigkeit**. Er stützt sich auf **Massenflussanalysen**, geht jedoch darüber hinaus, indem der Ressourcenbedarf bzw. -anspruch der Menschen mit dem Naturangebot verglichen wird:

Der Mensch entnimmt der Natur, abhängig von seinem Lebensstil, eine bestimmte Menge Ressourcen wie Lebensmittel, Holz, Energie etc. und gibt Emissionen und Abfälle zurück. Man spricht in diesem Zusammenhang von **„Naturbedarf"** oder **„Umweltverbrauch"**. Im ökologischen Fußabdruck fließen rechnerisch alle benötigten Flächen zusammen, die für die Deckung dieses Bedarfs notwendig sind. Hierzu gehören Flächen, die zur Produktion von Nahrung und Kleidung oder zur Energiegewinnung in Anspruch genommen werden, weiterhin Siedlungs- und Verkehrsflächen, aber z. B. auch die Flächen, die zum biologischen Abbau des erzeugten Mülls oder zum Binden des freigesetzten Kohlenstoffdioxids benötigt werden. Der ökologische Fußabdruck kann für einen einzelnen Menschen, ein Unternehmen, eine Stadt, ein Land oder die ganze Menschheit ermittelt werden.

Eine nachhaltige Entwicklung setzt voraus, dass nur so viele natürliche Ressourcen in Anspruch genommen werden, wie die Natur regenerieren kann. Das Potenzial der Ökosysteme, den Menschen mit Ressourcen zu versorgen und die Abfälle abzubauen, wird **Biokapazität** genannt. Wüsten, Polarregionen und offene Ozeane mit geringer Bedeutung für den weltweiten Fischfang werden bei der Ermittlung der Biokapazität nicht mitgerechnet. Sowohl der Verbrauch von Ressourcen (= ökologischer Fußabdruck) als auch das Angebot an natürlichen Ressourcen (= Biokapazität) werden in sogenannten **„globalen Hektar" (gha)** gemessen. Ein globaler Hektar (= 10 000 m^2) entspricht einem Hektar weltweit durchschnittlicher biologischer Produktivität.

Der ökologische Fußabdruck ermöglicht es, Nachfrageseite und Angebotsseite rechnerisch miteinander in Beziehung zu setzen. So wird eine Art „ökologische Buchhaltung" möglich, die Potenziale und Engpässe aufdeckt.

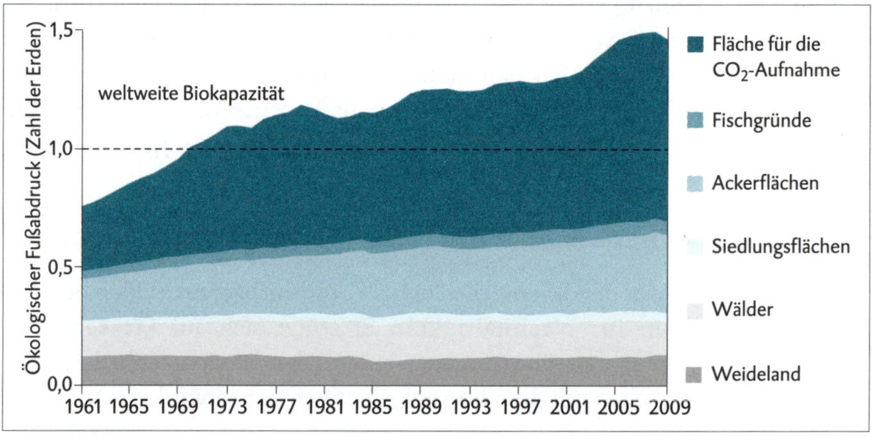

Die Entwicklung des ökologischen Fußabdrucks der Menschheit

Ist der ökologische Fußabdruck einer Bevölkerung größer als die Biokapazität, kommt es zu einem **Overshoot** (deutsch: „Überschreitung"): Die Bevölkerung verbraucht in einem bestimmten Zeitraum mehr natürliche Ressourcen, als die Ökosysteme zur Verfügung stellen können. Dauerhaft führt dies zur Einschränkung der weiteren Entwicklungsmöglichkeiten und letztlich zur Gefährdung der menschlichen Lebensgrundlagen.

Insgesamt gelten rund 21 % der Erdoberfläche und ca. 5 % der Meeresfläche als biologisch produktiv, stellen also für den Menschen nutzbare Biokapazität in nennenswertem Umfang bereit. Dies entspricht gegenwärtig einer Fläche von 11,9 Mrd. gha. Teilt man diese Fläche auf alle Menschen gleichmäßig auf, dann ergibt sich ein Wert von 1,8 gha. Jedem Menschen stehen damit zurzeit rein rechnerisch 18 000 m^2 pro Jahr zur Deckung seiner Bedürfnisse zur Verfügung, ohne dass die Tragfähigkeit der Erde überschritten wird.

Im Jahr 1961 nutzte die Menschheit erst etwas weniger als die Hälfte der globalen Biokapazität. Aufgrund des raschen Weltbevölkerungswachstums (siehe S. 184) und des allgemein steigenden Ressourcenverbrauchs (siehe S. 25 ff.) ist der ökologische Fußabdruck seitdem stark gewachsen (siehe Abb. S. 170). Ein Overshoot fand erstmals Mitte der 1980er-Jahre statt. Seither baut die Menschheit ein **ökologisches Defizit** auf, dessen Auswirkungen u. a. in Form des Klimawandels, schrumpfender Waldbestände, des Verlusts an Biodiversität, Überfischung und Trinkwassermangel immer gravierender zutage treten.

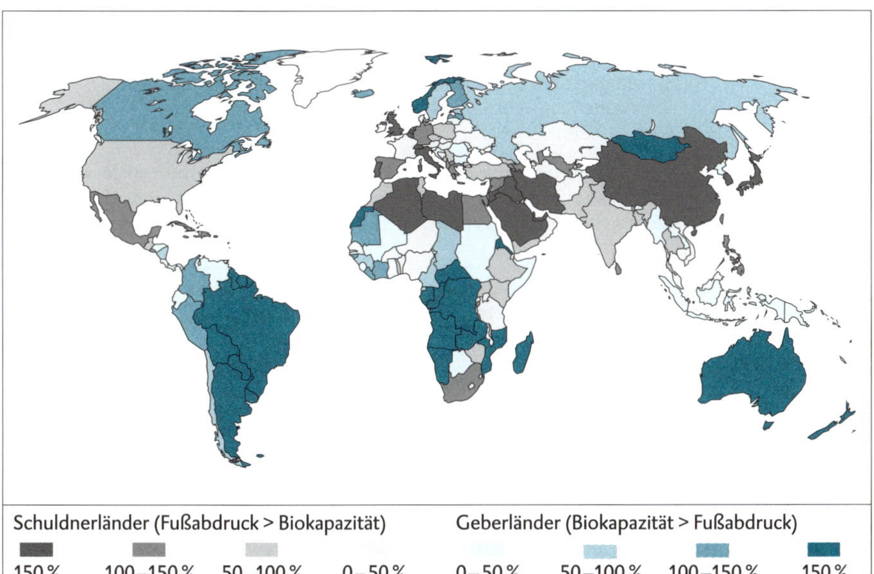

Ökologischer Fußabdruck, Stand 2009

2012 betrug der ökologische Fußabdruck im Durchschnitt bereits 2,7 gha, was einen Overshoot von 50 % ergibt. Das bedeutet, die Erde braucht rund eineinhalb Jahre, um die erneuerbaren Ressourcen zu regenerieren, die die Menschen innerhalb eines Jahres verbrauchen, und um das dabei erzeugte CO_2 zu absorbieren. Durch die Berechnung des **„Earth Overshoot Day“** lässt sich veranschaulichen, an welchem Tag des Jahres die Menschheit ihr Jahresbudget an Umweltgütern ausgeschöpft hat und für den Rest des Jahres auf Kosten der Substanz lebt. 2013 war der Earth Overshoot Day bereits der 20. August.

	Ökologischer Rucksack	Ökologischer Fußabdruck
Maß für ökologische Belastung	Gewicht der Materialien, die für die Produktion von Gütern bzw. die Bereitstellung von Dienstleistungen nötig sind (einschließlich der Materialien zur Energiegewinnung, abzüglich des Eigengewichts eines Produkts), gemessen in kg oder t	Fläche (Ackerland, Weideland, Fischgründe, Siedlungsfläche, Wald sowie CO_2-Absorptions-Fläche), die zur Deckung des menschlichen Ressourcenbedarfs in Anspruch genommen wird; gemessen in gha = globaler Hektar: 1 gha entspricht der Kapazität eines Hektars mit weltweit durchschnittlicher Produktivität
Ökologisches Kernproblem	Durch Produktion und Konsum erzeugte Stoffströme in ihren negativen Umweltauswirkungen	Überschreitung der Biokapazität bzw. Überlastung der Regenerationsfähigkeit der globalen Ökosysteme
Innovative Betrachtungsweise	Berücksichtigung der Input-Seite bei der Erzeugung bzw. Vermeidung von Umweltproblemen durch die Wirtschaft anstelle der einseitigen Konzentration auf Emissionen und Abfälle, d. h. die Output-Seite	Vergleich des menschlichen Ressourcenbedarfs mit dem natürlichen Angebot und Aufdeckung von Übernutzung (= Tragfähigkeitsfrage aus umgekehrter Perspektive)
Berücksichtigte Ressourcengruppen	Alle Ressourcengruppen, gegliedert nach abiotischen und biotischen Rohstoffen, Wasser, Luft, Boden	Regenerative Ressourcen; fossile Energieträger fließen indirekt über die CO_2-Emissionen bei Verbrennungsprozessen ein
Gemeinsamkeiten	• Quantifizierung und Bilanzierung ökologischer Belastungen • Ableitung konkreter Ziele zur Verbesserung der Nachhaltigkeit auf allen gesellschaftlichen Ebenen • Kommunikations- und Informationsinstrument zur Veranschaulichung nicht-nachhaltiger Praktiken und drohender Gefahren	

Ökologischer Rucksack und ökologischer Fußabdruck –
Konzepte der Ökobilanzierung in der Gegenüberstellung

Ein Vergleich der Länderdaten zeigt, dass über die Hälfte des ökologischen Fußabdrucks der Menschheit auf den Verbrauch der Biokapazität in nur zehn Ländern zurückzuführen ist, wobei allein auf die USA und China 21 bzw. 24 % des Verbrauchs der weltweiten Biokapazität entfallen.

Jene Länder, deren ökologischer Fußabdruck die nationale Biokapazität übersteigt, bezeichnet man im Sinne der ökologischen Buchhaltung auch als „**Schuldner**" (siehe Abb. S. 171). Bislang war es ihnen möglich, ihr Defizit durch die **Übernutzung** der eigenen Ökosysteme (z. B. Überweidung und Überfischung), durch den „Export" von Emissionen (z. B. Ausstoß von CO_2, das sich auch außerhalb der Landesgrenze in der Atmosphäre anreichert) und durch den Import von Ressourcen auszugleichen. Während 1961 nur 26 Nationen ein **ökologisches Defizit** aufwiesen, waren es 2005 bereits 90. Heute leben über 80 % der Weltbevölkerung in ökologischen „Schuldner-Ländern". Der Druck auf die verbliebenen Reserven wächst. Er bildet sich in den enormen Steigerungen des Handels mit Biokapazität ab. Eine Verknappung natürlicher Ressourcen ist für Menschen in Entwicklungsländern früher und stärker spürbar, da sie zum einen meist direkter von den Ökosystemen abhängen und zum anderen nicht über die finanziellen Mittel verfügen, Defizite durch Zukauf auszugleichen.

1.4 Der CO_2-Fußabdruck

Innerhalb des Konzepts des ökologischen Fußabdrucks spielt der **CO_2-Fußabdruck** (engl. *Carbon Footprint*) sowohl in qualitativer als auch in quantitativer Hinsicht eine große Rolle. Kohlenstoffdioxid ist gegenwärtig das einzige Treibhausgas, das in die Berechnung des ökologischen Fußabdrucks einbezogen wird. Es wird überwiegend durch die Verbrennung fossiler Energieträger freigesetzt. Ein Teil wird von den Ozeanen aufgenommen, die dadurch zunehmend versauern; ein weiterer Teil wird von den Ökosystemen an Land absorbiert. Sind diese Absorptionsmöglichkeiten erschöpft, verbleibt das restliche CO_2 in der Atmosphäre, wo es seine Wirkung als Treibhausgas durch das Zurückhalten von Strahlungsenergie entfaltet.

CO_2-Fußabdruck: Begriffsdefinition

Der CO_2-Fußabruck wird als die Größe der Waldfläche definiert, die benötigt wird, um alle CO_2-Emissionen abzüglich der Emissionen, die von Ozeanen aufgenommen werden, aufzunehmen. Sie wird auch als **CO_2-Absorptionsfläche** bezeichnet. Im Durchschnitt kann 1 ha Wald jährlich die Menge an CO_2 aufnehmen, die bei der Verbrennung von 1 500 l Öl freigesetzt wird.

Die Nutzung fossiler Energieträger hat seit Beginn der industriellen Revolution ein enormes Wachstum erfahren. Seit Anfang der 1960er-Jahre hat sich der CO_2-Fußabdruck mehr als verzehnfacht und macht heute bereits ca. 50 % des ökologischen Fußabdrucks aus. Damit wird deutlich, wie wichtig eine Reduzierung der CO_2-Emissionen für das Beenden des Overshoots ist.

Der CO_2-Fußabdruck von Produkten und Dienstleistungen könnte zukünftig eine Rolle bei der Kennzeichnung von Waren spielen. Eine solche Kennzeichnung würde es den Konsumenten erleichtern, die Klimafreundlichkeit eines Angebots bei der Kaufentscheidung zu berücksichtigen. Zahlreiche Ratgeber und digitale CO_2-Rechner bieten Konsumenten bereits heute eine Orientierung für klimafreundliches (Kauf-)Verhalten. Die wichtigsten Faktoren für die Beeinflussung des persönlichen CO_2-Ausstoßes sind die Zahl der Fernreisen, zurückgelegte Autokilometer, die Größe der Wohnfläche und die Dämmung des Wohngebäudes, die den Heizenergieverbrauch stark beeinflusst. Im Bereich des Ernährungsverhaltens wirken sich der Fleischkonsum bzw. der Kauf von ökologisch erzeugten Produkten sehr deutlich aus.

1.5 Der Wasser-Fußabdruck

Wasser-Fußabdruck: Begriffsdefinition

Der **Wasser-Fußabdruck (WF)** eines Landes umfasst die Gesamtmenge an Süßwasser, die für die Produktion der Güter und Dienstleistungen benötigt wird, welche die Bevölkerung dieses Landes in Anspruch nimmt.
Der Wasser-Fußabdruck kann auch für einzelne Produkte, Einzelpersonen, Unternehmen oder die gesamte Menschheit ermittelt werden. Seine Berechnung ist durch das „International Waterfootprint Network" standardisiert.
Für die Bestimmung des Wasser-Fußabdrucks ist das sogenannte „virtuelle Wasser" wesentlich: **Virtuelles Wasser** ist als die Menge an Süßwasser definiert, die zur Produktion einer Ware oder Dienstleistung eingesetzt wird.

Mithilfe des virtuellen Wassers lässt sich der Wasserverbrauch von Produkten, Lebensmitteln oder Dienstleistungen über ihren gesamten Lebenslauf aufzeigen. Die Menge des virtuellen Wassers kann über den Wasser-Fußabdruck berechnet und veranschaulicht werden. Sie wird vom Verbraucher meistens nicht wahrgenommen, ist aber oft überraschend hoch. So verbergen sich z. B. hinter 1 kg Rindfleisch 15 500 l virtuelles Wasser, denn allein für die Produktion der Futtermittel werden 13 500 l Wasser benötigt.

Der Wasser-Fußabdruck gibt nicht nur an, wie viel Wasser verbraucht wurde, sondern auch, woher dieses Wasser stammt. Er hat im Unterschied zum virtuellen Wasser also auch eine regionale Komponente. Der Wasser-Fußabdruck Deutschlands erlaubt beispielsweise Aussagen darüber, wie viel Wasser aus einem bestimmten Land in Form von Landwirtschaftsgütern oder anderen Produkten im Zuge des Handels entnommen wurde. Man unterscheidet zwischen dem **internen Wasserverbrauch** im eigenen Land und dem **externen Wasserverbrauch** im Ausland (siehe folgende Abb.).

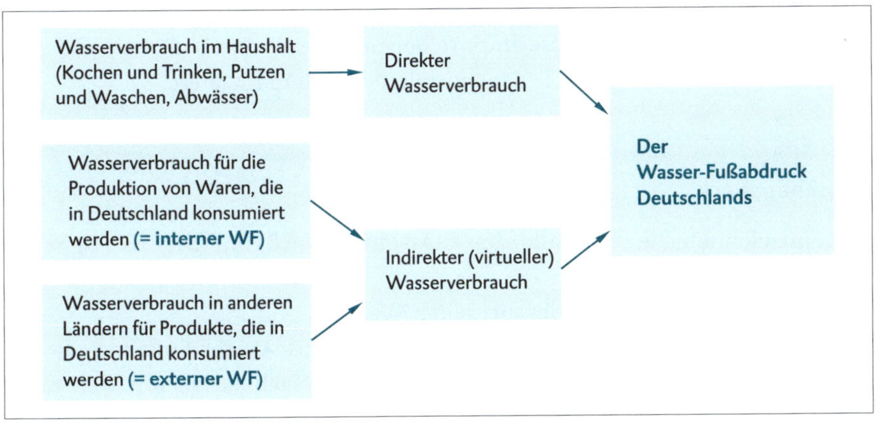

Schematische Darstellung der Komponenten, die in die Berechnung des Wasser-Fußabdrucks einfließen

Der tatsächliche pro Kopf-Wasserverbrauch bewegt sich weltweit zwischen 1 918 (China) und 6 795 (USA) l/Tag, der globale Durchschnitt beträgt 3 397 l. Deutschlands Wasserverbrauch von 5 288 l/Tag liegt damit deutlich im oberen Bereich dieser Spanne.

Der Wasser-Fußabdruck eines Landes bzw. seiner Einwohner hängt zum einen von der Menge konsumierter Güter ab, zum anderen aber auch von der Art der Güter, denn der Wasserverbrauch bei der Produktion unterscheidet sich stark:

1 Kartoffel (100 g)	25 l	1 Tasse Kaffee (125 ml)	140 l
1 Tasse Tee (250 ml)	35 l	1 Tüte Kartoffelchips (200 g)	185 l
1 Scheibe Brot (30 g)	40 l	1 Glas Milch (200 ml)	200 l
1 Orange (100 g)	50 l	1 Hamburger (150 g)	2 400 l
1 Apfel (100 g)	70 l	1 T-Shirt aus Baumwolle (500 g)	4 100 l
1 Glas Bier (250 ml)	75 l	1 Paar Schuhe aus Rindsleder	8 000 l
1 Ei (40 g)	135 l		

Durchschnittlicher virtueller Wassergehalt in ausgewählten Produkten

Bei Ländern mit Wasserknappheit hat der Handel mit virtuellem Wasser erhebliche Auswirkungen auf die Wasserressourcen des Landes und damit auf dessen Umwelt und Bevölkerung. Theoretisch könnten wasserarme Länder also ihre knappen Ressourcen schonen, indem sie überwiegend Produkte mit einem geringen Wasserverbrauch herstellen und wasserintensive Waren wie beispielsweise Getreide oder Reis einführen. Doch meist fehlen gerade diesen Ländern die notwendigen Finanzmittel, um teure Güter zu importieren. Ökologisch und sozial problematisch ist auch der Import von Waren mit hohem Wasserbedarf aus Wassermangelgebieten. Konsumenten in den Importländern können den virtuellen Wasserimport beispielsweise durch den vermehrten Konsum von einheimischen Lebensmitteln deutlich reduzieren.

Zwischencheck

- Kennzeichnen Sie die Rolle des CO_2-Fußabdrucks für den ökologischen Fußabdruck.
- Erläutern Sie den Begriff des virtuellen Wassers.
- Zeigen Sie mithilfe des CO_2-Fußabdrucks und des Wasser-Fußabdrucks auf, wie eigenes Konsumverhalten einen Beitrag zur Nachhaltigkeit leisten kann.

2 Fairer Handel

2.1 Das Konzept des Fairen Handels

Die Landwirtschaft ist die Erwerbs- und Existenzgrundlage von rund 2,6 Mrd. Menschen, der größte Beschäftigungszweig der Welt und entscheidender Wirtschaftsfaktor vieler Entwicklungsländer. Auf dem Weltmarkt sind Kleinbauern und -produzenten in Entwicklungsländern besonders benachteiligt. Da sie nur geringe Mengen auf dem Markt anbieten können und auf lokale Absatzwege beschränkt sind, müssen sie ihre Waren zu niedrigen Preisen an Zwischenhändler verkaufen. Vom tatsächlichen Weltmarktpreis erhalten sie häufig nur einen Bruchteil, der für die Produktions- und Lebenshaltungskosten insbesondere in Zeiten steigender Preise für Düngemittel, Transport und Nahrung oft nicht ausreicht und keine Spielräume für Investitionen in Verbesserungsmaßnahmen bietet. Auch Plantagenarbeiter leiden unter dem Druck des Weltmarkts und schwankender Preise. Fehlende Erlöse gleichen die Betreiber der Plantagen über das Lohnniveau der Beschäftigten aus. Viele arbeiten in ungesicherten Arbeitsverhältnissen, ohne soziale Absicherung und unter gesundheitlich unzumutbaren Bedingungen. Die Folgen reichen von Verschuldung über Arbeitslosigkeit bis zu Verelendung.

Mit dem Konzept des **Fairen Handels** versucht man, dieser vielschichtigen Problematik zu begegnen. Kern des Konzepts sind **garantierte Mindestpreise**, die über dem Weltmarktniveau liegen und den Produzenten ein stabiles und angemessenes Einkommen bieten. Liegt der Weltmarktpreis über dem Garantiepreis-Niveau, so wird der höhere Preis bezahlt. Der erhöhte Einkaufspreis wird von den Verbrauchern über die Zahlung entsprechend höherer Endpreise für **fair gehandelte Produkte** ermöglicht. Das Funktionieren des Konzepts des Fairen Handels setzt eine gute Information und ein Verantwortungsbewusstsein der Käuferinnen und Käufer gegenüber den Produzenten in Übersee voraus.

Der Faire Handel soll nicht nur die Einkommenssituation und die Lebensbedingungen der Produzenten verbessern, sondern auch strukturelle Verbesserungen in den Erzeugerländern sowie im Bereich der weltweiten Handelsbeziehungen initiieren. So wird beispielsweise der Zusammenschluss zu Genossenschaften oder Kooperativen gefördert, die groß genug sind, um direkt mit den Importeuren zu verhandeln.

Posten	Preis (in €)	Anteil am Preis (in %)
Einkaufspreis	1,82	31
Fairtrade-Prämie	0,18	3
Fairtrade-Bioaufschlag	0,27	5
Kosten für Fracht, Lagerung, Röstung einschließlich Gewinn des Rösters, Verpackung, Verwaltung, Marketing und Vertrieb	ca. 1,14	ca. 20
Kaffeesteuer (fällig bei Import)	1,10	19
Transfair-Lizenzgebühr (für die Nutzung des Fairtrade-Siegels durch Händler oder Röster, finanziert die Fairtrade-Organisation)	0,11	2
Handelsspanne (= Differenz Einkaufspreis Röster und Netto-Verkaufspreis im Geschäft)	ca. 0,78	ca. 13
Mehrwertsteuer (verminderter Steuersatz von 7 % in Deutschland)	0,39	7
Endverbraucherpreis	**5,79**	**100**

Preisgestaltung im Fairen Handel am Beispiel des Fairtrade-Kaffees (Stand 2012); Ausgangsbasis: New Yorker Weltmarktpreis von 2012 für „Other Mild Arabicas" 187,52 US-Cent je Pfund

Prinzipien und Standards des Fairen Handels

Die World Fair Trade Organization (WFTO), das größte globale Netzwerk der Fairhandels-Organisationen, vertritt Prinzipien, die weltweit für alle angeschlossenen Organisationen des Fairen Handels gültig sind. Sie sollen sicherstellen, dass die Produktionsweise und der Handel verantwortungsvoll im Hinblick auf soziale, ökonomische und ökologische Belange erfolgen.

Für den Erfolg des Fairen Handels haben sich Zertifizierungssysteme mit verbindlichen Standards für die Produktion und den Handel, verbunden mit der Vergabe eines **Produktsiegels**, als förderlich erwiesen. Eines der bekanntesten ist das weltweit verbreitete Fairtrade-Siegel. Es wurde 2002 eingeführt und hat nach und nach die unterschiedlichen nationalen Labels ersetzt. Der Begriff **Fairtrade** (in einem Wort geschrieben) bezieht sich ausschließlich auf die angeschlossenen Verbände und ihre Unternehmungen.

Die Fairtrade Labelling Organizations International (FLO-I e. V.) hat spezielle Standards für Kleinbauern-Organisationen, für Vertragsanbau sowie für Arbeiter und Arbeiterinnen auf Plantagen entwickelt. Die Kleinbauern-Organisationen müssen beispielsweise demokratisch organisiert sein. Der Erlös muss gleichberechtigt unter den Mitgliedern verteilt werden. Jedem Mitglied muss es möglich sein, an Entscheidungsprozessen innerhalb der Organisation mitzuwirken. Über den Fairen Handel erhalten die Kooperativen zusätzlich zum Geld für ihre Produkte eine **Fairtrade-Prämie** für Investitionen in ihre wirtschaftliche und soziale Zukunft. Solche Investitionen können beispielsweise in den Kauf von Maschinen, die Trinkwasserversorgung, den Bau von Schulen oder die Altersversorgung der Mitglieder getätigt werden.

Das Fairtrade-Siegel

Auf Plantagen geht es den Fairtrade-Organisationen darum, durch die Standards soziale Rechte und die Sicherheit der Beschäftigten am Arbeitsplatz zu fördern. Hierzu gehören neben dem Verbot von Zwangs- und Kinderarbeit Löhne, die sich am regionalen Durchschnitt oder an gesetzlichen Vorschriften für Mindestlöhne orientieren. Auf der Plantage muss eine eigenständige, unabhängige Vertretung der Beschäftigten zugelassen sein, die gemeinsam mit dem Management für die Verwaltung der Fairtrade-Prämie verantwortlich ist.

Ökonomie	Soziales	Ökologie
Stabile Mindestpreise	Arbeitsbedingungen	Umweltschonender Anbau
Fairtrade-Prämie	Gemeinschaftsprojekte	Liste verbotener Substanzen
Langfristige Handelsbeziehungen	Keine illegale Kinderarbeit	Ausschluss gentechnisch veränderter Organismen
Vorfinanzierung	Diskriminierungsverbot	Förderung des Bio-Anbaus
Beratung	Versammlungsfreiheit	Bioaufschlag

Standards im Fairen Handel gemäß Fairtrade Labelling Organizations International (FLO)

Fairer Handel und ökologischer Landbau

Fair gehandelte Produkte müssen nicht zwangsläufig ökologisch angebaut werden. Der Umweltschutz gehört jedoch zu den zentralen WFTO-Prinzipien. Produzenten, die ihre Produkte über Mitgliedsorganisationen vermarkten, sind beispielsweise aufgefordert, den Energieverbrauch so gering wie möglich zu halten, erneuerbare Energien einzusetzen und ihre Treibhausgasemissionen zu minimieren. Beim Pflanzenschutz sollen Pestizide vermieden und ökologische Methoden bevorzugt werden. Dieses Prinzip findet seinen Ausdruck in den verbindlichen Standards der Labelling-Organisationen. Die FLO fördert den Anbau von ökologischen Produkten darüber hinaus durch höhere Fairtrade-Mindestpreise. Inzwischen werden über 70 % der Lebensmittel im Fairen Handel ökologisch und nachhaltig produziert, was zeigt, dass die richtungsweisenden Standards und Anreize wirksam sind.

2.2 Entwicklung und Bedeutung des Fairen Handels

Am Anfang der Bewegung des Fairen Handels standen die von privaten Initiativen, Kirchen oder NGOs (Non-Governmental Organizations, Nichtregierungsorganisationen) getragenen **Weltläden**, die seit Ende der 1960er-Jahre zunehmende Verbreitung in den Industrieländern fanden und zunächst ausschließlich handwerkliche Produkte vertrieben. In den 1980er- und 1990er-Jahren entwickelte sich schrittweise ein organisiertes Netzwerk aus Produzentenverbänden, Importeuren und Weltläden auf nationaler, europäischer und globaler Ebene. Von besonderer strategischer Bedeutung war die Entwicklung von Siegeln, die mit einer Standardisierung, Zertifizierung und der Einführung systematischer Kontrollen einherging.

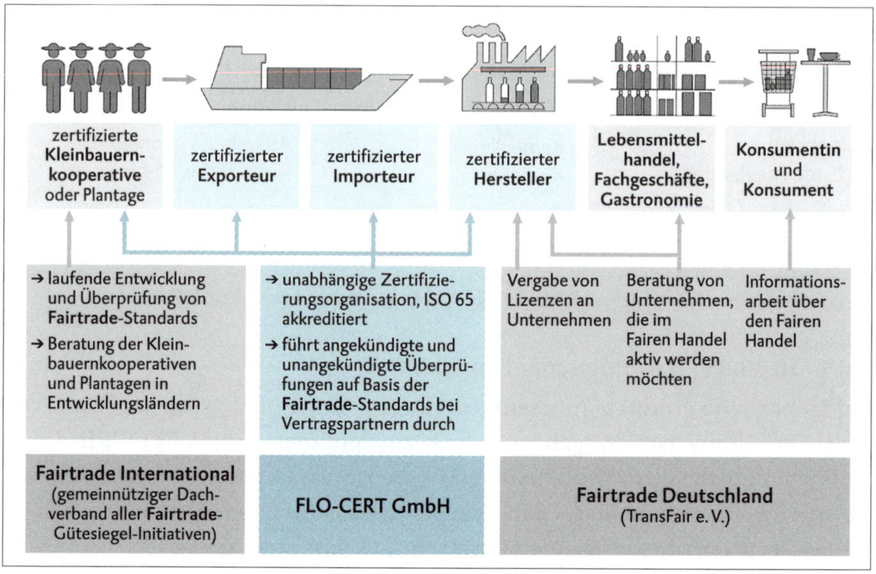

Von den Produzenten zu den Konsumenten: Die Struktur des internationalen Fairtrade-Netzwerks

2012 arbeiteten 1 149 Kleinbauernorganisationen und Plantagen weltweit nach den Fairtrade-Standards. Sie repräsentieren über 1,3 Mio. Kleinbauern, Arbeiterinnen und Arbeiter in 70 Ländern. Rechnet man deren Familien hinzu, so profitieren schätzungsweise 6 Mio. Menschen direkt vom Fairen Handel.

Fair gehandelte Produkte werden in über 125 Ländern vertrieben. Für die Verbreitung der fair gehandelten Produkte war ihre Aufnahme in das Angebot der großen Supermarktketten sehr wichtig. Zunehmende Bedeutung gewinnt auch der Bereich der Gästebewirtung.

Umfragen zufolge genießen fair gehandelte Produkte ein hohes Vertrauen bei den Verbrauchern. Den Käufern geht es bei ihrer Kaufentscheidung vorrangig um ethische und soziale Gründe; daneben schätzen sie jedoch auch die Qualität der Waren.

In den letzten zehn Jahren hat der Faire Handel eine besonders starke Aufwärtsentwicklung erfahren. Allein zwischen 2004 und 2007 hat sich der Verkaufserlös der mit einem anerkannten Siegel ausgewiesenen Fairhandels-Waren von 832 Mio. auf rund 2,4 Mrd. € verdreifacht. Auch in Deutschland boomt der Faire Handel. Mittlerweile kauft fast jeder zweite Deutsche fair gehandelte Waren. 2012 gaben die deutschen Verbraucher mehr als 650 Mio. € für diese Produkte aus. Das entspricht einem Jahreswachstum von 36% und einer Verdoppelung innerhalb der letzten vier Jahre.

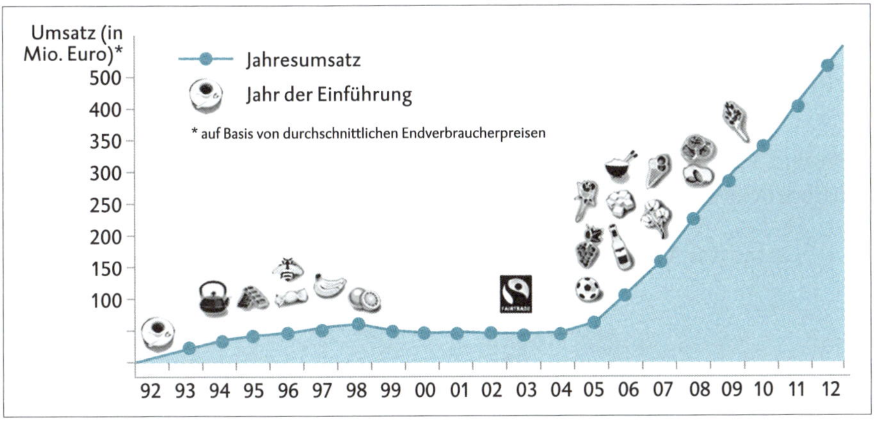

Markteinführung und Absatzentwicklung bei Fairtrade-Waren in Deutschland

Die positive Entwicklung darf jedoch nicht darüber hinwegtäuschen, dass der Faire Handel weiterhin ein Nischendasein führt: Gerade einmal ein Prozent aller in Deutschland gehandelten Lebensmittel trägt ein Fairtrade-Siegel. Auch fair gehandelter Kaffee als das am häufigsten gekaufte Produkt hat nur einen Marktanteil von 2,2 %. In Großbritannien hingegen werden bei einzelnen Produkten Anteile von 25 bis 30 % erreicht, und in der Schweiz stammt bereits jede zweite Banane aus dem Fairen Handel. Dies zeigt, dass Steigerungen möglich und realistisch sind.

Insgesamt lässt sich festhalten, dass der Faire Handel aufgrund seines geringen Umfangs keine alleinige Lösung für die Probleme ländlicher Entwicklung ist. Er stellt jedoch einen wirksamen und kosteneffizienten Ansatz zur Armutsbekämpfung dar, der sich auf vielfältige Weise positiv auswirkt, angefangen vom Produzenten und seiner Familie bis hin zu einer gerechteren weltweiten Entwicklung. Der Faire Handel zeigt darüber hinaus, dass Veränderungen in den Wertvorstellungen der Konsumenten über deren Kaufverhalten durchaus zu Verbesserungen der Produktionsbedingungen führen können. In einer globalisierten Welt beeinflussen somit Kaufentscheidungen hierzulande die Nachhaltigkeit und die Lebensqualität in weit entfernten Erzeugerländern.

Zwischencheck

- Stellen Sie das Konzept des Fairen Handels dar.
- Kennzeichnen Sie die Rolle des ökologischen Anbaus innerhalb des Konzepts.
- Erläutern Sie die Bedeutung des Fairen Handels in ökonomischer und ideeller Hinsicht.

„Leben auf großem Fuße?" – der Wasser-Fußabdruck Deutschlands

Aufgabe 1 Stellen Sie das Konzept des Wasser-Fußabdrucks dar und beschreiben Sie auf dieser Basis den Wasser-Fußabdruck Deutschlands in seinen Grundstrukturen.

Aufgabe 2 Erläutern Sie begründend geeignete Maßnahmen zur Reduzierung des Wasser-Fußabdrucks in Deutschland.

M 1 Gesamter Wasser-Fußabdruck Deutschlands

	Intern (km^3/Jahr)	Extern (km^3/Jahr)	Gesamt (km^3/Jahr)	Anteil (in %)
Landwirtschaft	55,7	61,9	117,6	73,7
Industrielle Produkte	18,84	17,56	36,47	22,8
Haushalt	5,5	–	5,5	3,4
Gesamt	80,0	79,5	159,5	100
Prozent von Gesamt	**50 %**	**50 %**	**100 %**	

Hinweis: Zur Definition von internem und externem Wasser-Fußabdruck siehe Abb. S. 175

M 2 Aufteilung des landwirtschaftlichen Wasser-Fußabdrucks Deutschlands

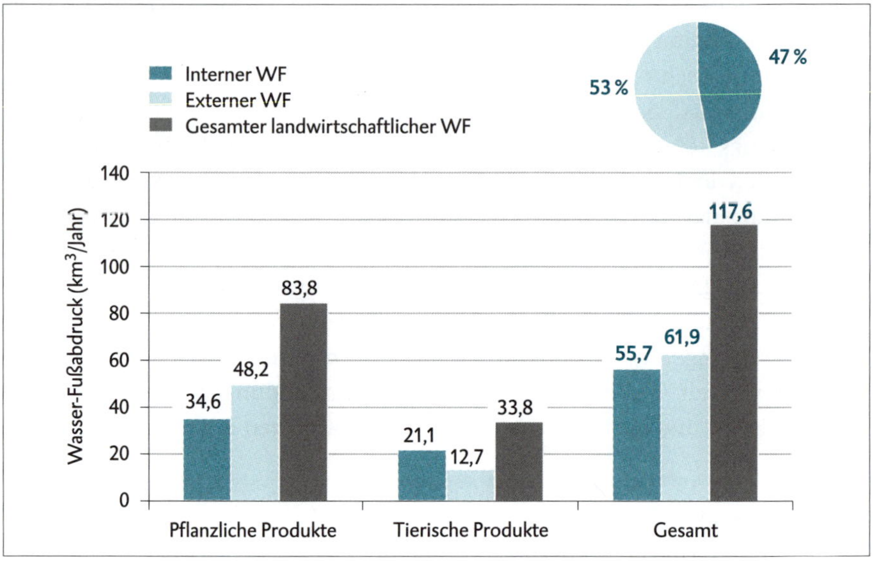

Eine Welt – divergierende Bevölkerungsentwicklungen

Die Deutsche Stiftung Weltbevölkerung (DSW) veranschaulicht das Anwachsen der Weltbevölkerung durch eine ständig tickende Bevölkerungsuhr, die zurzeit pro Sekunde 2,6 Menschen hinzuzählt.

1 Bevölkerungsverteilung und Bevölkerungsstruktur

1.1 Weltbevölkerung – aktuelle Herausforderungen

Die **Weltbevölkerung** hat Ende des 20. Jh. die Sechsmilliardengrenze überschritten, Ende 2011 wurde die siebte Milliarde erreicht.

UN-Prognosen besagen, dass im Jahre 2050 voraussichtlich 9,5 Mrd. Menschen auf der Erde leben werden. Eine besondere Herausforderung stellt die Versorgung all dieser Menschen mit Nahrungsmitteln und sauberem Trinkwasser dar. Außerdem werden einzelne Nationen und Regionen durch Wanderungen vor große Aufgaben gestellt.

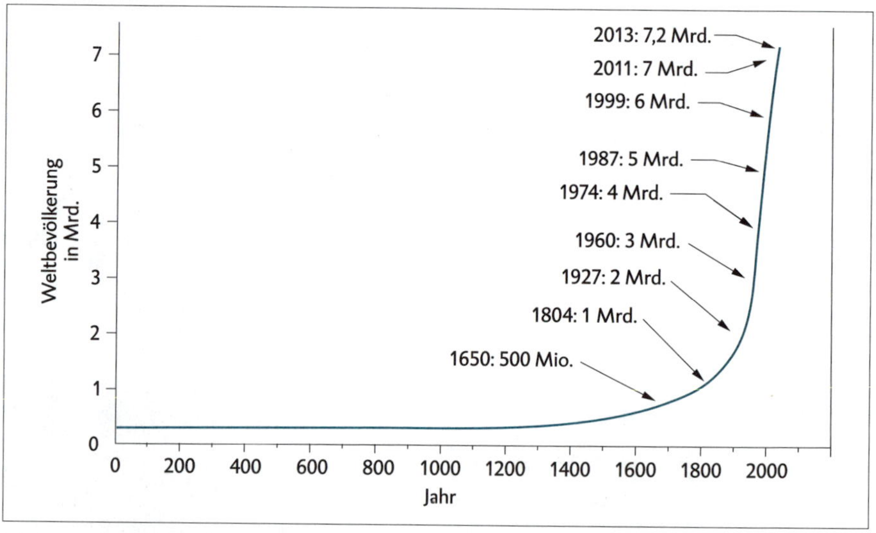

Wachstum der Weltbevölkerung

Die Bevölkerung verteilt sich räumlich deutlich unterschiedlich auf der Erde. Trotz vieler regionaler Besonderheiten lassen sich grundlegende Einflussfaktoren für **räumliche Bevölkerungsverteilungen** aufzeigen:

- geologisch-geomorphologischer Aufbau: u. a. Oberflächenformen wie Tallagen, Küstenformen, Höhenlage, Bodenfruchtbarkeit
- klimatische Bedingungen: u. a. Temperatur- und Niederschlagsverteilung
- Gang der kolonialen Erschließung
- Verkehrsverhältnisse: u. a. natürliche Verkehrswege
- wirtschaftliche Faktoren: u. a. Bodenschätze
- politische Bedingungen: u. a. militärisch-strategische Überlegungen

Staat	Bevölkerung in Mio. 2013	Bevölkerung in Mio. 2050
China	1 386	1 385
Indien	1 252	1 620
USA	320	401
Indonesien	250	321
Brasilien	200	231
Pakistan	182	271
Nigeria	174	440
Bangladesch	156	202
...		
Deutschland	83	73

Die bevölkerungsreichsten Länder der Erde um 2013 und 2050

Herauszustellen ist, dass selten nur ein Faktor, sondern vielmehr ein ganzes Bündel von Gründen die Bevölkerungsverteilung steuert. So sind z. B. für jene Bevölkerungen, für die die Landwirtschaft die entscheidende Lebensgrundlage darstellt, Böden, Klima, Oberflächenform und Geländebeschaffenheit, aber auch Produktionsweisen entscheidende Faktoren.

Gegenüber Darstellungen zur absoluten Bevölkerungsverteilung beschreibt die **Bevölkerungsdichte** die Zahl der Einwohner pro Flächeneinheit (meist pro km^2). So sind Einordnungen bzw. Vergleiche zwischen Regionen der Erde möglich. Zu beachten ist jedoch, dass der Indikator „Bevölkerungsdichte" ein Durchschnittswert ist und dadurch in großen Flächenstaaten erhebliche regionale Unterschiede verdeckt. Allein aus Dichtewerten kann nicht auf günstige oder ungünstige Lebensbedingungen geschlossen werden. Stets sind Bevölkerungsdichtewerte zu bewerten vor dem Hintergrund von Wirtschaftsstrukturen, politischen Systemen, Lebensstandards, physiogeographischen Merkmalen sowie sozialen und kulturellen Bedingungen.

Staat	Bevölkerungsdichte (Einw. pro km^2)
Singapur	7 751
Bahrein	1 925
Deutschland	229
Australien	3
Mongolei	2

Bevölkerungsverteilung in ausgewählten Staaten im Jahr 2012

1.2 Weltweite Bevölkerungsverteilung

Bei der Bevölkerungsverteilung besteht ein erhebliches Ungleichgewicht:

- Die fünf größten Staaten der Erde (China, Indien, USA, Indonesien und Brasilien) sind Heimat von knapp 50 % der Gesamtbevölkerung – auf nur 25 % der globalen Staatenfläche und 6 % der gesamten Erdoberfläche.
- Auf der Nordhalbkugel mit etwa drei Vierteln des globalen Festlands leben ungefähr neun Zehntel der Weltbevölkerung.

Der **Verstädterungsgrad** misst den Anteil der städtischen Bevölkerung an der Gesamtbevölkerung eines Landes und gibt somit Aufschluss über die Verteilung der Bevölkerung bezogen auf ländliche bzw. städtische Gebiete. Weltweit leben mehr als 50 % aller Menschen in Städten, wobei ähnlich zur Bevölkerungsdichte deutliche räumliche Unterschiede bestehen zwischen einzelnen Ländern wie z. B. zwischen Staaten des tropischen Afrikas oder Südamerika oder innerhalb eines Landes wie z. B. in Saudi-Arabien oder Australien.

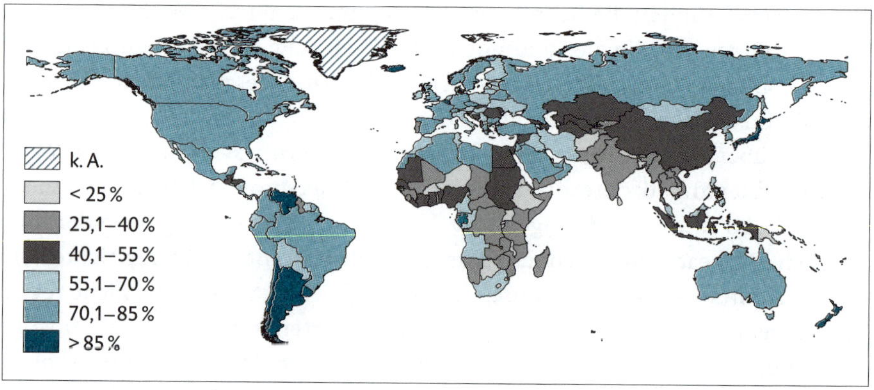

Verstädterungsgrad um 2011

1.3 Bevölkerungsstruktur

Unter der Bevölkerungszusammensetzung bzw. der **demographischen Struktur** versteht man die Differenzierung der Bevölkerung nach verschiedenen demographischen Merkmalen: Zum einen werden **natürliche demographische Merkmale** (u. a. Geschlecht, Alter, Zugehörigkeit zu ethnischen Gruppen) und zum anderen **sozioökonomische Merkmale** (u. a. Familienstand, Religionszugehörigkeit, Erwerbstätigkeit, Einkommen, Schulbildung, Berufsausbildung) unterschieden. Zwischen allen Merkmalen bestehen in Abhängigkeit von den jeweiligen ökonomischen, sozialen und politischen Rahmenbedingungen vielfältige Zusammenhänge.

Altersaufbau

Der Altersaufbau einer Bevölkerung zu einem bestimmten Zeitpunkt spiegelt sowohl vergangene demographische Prozesse wider (Geburten, Sterbefälle, Wanderungen, Kriegsereignisse) als auch Tendenzen der weiteren Entwicklung. Häufig wird eine Differenzierung der Bevölkerung nach drei Altersgruppen benutzt:

- Kinder und Jugendliche (0 bis 14 Jahre), für die Investitionen in die Ausbildung notwendig sind,
- Personen im erwerbsfähigen Alter (15 bis 65 Jahre), die den aktiven und (arbeits-)produktiven Teil der Bevölkerung darstellen,
- Senioren (älter als 65 Jahre), die nicht mehr erwerbstätig sind; für diese sind Aufwendungen für Altersversorgung und Krankenversicherung notwendig.

Am anschaulichsten kann der Bevölkerungsaufbau in einer **Alterspyramide** dargestellt werden, die den Altersaufbau mit der Geschlechtsgliederung kombiniert.

Pyramidenform
(z. B. Niger/Kenia 2009)
Die Flanken sind konkav durchgebogen als Folge hoher Sterblichkeit im Kindesalter und geringer Lebenserwartung.

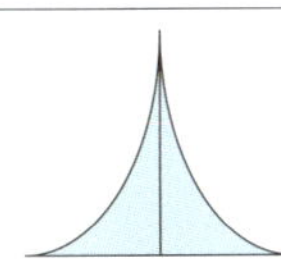

Dreiecksform
(z. B. Deutschland 1910/Brasilien 1990)
Die Basis wird schmaler wegen sinkender Geburtenrate, die Spitze wird höher wegen gestiegener Lebenserwartung.

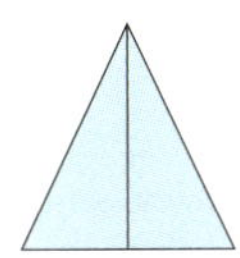

Tropfenform
(z. B. China 1990) Die wirtschaftliche Entwicklung hat zu verändertem generativen Verhalten geführt oder die Maßnahmen einer Bevölkerungsplanung zeigen Erfolge.

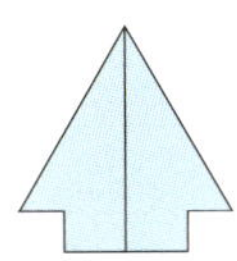

Bienenkorbform
(z. B. Europa 1990 oder Entwicklungsländer 2050)
Geburten- und Sterberate sind ausgeglichen; die Bevölkerungszahl stagniert.

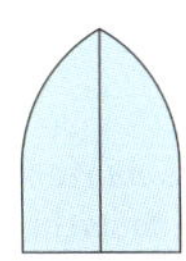

Urnenform
(z. B. Deutschland 2030)
Die Sterberate ist höher als die Geburtenrate; die Bevölkerung schrumpft.

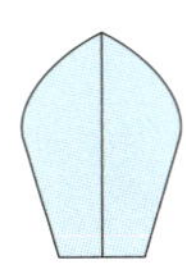

Typen von Alterspyramiden

Die Alterspyramide der Bevölkerung eines Landes ist oft nicht eindeutig einer dieser Grundformen zuzuordnen. Veränderungen der Grundtypen ergeben sich durch Krisen oder Kriegsfolgen sowie insbesondere infolge von Arbeitswanderungen. Von Letzteren sind v. a. die Bevölkerungsgruppen zwischen zwanzig und vierzig Jahren betroffen. Auswanderungsgebiete zeigen daher ein Defizit in dieser Altersklasse und häufig auch – aufgrund des dadurch bedingten Geburtenausfalls – in den (noch) jüngeren Jahrgängen.

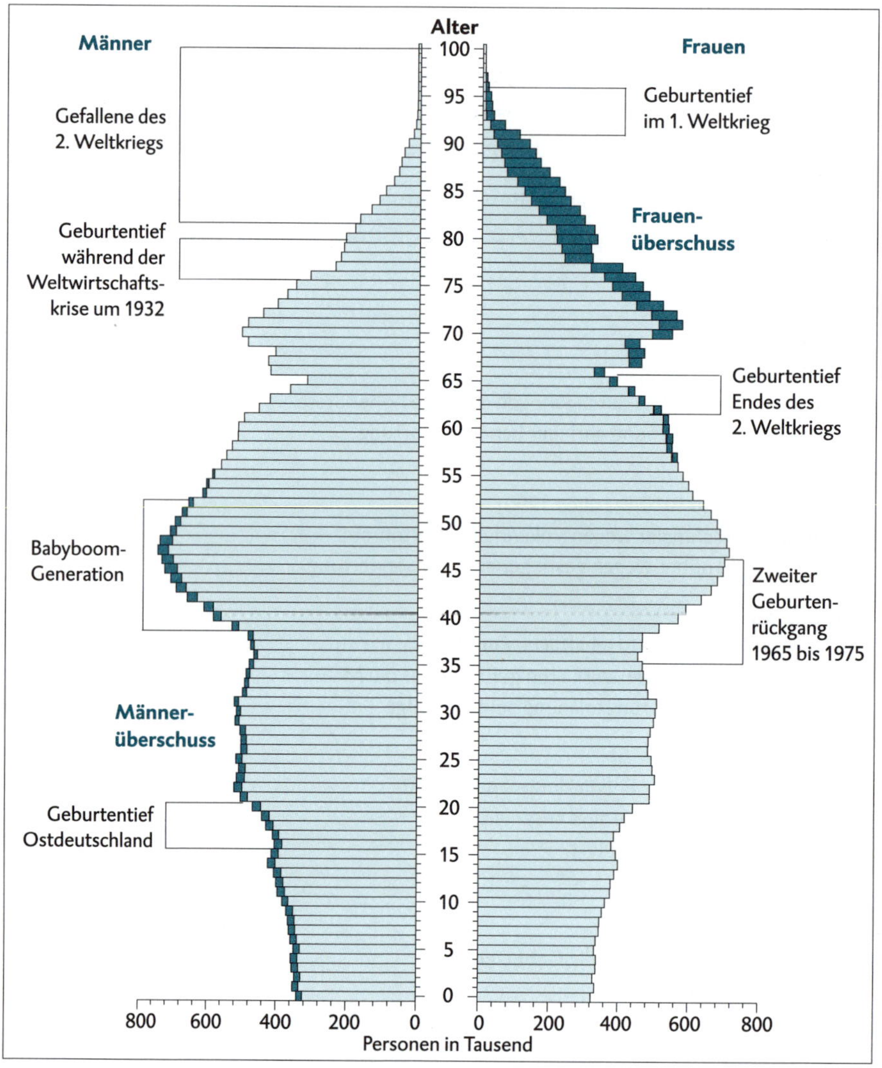

Altersstruktur der Bevölkerung in Deutschland Anfang 2012

Kulturelle Merkmale

Bevölkerungsgruppen definieren sich häufig über unterschiedliche kulturelle Merkmale. Allerdings ist in vielen Teilen der Erde eine Überlagerung und Vermischung von Kulturen entstanden. So kann man heute eher zwischen dem Kernraum einer Kultur *(core area)*, dem Gebiet, in dem sie heute dominant ist *(domain)*, und ihrer Einflusssphäre *(sphere)* unterscheiden. Zu den zentralen Bestandteilen und Ausdrucksformen jeder Kultur gehören **Sprache** und **Religion**. Häufig werden kulturelle Charakteristika mit dem Begriff der **ethnischen Gruppe** verbunden. Diese verfügt über gemeinsame Geschichte, Sprache, Glauben und Werte.

Bevölkerungszusammensetzung nach sozialen und wirtschaftlichen Merkmalen

Familienstand (ledig, verheiratet, geschieden, getrennt lebend, verwitwet) und Haushaltszusammensetzung bezeichnen soziale bzw. rechtliche Merkmale von Lebensgemeinschaften. Unter **Familie** wird zumeist die sogenannte Kernfamilie (d. h. Eltern – auch Alleinerziehende – mit Kindern) verstanden. Neben kulturellen Bedeutungsunterschieden bestehen auch historisch unterschiedliche Familienformen. Insbesondere lassen sich in allen westlichen Industrieländern erhebliche Veränderungen feststellen:

- Rückgang der Bedeutung und zunehmende Instabilität der Ehe,
- abnehmender Zusammenhang zwischen Ehe und Kinderwunsch,
- Veränderungen in der Haushaltsbildung und -zusammensetzung, d. h. Zunahme von Einpersonenhaushalten insbesondere von ledigen und geschiedenen Personen.

Räumlich äußert sich dies in einer zunehmenden Multilokalität von Lebensgemeinschaften.

Erwerbstätigkeit

Erwerbstätige sind Personen im Alter von 15 Jahren und mehr, die im Erfassungszeitraum wenigstens eine Stunde pro Woche für Lohn oder sonstiges Entgelt irgendeiner beruflichen Tätigkeit nachgehen bzw. in einem Arbeitsverhältnis stehen, selbstständig ein Gewerbe oder eine Landwirtschaft betreiben oder einen freien Beruf ausüben.
Die **Arbeitslosigkeit** ist von großer Bedeutung für die Volkswirtschaft (Aufwendungen z. B. für Arbeitslosengeld, Kranken- und Altersversicherung, Bindung von Ressourcen, Steuerverluste). Von erheblichem Einfluss auf ihre Höhe ist die allgemeine Weltwirtschaftslage bzw. die Lage der nationalen Volkswirtschaft (vgl. Bedeutung von Wirtschaftszyklen oder Rezessionen); ferner der Besatz mit alten, stagnierenden oder schrumpfenden Industriebranchen oder aber mit Beschäftigten im tertiären Sektor und in Wachstumsbranchen.

Art und Ausmaß der Erwerbstätigkeit, die sich u.a. in der Stellung im Beruf, in der Erwerbsquote oder der Arbeitslosenquote ausdrücken, sind wesentliche volkswirtschaftlich relevante Kennzeichen einer Bevölkerung. Hierbei spielen viele interdependente Faktoren eine Rolle:

- biologische Faktoren: u. a. Ausscheiden aus dem Erwerbsleben während der Schwangerschaft und zum Teil während der Kindererziehung,
- soziale Faktoren: u. a. Schichtzugehörigkeit und soziale Mobilität, unterschiedlich lange schulische und fachliche Ausbildung,
- rechtliche Faktoren: u. a. Verbot der Kinderarbeit, Festlegen der Ruhestandsgrenze,
- wirtschaftliche Faktoren: u. a. Wirtschaftsstruktur und dominierende Wirtschaftszweige, Konjunkturen bzw. Krisen, technischer Fortschritt und Grad der Automatisierung.

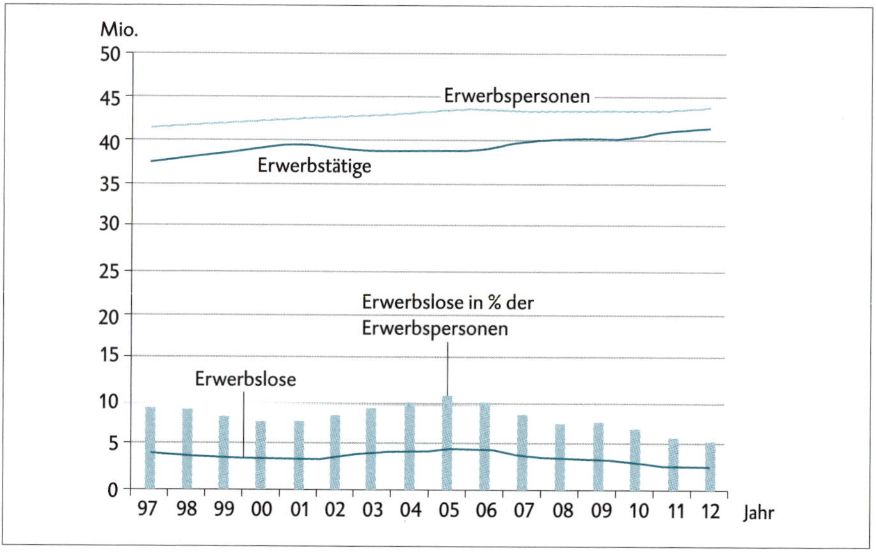

Entwicklung von Erwerbstätigkeit und Erwerbslosigkeit in Deutschland

Zwischencheck

- Nennen Sie Regelhaftigkeiten der Bevölkerungsverteilung über die Erde.
- Kennzeichnen Sie drei Grundtypen von Alterspyramiden.

2 Bevölkerungsentwicklung

2.1 Natürliche Bevölkerungsbewegungen

Bevölkerungsveränderung durch Geburten- und Sterbefälle bezeichnet man als **natürliche Bevölkerungsbewegung**.

Statistische Erfassung von Fertilität

Die **Fertilität** (Fruchtbarkeit) wird erfasst durch die Zahl der lebendgeborenen Kinder eines Jahres bezogen auf 1 000 Personen der Gesamtbevölkerung oder auf Teilgruppen der Bevölkerung. Einflussfaktoren sind u. a. Alter der Frauen, Gesundheitszustand, Ernährungssituation und v. a. das sogenannte **generative Verhalten**, d. h. das wesentlich durch gesellschaftliche Normen und ökonomische Einflussfaktoren gesteuerte Verhalten (u. a. bewusste Familienplanung), das die Kinderzahl bestimmt.
Das **Reproduktionsniveau** bezeichnet die durchschnittliche Kinderzahl pro Frau, die notwendig wäre, um den Bestand einer Bevölkerung bei einer gegebenen Sterbewahrscheinlichkeit zu sichern (ohne Migration). In Deutschland liegt das Reproduktionsniveau bei ca. 2,1 Kindern pro Frau.

Global ist eine generelle **Abnahme der Fertilität** zu erkennen. Ein deutlicher Umbruch hat v. a. in Asien und Vorderasien stattgefunden, mit zum Teil hohen Geburtenrückgängen seit Ende der 1980er-Jahre; solche sind aber nicht mehr kennzeichnend für viele Staaten Europas aufgrund des dortigen niedrigen Ausgangsniveaus. Einzelne Industrieländer verzeichnen sogar einen leichten Anstieg, z. B. aufgrund familienpolitischer Maßnahmen (Frankreich, Finnland). In Deutschland ist ein Rückgang der altersspezifischen Fertilitätsraten zu verzeichnen. Die Geburt von Kindern wird im Lebenslauf der Frauen immer weiter hinausgeschoben. Da die Fruchtbarkeit von Frauen mit zunehmendem Alter abnimmt, wird allein hierdurch die Fertilität gedämpft.

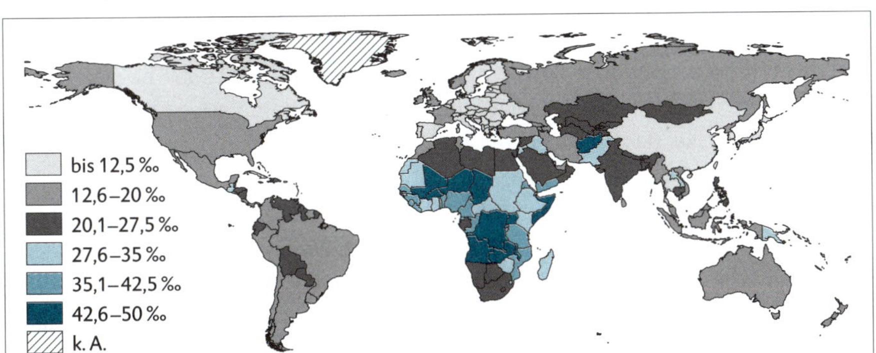

Geburtenrate um 2011

Wesentliche **Einflussfaktoren** der Fertilität sind das Rollenverständnis der Frau in verschiedenen Gesellschaften, die zunehmende Erwerbstätigkeit von Frauen, der Rückgang der Bedeutung einer ehelichen Lebensgemeinschaft, der Verstädterungsgrad, die Zugehörigkeit zu sozialen Schichten, der Bildungsstand sowie Ethnizitätsunterschiede. Nicht zuletzt wirken sich politische Einflussfaktoren auf die Fertilität aus (z. B. Ein-Kind-Politik in China). Die Möglichkeiten zur Empfängnisverhütung haben die Abnahme bzw. Konsolidierung der Fertilität mitgetragen, jedoch nicht initiiert, denn erst veränderte soziale Verhaltensweisen haben ihre Anwendung ermöglicht.

Die Einflussfaktoren des Fertilitätsrückgangs in Industrieländern lassen sich nur bedingt auf Entwicklungsländer übertragen, wo Kinder u. a. als preiswerte Arbeitskräfte dienen oder auch als Voraussetzung für die Lebenssicherung der Eltern bei Krankheit und im Alter gelten.

Statistische Erfassung von Mortalität

Die **Mortalität** (Sterbeziffer) wird statistisch erfasst durch die Zahl der Gestorbenen eines Jahres bezogen auf 1 000 Personen der Bevölkerung. Als altersspezifische Sterbeziffer wird oft zudem die Säuglingssterblichkeit ausgewiesen. Allgemeine Einflussfaktoren sind u. a. medizinische Versorgung, Umwelt-, Arbeitsbedingungen und Kriege.

Der allgemeine **Mortalitätsrückgang** nicht nur in den Industrie-, sondern auch (wesentlich schneller) in den Entwicklungsländern ist auf vielfältige Ursachen zurückzuführen, z. B. auf verbesserten Ernährungs- und Lebensstandard oder medizinische Fortschritte. Zwar hat in den Entwicklungsländern die Mortalität in der jüngeren Vergangenheit deutlich abgenommen, sie ist trotzdem noch relativ hoch (z. B. D. R. Kongo 17 ‰, Deutschland 10 ‰). Dabei nahm die Sterberate weitaus schneller als in den Industrieländern ab, was primär die Folge exogener Einwirkungen war. So konnten u.a. Krankheiten wie Cholera, Malaria, Pocken, Ruhr und Typhus erfolgreich bekämpft werden.

Kombiniert man die Geburten- und Sterbeziffern, so lassen sich Aussagen zum **Bevölkerungswachstum** einer Region treffen. Während in den Industrieländern früher v. a. schlechte medizinische und ungünstige sozioökonomische Verhältnisse das natürliche Bevölkerungswachstum bestimmten, wird dieses heute infolge des allgemeinen Rückgangs der Mortalität wesentlich durch die Fertilität geprägt. Dabei hat in den Industrieländern bereits früh ein erheblicher Geburtenrückgang stattgefunden, der inzwischen in anderen Ländern ebenfalls deutlich eingesetzt hat. Ursächlich ist eine Geburtenregelung, die Ausdruck des Strebens nach Selbstbestimmung und Planung der optimalen Familiengröße aufgrund veränderter sozialer Verhaltensweisen und ökonomischer Rahmenbedingungen ist.

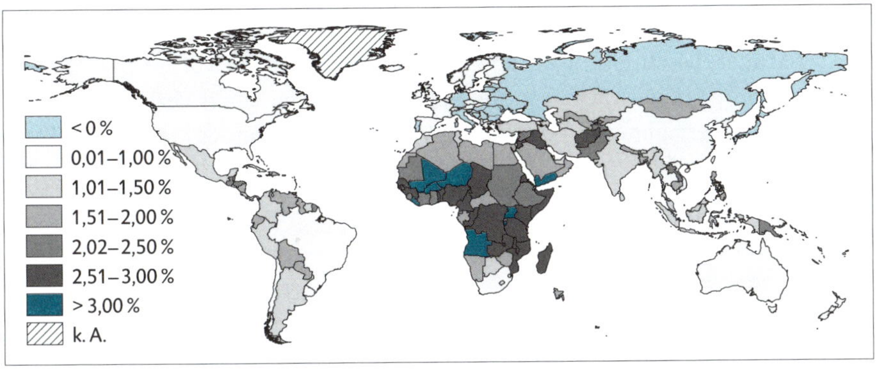

Jährliche Wachstumsrate 2011

2.2 Modell des demographischen Übergangs

Im Modell des demographischen Übergangs werden die Beobachtungen zur Sterblichkeit und Fruchtbarkeit in Europa während des 19. und 20. Jh. zusammengefasst. Der Entwicklungsverlauf wird in fünf Phasen unterteilt:

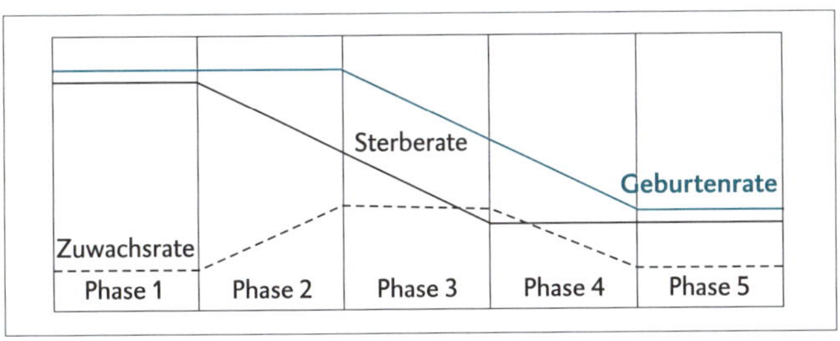

Modell des demographischen Übergangs

1. **prätransformative Phase** (Phase der Vorbereitung) mit hohen, nahe beieinanderliegenden Geburten- und Sterbeziffern, geringem Bevölkerungswachstum und geringer Lebenserwartung,
2. **frühtransformative Phase** (Phase der Einleitung) mit deutlich fallenden Sterberaten bei weitgehend konstanten Geburtenraten und damit steigendem Bevölkerungswachstum,
3. **mitteltransformative Phase** (Phase des Umschwungs) mit weiterem Sterblichkeitsrückgang und einsetzendem Geburtenrückgang sowie daraus folgend weiterhin hohem Bevölkerungswachstum,
4. **spättransformative Phase** (Phase des Einlenkens) mit raschem Abfall des Geburtenniveaus und nur noch leicht abnehmender Sterblichkeit; sinkendes Bevölkerungswachstum,
5. **posttransformative Phase** (Phase des Ausklingens) mit niedrigen Geburten- und Sterberaten, geringes Bevölkerungswachstum.

Eine **Anwendung des Modells** ist v. a. in zweierlei Hinsicht möglich:

- Das Modell beschreibt idealtypisch die Veränderungen von Mortalität und Fertilität in den westlichen Industrieländern im zeitlichen Verlauf.
- Das Modell erlaubt eine Typisierung verschiedener Länder hinsichtlich ihres Standes in der demographischen Entwicklung.

Umstritten ist hingegen,

- ob das Modell genutzt werden kann, um im Zusammenhang von sozioökonomischen Entwicklungen eines Landes nach Ursachen zu fragen,
- ob das Modell herangezogen werden kann, um als Grundlage für eine Prognose der künftigen Bevölkerungsentwicklung zu dienen.

Der häufig verwendete Begriff **demographischer Wandel** kennzeichnet den nach dem Zweiten Weltkrieg in allen Industriestaaten zu beobachtenden Rückgang der Fertilität, den Anstieg des durchschnittlichen Heiratsalters und des durchschnittlichen Alters bei der Geburt des ersten Kindes sowie eine zunehmende Überalterung. für Deutschland können die vier maßgeblichen Charakteristika des demographischen Wandels wie folgt zusammengefasst werden:

- **„Weniger“:** Seit 2002 ist die absolute Bevölkerungszahl rückläufig. Viele Gemeinden und Regionen Deutschlands werden inzwischen vom **Prozess des Schrumpfens** erfasst. In Regionen mit einer erheblichen Bevölkerungsabnahme schließen Geschäfte, Kindergärten und Schulen, der ÖPNV wird eingeschränkt, öffentliche Dienstleistungen sind teurer.
- **„Grauer“:** Die Gesellschaft altert, womit besondere Herausforderungen an das Rentensystem und an die Gesundheitsdienste verbunden sind.
- **„Bunter“:** Die Gesellschaft besteht zunehmend aus vielschichtigen kulturellen und ethnischen Gruppen mit zum Teil **differierendem/ausgeprägtem Migrationshintergrund**.
- **„Vereinzelter“:** Der Anteil der Einpersonen-Haushalte steigt, z. B. Single- oder Rentnerhaushalte.

Zwischencheck

- Beschreiben Sie das Modell des demographischen Übergangs.
- Erklären Sie den historischen Rückgang der Fertilität in Europa.
- Kennzeichnen Sie Möglichkeiten, das Modell des demographischen Übergangs zur Typisierung von Ländern und Regionen zu nutzen.

3 Tragfähigkeit

Bereits gegen Ende des 18. Jh. hat der britische Ökonom Thomas R. Malthus auf das Ungleichgewicht zwischen Bevölkerungswachstum und Nahrungsspielraum hingewiesen (siehe S. 37). Obschon in seinen Ideen vielfach missverstanden, verbindet sich mit dem Begriff Malthusianismus das Kernproblem der zukünftigen Bevölkerungsentwicklung, die Diskrepanz zwischen dem ungleichen Wachstum der Bevölkerung und der Nahrungsmittelproduktion. Seit den 1970er-Jahren werden v. a. vor dem Hintergrund der Veröffentlichungen des **Club of Rome** Tragfähigkeitsüberlegungen wieder häufiger thematisiert. Wichtige Indikatoren sind Ernährungskapazität, Versorgung mit Trinkwasser, Energieverbrauch, Verknappung wichtiger Rohstoffe, Klimawandel und zunehmende Umweltverschmutzung in Kombination mit einer wachsenden Weltbevölkerung.

Tragfähigkeit: Begriffsdefinition

Der Begriff **Tragfähigkeit** beschreibt die Zahl der Menschen, die in einer bestimmten Region auf Dauer unter bestimmten Bedingungen leben können.

Damit genauere Einschätzungen der Tragfähigkeit eines Raums ermittelt werden können, werden möglichst präzise Bevölkerungsprognosen immer wichtiger. Bei den von den UN veröffentlichten globalen Bevölkerungsprognosen wird davon ausgegangen, dass weniger das Ausmaß des Mortalitätsrückgangs das zukünftige Wachstum der Erdbevölkerung bestimmt, als vielmehr die weitaus schwieriger abzuschätzende Entwicklung der Fertilität. In der mittleren Prognosevariante, nach der die Weltbevölkerung bis zum Jahre 2050 auf 9,6 Mrd. ansteigen wird, nimmt die Fertilität global von heute 2,53 Kindern pro Frau auf einen Wert leicht über 2 im Jahre 2050 ab. Falls die Fertilitätsrate jedoch um 0,5 oberhalb des Wertes der mittleren Variante bleibt, wird die Weltbevölkerung bis zum Jahre 2050 sogar auf 10,9 Mrd. wachsen. Eine Fertilitätsrate von 0,5 unterhalb des Wertes der mittleren Variante wird zu einer Bevölkerung von 8,3 Mrd. im Jahre 2050 führen. Das bedeutet, dass ein weiteres Bevölkerungswachstum bis 2050 unausweichlich ist – sogar für den Fall, dass sich der Fertilitätsrückgang beschleunigt.

In den entwickelten Regionen der Erde ist die Fertilitätsrate während der letzten Jahre leicht gestiegen. Zusammen mit einem jährlichen Zuwanderungsgewinn von durchschnittlich 2,4 Mio. wird die Bevölkerung in diesen Regionen von 1,25 Mrd. im Jahr 2013 auf 1,3 Mrd. Personen steigen, dann bis 2100 wieder sinken auf 1,28 Mrd. Die 49 am wenigsten entwickelten Länder der Erde zeigen immer noch die höchsten Wachstumsraten, derzeit im Schnitt 2,3 % pro Jahr. Obwohl sich diese Rate in den nächsten Jahren verlangsamen wird, wird sich die Bevölkerungszahl in diesen Ländern bis 2050 verdoppeln: von 898 Mio. im Jahr 2013 auf 1,8 Mrd. im Jahr 2050 bzw. auf 2,9 Mrd. im Jahr 2100. Zu dieser Gruppe gehören u. a. Burundi, Malawi, Niger, Somalia, Uganda, Tansania und Sambia. Im Gegensatz dazu wird in einigen Ländern die Bevölkerung bis zum Jahr 2015 um bis zu 15 % zurückgehen; betroffen sind u. a. Weißrussland, Bulgarien, Kroatien, Kuba, Georgien, Lettland, Litauen, Moldawien, Rumänien, Russland, Serbien und die Ukraine. Global gesehen konzentriert sich die Hälfte des Bevölkerungswachstums im Zeitraum von 2013 bis 2100 auf nur auf acht Länder: Nigeria, Indien, Tansania, D. R. Kongo, Niger, Uganda, Äthiopien und die USA (Liste in der Reihenfolge ihres jeweiligen Beitrags zum globalen Bevölkerungswachstum).

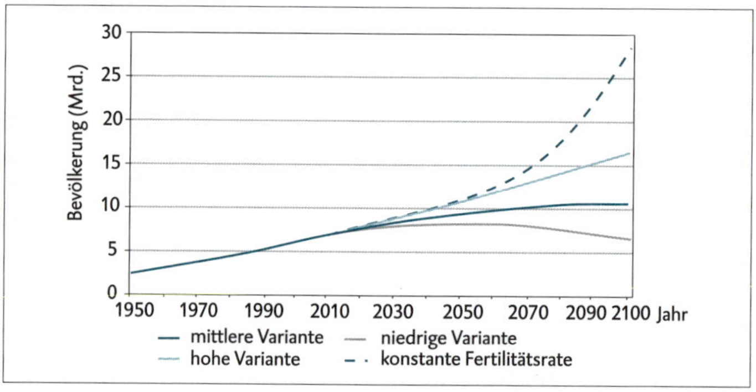

Entwicklung der Weltbevölkerung 1950–2100 nach verschiedenen Varianten

Diese Veränderungen werden vielfältige Herausforderungen mit sich bringen:

- Sicherstellen der Versorgung mit Nahrungsmitteln,
- Verschieben der weltweiten Nachfrage von Industrie- wie auch Konsumgütern und damit einhergehend der wirtschaftlichen Bedeutung bzw. Macht,
- Lösen vielfältiger Umweltprobleme aufgrund weiter zunehmender Verdichtungen, da z. B. in einem Land wie China die Siedlungsfläche nicht im gleichen Maße zunehmen wird wie die Bevölkerungszahl.

Zwischencheck

- Definieren Sie den Begriff Tragfähigkeit.
- Erläutern Sie die Herausforderungen, die sich für Staaten in Afrika und Asien durch die räumlich unterschiedlichen Bevölkerungswachstumsraten ergeben.

4 Räumliche Mobilität

4.1 Wanderungen

Zirkulation bezeichnet Bewegungen von Menschen im Raum, die nicht mit einem permanenten, wohl aber teilweise mit einem temporären Wohnungswechsel verbunden sind. **Wanderungen** sind laut amtlicher Statistik gekennzeichnet als die permanenten Zu- und Fortzüge der Bevölkerung eines Staates oder einer Region.

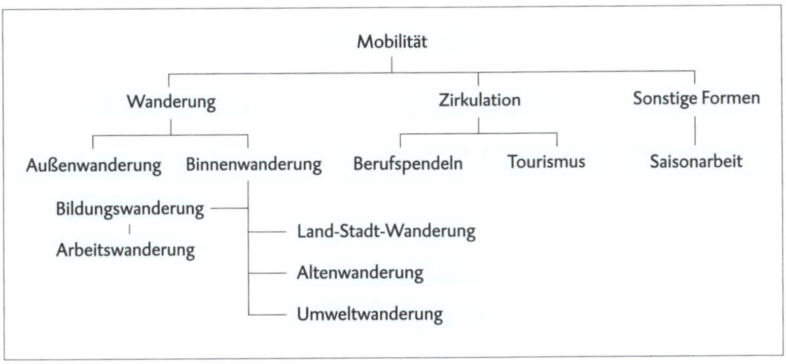

Formen von Mobilität

Zentrale statistische Kennziffern

- **Wanderungsvolumen** mit Zu- und Abwanderungsvolumen
- **Wanderungssaldo/-bilanz** = Differenz aus Zu- und Fortzügen
- **Effektivitätsziffer** = Quotient aus Wanderungssaldo und Wanderungsvolumen

Bei der Betrachtung von Wanderungsmotiven muss zwischen **Zwangsmigrationen** (Flucht z. B. nach Naturereignissen, Vertreibung) und **freiwilligen Wanderungen** unterschieden werden. Bei freiwilligen Wanderungen werden drei Grundbereiche von Motiven genannt: berufsorientierte, wohnungsorientierte und familienorientierte Motive. Zudem sind die **Richtung von Wanderungsströmen** zwischen Herkunfts- und Zielgebieten sowie Differenzierungen nach demographisch und sozial bzw. ethnisch unterschiedlichen Gruppen von Bedeutung. Die verschiedenen modellhaften Beschreibungen und Erklärungen zu **Wanderungsmotiven** lassen sich wie folgt zusammenfassen:

- **Push-Pull-Modelle** basieren auf genauen Analysen der sozioökonomischen Situation im Herkunfts- und Zielland (u. a. wanderungsbeeinflussende Attraktionsmerkmale), wobei das durchschnittliche Verhalten einer Personengruppe beschrieben wird.

- Bei **verhaltensorientierten Modellen** stehen die Verhaltensweisen und Einstellungen einzelner Personen im Vordergrund. Ihre subjektive Interpretation von Wanderungen auslösenden Faktoren aufgrund eingeschränkter Wahrnehmung und individueller Bewertung steht im Vordergrund (z. B. Einschätzung von Arbeitsbedingungen als „besser" als in der Herkunftsregion).
- **Constraints-Modelle** gehen davon aus, dass Menschen durch äußere Zwänge (sogenannte *constraints* wie Informationsgenauigkeit/-fülle zu Wanderungswegen, Situation am Bestimmungsort, individuelle Dispositon) in ihrer Entscheidungsfreiheit und in ihrem Handlungsspielraum erheblich eingeengt werden können.

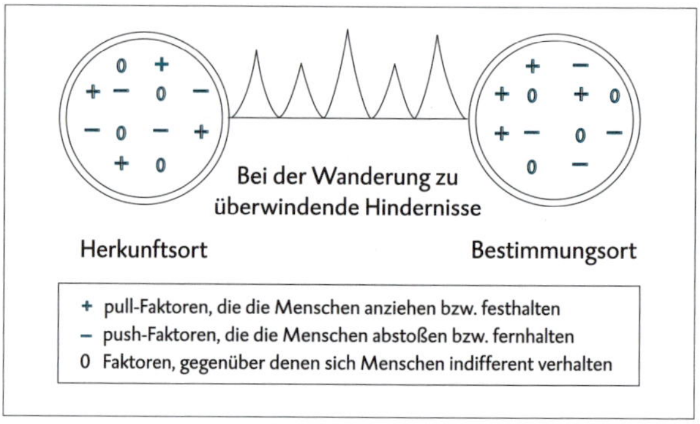

Allgemeines Entscheidungsmodell für Wanderungen

4.2 Internationale Wanderungen

Bis zum Ende der 1980er-Jahre wandelten sich diejenigen Staaten in der Mitte Europas zu Einwanderungsstaaten, die Arbeitskräfte insbesondere aus der Mittelmeerregion importierten. Zwei Formen der **Arbeitsmigration** waren dabei vorherrschend: Die Einwanderung aus ehemaligen Kolonien in die sogenannten Mutterländer (aus Algerien, Marokko und Tunesien nach Frankreich sowie aus Afrika, Asien und der Karibik nach Großbritannien und in die Niederlande) sowie die Entwicklung der sogenannten Gastarbeiterwanderung in Frankreich, Belgien, der Schweiz, Österreich und Deutschland. Im Kontext internationaler Migration lassen sich grob vier **Migrationstypen** herausstellen.

Typ 1: Migranten richten sich auf Dauer im Zielgebiet ein, integrieren sich in die dortige Gesellschaft.

Typ 2: Migranten kehren nach einem zeitlich befristeten Arbeitsaufenthalt teilweise in ihre Heimat zurück, investieren dort Geld und Know-how (Entwicklungsimpulse durch Remigranten).

Typ 3: Der sogenannte Diaspora-Migrant richtet sein Leben im Zielgebiet wirtschaftlich ein, unterhält aber gleichzeitig starke sozial-kulturelle Bindungen zu seinem Herkunftsland.

Typ 4: Dieser Migrationstyp wechselt ständig zwischen verschiedenen Lebensorten in unterschiedlichen Ländern. Hierbei entstehen neue Formen von sozio-ökonomischen und räumlichen Positionen von Menschen.

4.3 Binnenwanderung

Binnenwanderungen stellen einen aussagekräftigen Indikator für regionale Disparitäten auf dem Wohnungs- und Arbeitsmarkt sowie allgemein für regionale Attraktivitätsunterschiede dar. Um Wanderungsmotive zu erkennen, ist es notwendig, die Migranten nach verschiedenen Lebensphasen zu differenzieren.

Alter	Wanderungsmotivgruppe
unter 18 Jahre	Familienwanderung (Kinder), Wohnungsmarktwanderung
18 bis unter 25 Jahre	Bildungswanderung
25 bis unter 30 Jahre	Berufs-, Arbeitsmarktwanderung
30 bis unter 50 Jahre	Familienwanderung (Eltern), Wohnungsmarktwanderung
50 bis unter 65 Jahre	Altenwanderung frühe Phase
65 Jahre und älter	Altenwanderung späte Phase, Ruhestandswanderung

Altersselektive Binnenwanderung

Als Folgen der altersselektiven Wanderung für den ländlichen Raum (Herkunftsgebiet) gelten verallgemeinernd:

- **Braindrain:** Die Region verliert die fähigsten Arbeitskräfte
- steigender Anteil an Kindern und Alten, also der nicht erwerbsfähigen Personen, und damit steigende Gefahr von Armut und Not
- mangelnde öffentliche Infrastruktur
- Desintegration von sozialen Strukturen
- Verharrungstendenz der Bewohner in ländlichen Räumen mit traditionellen Lebensformen

In Deutschland hat sich seit der Wiedervereinigung ein völlig neues Wanderungsmuster zwischen Ost und West ergeben, das auch die im Westen seit einem längeren Zeitraum entwickelten Wanderungsverflechtungen (verkürzt: Nord-Süd-Wanderung) überlagert. Insbesondere jüngere Menschen aus wirtschaftlich schwachen Regionen im Osten Deutschlands wandern seit 1989 in die Verdichtungsräume im Westen. Damit gelten die Ausbildungs- und Arbeitsplatzsuche als vorrangige Wanderungsmotive.

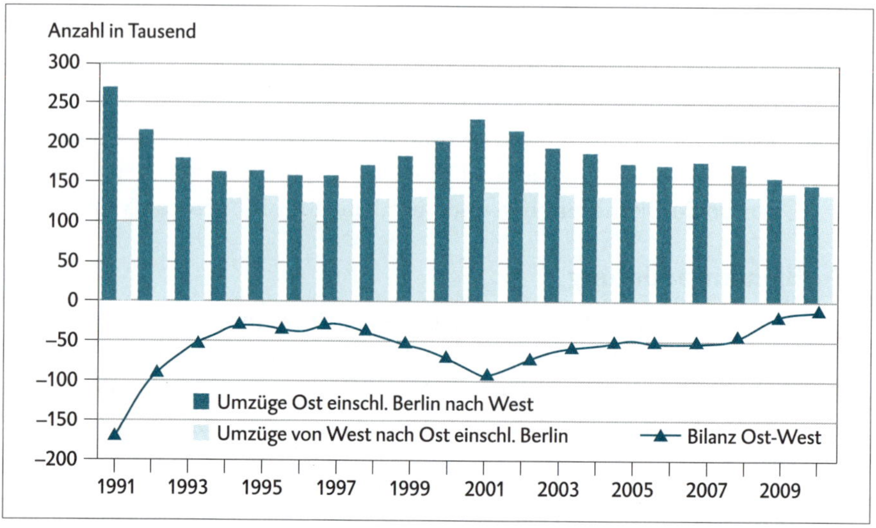

Binnenwanderungen in Deutschland seit 1991

4.4 Wanderungen im 21. Jahrhundert

Intensive wirtschaftliche und kommunikationstechnologische Beziehungen zwischen verschiedenen Regionen der Erde unter dem Einfluss der **Globalisierung** (siehe S. 233 ff.) führen heute zu unterschiedlichen Migrationsströmen und vielschichtigen Migrationstendenzen: Zunahme verschiedener und weiterer Migrationstypen, **Heterogenisierung** von Wanderungsgruppen, zahlenmäßige Zunahme von Herkunfts- und Zielländern, Feminisierung internationaler Migration, Zunahme temporärer Migration, zunehmende Bildungs- und Hochqualifiziertenmigration, wachsende Arbeitsmigration sowie zunehmende Umweltmigration aufgrund von Natur- und Umweltkatastrophen.

Als wichtige Zielregionen ausländischer Arbeitskräfte gelten:

- rapide wachsende Großstädte wie Dubai oder Wirtschaftsregionen wie Guangzhou mit großem Bedarf an niedrig qualifizierten Arbeitskräften,
- Global Citys wie New York, London, Singapur oder Tokio mit großem Bedarf an hochqualifizierten Arbeitskräften,
- alternde Gesellschaften wie in Deutschland mit großem Bedarf an Arbeitskräften im Gesundheits- und Pflegebereich.

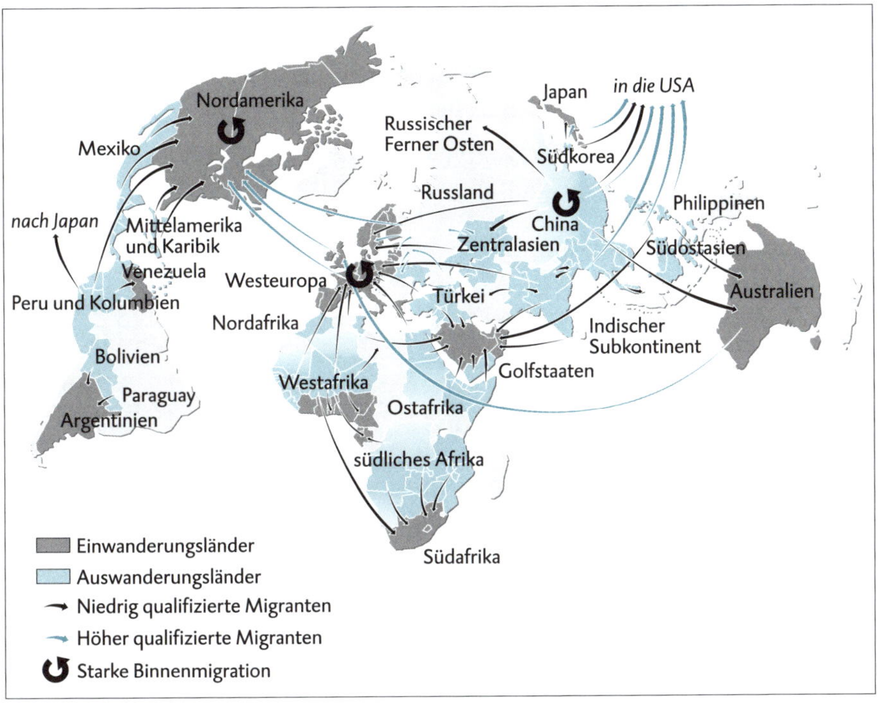

Weltweite Migrationsprozesse

Zwischencheck

- Kennzeichnen Sie drei unterschiedliche Wanderungsrichtungen.
- Charakterisieren Sie drei Gruppen von Wanderungsmotiven.

Bundesland Brandenburg – „Braindrain" nach Berlin?

Aufgabe 1 Kennzeichnen Sie die gegenwärtigen Bevölkerungsstrukturen des Bundeslandes Brandenburg im Vergleich zu Berlin.

Aufgabe 2 Erläutern Sie die regionalen Auswirkungen der gegenwärtigen Bevölkerungsentwicklung im Land Brandenburg.

M 1 Berlin und Brandenburg

	Land Brandenburg	Berlin
Einwohnerzahl 2012	2 449 000	3 375 000
Einwohnerzahl 2030 (Prognose)	2 227 000	3 756 000
Durchschnittliche Kinderzahl pro Frau 2011	1,41	1,31
Durchschnittsalter 2011	46,0	42,9
Migrantenanteil 2011 (%)	5,2	24,8

M 2 Anteil der jeweiligen Altersklassen in % der Gesamtbevölkerung

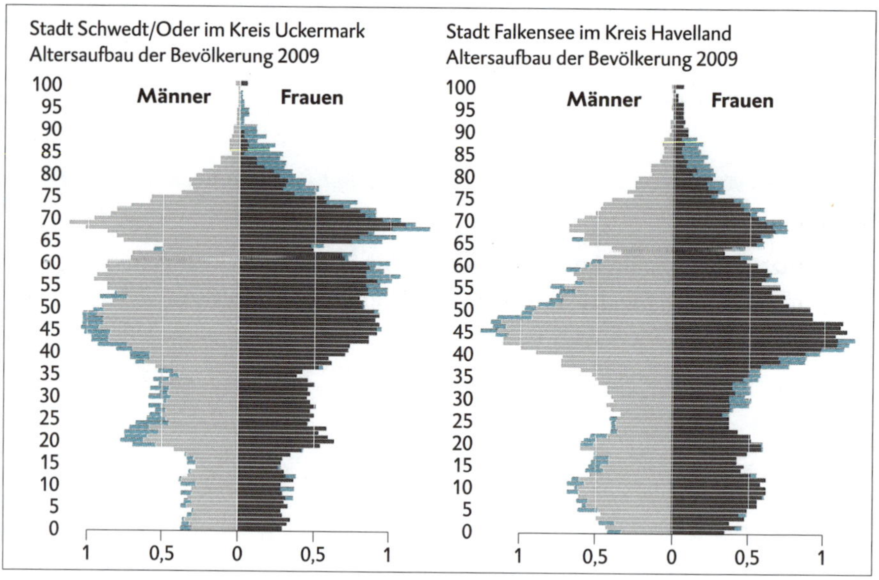

M 3 Bevölkerungsentwicklung in Brandenburg und Berlin

Bevölkerungsentwicklung 2030 gegenüber 2008 in den Landkreisen und kreisfreien Städten

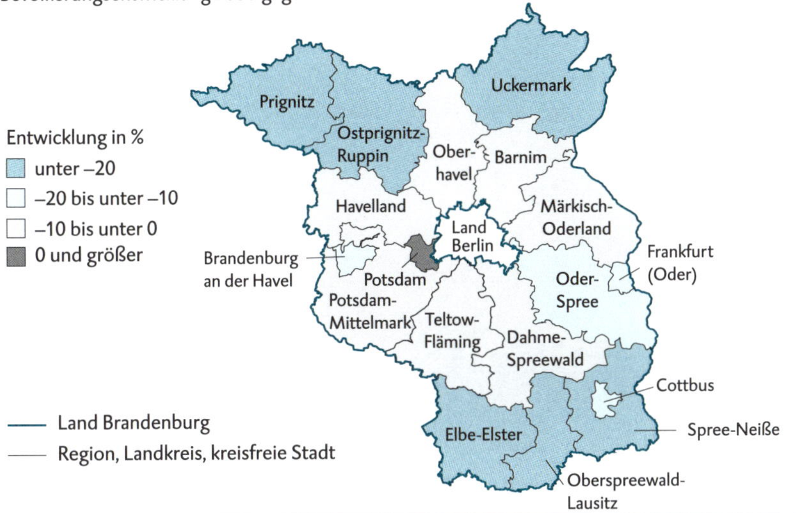

Verwaltungseinheit	2008	2010	2020	2030	Entwicklung 2030 gegenüber 2008		2009 bis 2030: natürlicher Saldo	2009 bis 2030: Wanderungssaldo
	1 000 Personen					%	1 000 Personen	
Kreisfreie Städte								
Brandenburg an der Havel	72,5	71,6	67,1	62,8	–9,7	–13,4	–10,0	0,3
Cottbus	101,8	99,7	91,4	85,5	–16,3	–16,0	–15,0	–1,4
Frankfurt (Oder)	61,3	59,9	54,5	51,1	–10,2	–16,6	–7,8	–2,4
Potsdam	153,0	157,0	172,1	182,5	29,5	19,3	0,3	29,2
Landkreise								
Barnim	176,9	176,4	172,9	162,9	–14,0	–7,9	–25,2	11,2
Dahme-Spreewald	161,5	161,2	161,2	153,8	–7,7	–4,8	–24,7	17,0
Elbe-Elster	115,6	111,9	99,1	87,5	–28,1	–24,3	–21,9	–6,2
Havelland	155,1	154,6	153,8	151,5	–3,6	–2,3	–18,3	14,8
Märkisch-Oderland	192,0	191,0	185,3	174,6	–17,4	–9,0	–29,8	12,5
Oberhavel	202,2	202,5	199,2	190,0	–12,3	–6,1	–29,5	17,2
Oberspreewald-Lausitz	125,2	121,3	106,7	93,8	–31,5	–25,1	–24,8	–6,7
Oder-Spree	186,5	183,6	169,6	153,8	–32,8	–17,6	–29,6	–3,2
Ostprignitz-Ruppin	104,8	102,6	92,9	82,3	–22,4	–21,4	–18,0	–4,5
Potsdam-Mittelmark	204,3	204,0	201,0	192,1	–12,2	–6,0	–30,6	18,4
Prignitz	84,3	81,9	71,2	61,8	–22,5	–26,7	–17,2	–5,3
Spree-Neiße	130,6	126,5	109,6	95,7	–34,9	–26,7	–25,6	–9,3
Teltow-Fläming	162,1	161,4	157,4	147,5	–14,6	–9,0	–23,8	9,2
Uckermark	132,8	128,6	111,5	98,2	–34,6	–26,1	–23,6	–11,1
Land Brandenburg	2 522,5	2 495,8	2 376,5	2 227,3	–295,2	–11,7	–375,2	80,0

Siedlungsentwicklung und Raumordnung

Downtown San Francisco. Mehr als die Hälfte aller Menschen weltweit lebt heutzutage in Städten, bereits 2050 sollen es drei Viertel sein.

1 Stadtentwicklung in Europa

1.1 Von der Römerstadt zur Stadt der Gegenwart

Nach dem Vorbild der Hauptstadt Rom entstanden im Römischen Reich neue Stadtanlagen (u. a. Wien, London, Paris). Auch im Zusammenhang mit der **römischen Kolonisation** wurden Garnisons- und Verwaltungsstädte (z. B. Köln, Trier, Mainz) zur Sicherung der Grenzen gegründet, deren Strukturen und Baukörper z. T. noch heute das Stadtbild prägen. Charakteristisch waren das rechtwinklig angelegte Straßennetz mit zwei Hauptachsen sowie gemeinsame **Strukturelemente** im Zentrum wie z. B. der Marktplatz (Forum) und die Markthalle (Basilika).

Zahlreiche Städte entstanden während der **mittelalterlichen Gründungsphase** vorwiegend zwischen dem 12. und 15. Jh. Die Entwicklung der Wirtschaft und des Fernhandels sowie die Ausweitung kirchlicher und fürstlicher Macht begünstigten die Anlage von **Markt- und Handelsstädten**. Außerdem wurden bestehende größere Dörfer in den Rang einer Stadt erhoben. Die Stadt des Mittelalters bildete mit ihrer Stadtmauer, den Toren und Türmen eine feste, gegenüber dem Umland klar abgegrenzte Einheit. Neben den markanten physiognomischen Strukturelementen war v. a. die Ausbildung von Handwerkervierteln und Märkten ein auch in das Umland ausstrahlendes Charakteristikum. Durch den wachsenden Zustrom konnte die befestigte Stadt bald nicht mehr alle Menschen aufnehmen; es bildeten sich an den Ausfallstraßen vor den Stadttoren Vorstädte.

Bis 1800 ging die Zahl der Stadtgründungen deutlich zurück. Der Städtebau wurde zunehmend durch pragmatische Formen bestimmt. Neuanlagen und Ausbau von **Festungs- und Garnisonsstädten** mit ihren mächtigen Bastionen zur Geschützabwehr prägten diese Zeit. Der sternförmige Grundriss der Stadtanlage bot optimalen Schutz, und ein ausgebautes Straßensystem gewährleistete ein schnelles Vorankommen. Allerdings schränkten die Schanzen und Bastionen ein flächenmäßiges Wachstum stark ein.

Der zunehmende Einfluss der Fürstenhäuser führte zu einem neuen Typ von Stadtanlage, welcher die Macht der Fürsten widerspiegeln sollte. Aus dieser Zeit stammen die **Residenzstädte**, dem Gedanken des Absolutismus Rechnung tragende Stadtanlagen. Planmäßige Formen mit einem Schloss oder anderen repräsentativen Bauten als zentralem Mittelpunkt verdeutlichten die Machtverhältnisse jener Zeit. Auch innerhalb des Stadtgefüges fand ein gravierender Wandel statt: Beamte und Soldaten traten in den Vordergrund, es entstand eine neue bildungsbürgerliche Schicht.

Städtebau-epoche	Mittelalter (8.–15. Jh.) Handels- und Bürgerstadt	Absolutismus (16.–18. Jh.) Residenzstadt	Industrialisierung (19. Jh.) Industriestadt
Grundriss	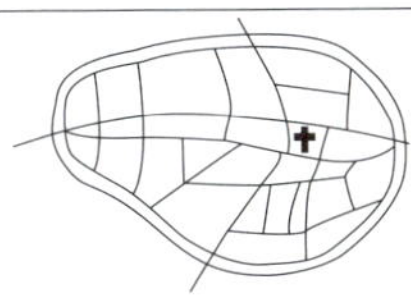		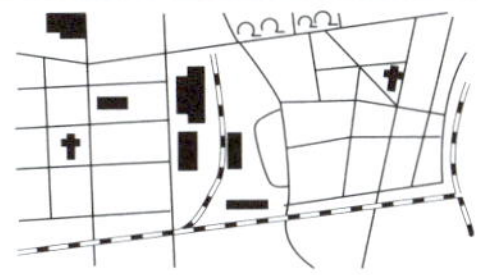
Siedlungs-mittelpunkt	• Kirche/Kloster • Burg • Marktplatz/Rathaus	• Schloss • Residenz	• Industrieanlage • Bahnhof
Verkehrssystem	• Handelsstraßen für Fuhrwerke, ausgerichtet auf Siedlungsmittelpunkt • enge, verwinkelte Gassen für Tragtiere oder Karren	• Alleen für Karossen • planmäßige Anlage, Hauptachsen auf Residenz ausgerichtet	• Eisenbahn • rasterförmiges Straßennetz
sonstige charakteristische Merkmale	• Mauer, meist mit Graben • Wohn- und Arbeitsstätte unter einem Dach	• Park- und Gartenanlage in geometrischen Formen • Vauban'sche Bastionen	• Mietskasernen • Villengebiete • weitgehend räumliche Trennung von Wohnen und Arbeiten, aber noch enges Nebeneinander

Stadtentwicklung in Europa im Überblick

Mit der industriellen Revolution einher ging eine enorme Land-Stadt-Wanderung, der die Städte nicht gewachsen waren und die zu einer bedrückenden Wohnungsnot führte. Wohnraum musste schnell und in großem Umfang geschaffen werden. So wurden in den Großstädten **Mietskasernen**, Mehrfamilienhäuser mit Tordurchfahrten zu z. T. mehreren Hinterhöfen, gebaut, die auf einem Grundstück bis zu 2 000 Menschen eine Unterkunft boten. **Werkskolonien** entstanden für Industriearbeiter, **Villensiedlungen** am Stadtrand für die Bürger- und höhere Beamtenschicht. Das flächenmäßige Ausufern der Städte führte zu einer beginnenden **Zersiedlung** der Landschaft. Mit Einsetzen der maschinellen Massenproduktion begann auch eine innere Differenzierung der Städte; es entstanden unterschiedliche Stadtviertel. Produktionsstätten wurden an die Peripherie verlegt, Parkanlagen entstanden dort, wo die alten abgerissenen Stadtmauern und Festungen neuen Platz boten.

Ausgehend von den unhaltbaren Wohnbedingungen entstanden zu Beginn des 20. Jh. unterschiedliche Konzepte zur Reform des Städtebaus. Als richtungsweisend erwies sich die **Charta von Athen** (1933), die differenzierte Aussagen über die Trennung von Wohnen, Arbeiten, Freizeit und Verkehr bei der Stadtplanung enthält. Siedlungen mit ausgedehnten Garten- und Grünflächen, die **Gartenstädte**, wurden am Stadtrand gegründet. In der Folge entstanden zuerst in England **New Towns**, mit allen wichtigen Funktionen ausgestattete Entlastungsstädte im Umkreis der ausufernden Großstädte. Um die Suburbanisierung von Bevölkerung und tertiären Funktionen zu steuern und eine weitere Zersiedlung des städtischen Umlandes zu stoppen, wurden **Satelliten- und Trabantenstädte** errichtet, die entweder als reine Schlafstädte konzipiert sind (z. B. Frankfurt-Nordweststadt) oder eine gewisse Selbstständigkeit aufweisen (München-Neuperlach, Paris: Villes Nouvelles). Besonders in den neuen Bundesländern sind **Großwohnsiedlungen** in standardisierter Plattenbauweise als Modell der sozialistischen Großstadt entwickelt worden, die in vier-, sechs- bis zwölfgeschossiger Bauweise das Stadtbild beherrschen.

Planungskonzepte neuer Städte und Großwohnsiedlungen

- **Funktionalismus-Prinzip:** räumliche Trennung der verschiedenen Grunddaseinsfunktionen
- **Radburn-System:** Trennung der Verkehrswege der verschiedenen Verkehrsarten, Hierarchisierung der Verkehrswege nach ihren Funktionen
- **Nachbarschaftsprinzip:** 5 000–6 000 Einw. je Wohnquartier mit Einkaufszentrum und Gemeinschaftseinrichtungen
- **Prinzip der Grünflächen und Verdichtung:** bauliche Verdichtung mit hoher Zahl der Einw. je ha, dazwischen Grünflächen
- **Pluralismus-Prinzip:** Vielfalt der Bebauung, gemischte Alters- und Sozialstruktur

1.2 Gliederung der europäischen Stadt

Europäische Städte weisen bis auf regionale Besonderheiten ähnliche räumliche Strukturen auf. Sie sind das Ergebnis räumlicher Prozesse, die entweder durch Planvorgaben oder durch immanente Vorgänge verursacht wurden.

Bei der **historisch-genetischen Gliederung** werden städtische Bereiche in Bezug auf ihr Entstehungsalter unterschieden. Dabei werden Straßennetze, Gebäudegrundrisse, Parzellierungen und Hausformen zur Bildung räumlicher Einheiten herangezogen. Im Ergebnis lassen sich Stadtentwicklungsphasen ablesen, aus denen man Aussagen über Entstehung und Bedeutung ableiten kann.

Bei der **physiognomischen Gliederung** wird das äußere Erscheinungsbild des städtischen Baukörpers betrachtet:

- Hochhausbebauung findet man vorwiegend im Stadtzentrum aufgrund der Verdichtung von Wohn- und Arbeitsplätzen sowie der hohen Bodenpreise.
- Häuserzeilen mit mehrgeschossigen Baukörpern sind charakteristisch für Wohngebiete im zentralen Stadtbereich.

- Punktuelle Bebauungen mit dazwischenliegenden Grünflächen sind Kennzeichen neuerer Wohnviertel.
- Villenviertel sind charakterisiert durch Einzel- und Doppelhäuser sowie durch größere Grundstückszuschnitte.
- Eine Besonderheit stellt die komplexe Bauweise in Industriegebieten dar.

Die Art der Flächennutzung bildet die Grundlage für die **funktionale Gliederung** der Stadt. Dabei wird eine räumliche Gruppierung nach der Nutzung der Gebäude und Stadtviertel vorgenommen. Unterschieden werden Wohn-, Geschäfts- und Büroviertel, Industrie-und Gewerbegebiete sowie Erholungszonen.

Die Verteilung der Wohnbevölkerung nach sozialen und sozioökonomischen Gesichtspunkten führt zu einer **sozialräumlichen Gliederung** der Stadt. Differenziert wird in Wohnviertel mit niedrigem Status, in die des Mittelstands sowie in gehobene Wohnviertel. Ausschlaggebend für den Sozialstatus sind der Grad der Schulbildung, das Einkommensgefüge, aber auch die kulturelle Zusammensetzung der Bewohner (siehe Abb. S. 210 unten).

Die City

- Kern einer größeren Stadt, überwiegend mit zentraler Versorgungsfunktion
- Aufgliederung in City-Kern, City-Mantel und City-Rand
- Physiognomische Merkmale: Hochhäuser mit moderner Sacharchitektur; Geschäfte durchgehend im Erdgeschoss, z. T. auch über mehrere Etagen; Fußgängerzonen, Passagen und Arkaden; Ballung von Werbung, z. T. über mehrere Etagen; hoher Schaufensterindex
- Funktionale Merkmale: Untergliederung in Geschäfts-, Vergnügungs-, Bankenviertel; höchste Bodenpreise und Mieten der Stadt; Arbeitsplätze überwiegend im tertiären Sektor; hohes Verkehrsaufkommen mit rhythmischen Verkehrsströmen; Konzentration von Zentrumsfunktionen höchstrangiger Stufe; hohe Tag-, geringe Nachtbevölkerung

Die inneren Wohn- und Gewerbegürtel

- Im Zuge der Stadterweiterung ringförmig um den Stadtkern oder längs der Ausfallstraßen entstanden
- Im Wohngürtel geschlossene Bebauung mit mehrstöckigen Häusern
- Industrie- und Gewerbegebiete in der Nähe zu den Eisenbahnlinien aufgrund der Belieferung mit Rohstoffen sowie des Abtransports der Produkte
- Durchmischung der Funktionen Wohnen und Arbeiten, wobei das Gewerbe auf Produktion, Montage und Reparatur beschränkt ist
- Durchgängige Ladenfronten an den Hauptstraßen, vereinzelte Geschäfte in den Nebenstraßen

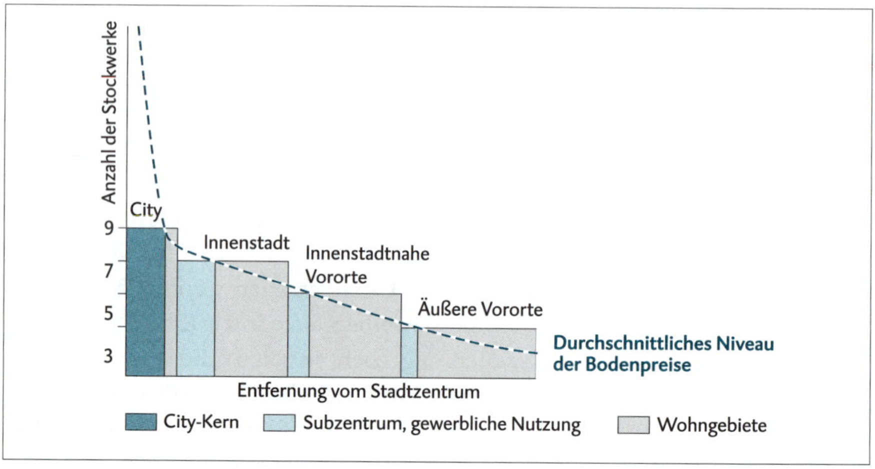

Bodenpreisgradient einer europäischen Großstadt

Der äußere Gürtel

- Überwiegend Viertelbildung aus Wohnen und Industrie, z. T. Untergliederung durch Verkehrs- und Grünflächen
- Wohnviertel je nach zeitlichem Entstehen entweder Villenkolonien, Siedlungen in mehrgeschossiger Bauweise oder Großwohnanlagen
- Grund-/Aufriss der Industriegebiete in Komplexbauweise
- Neuansiedlung und Auslagerung von Betrieben aus dem innerstädtischen Raum in Gewerbe- und Industrieparks aufgrund niedriger Bodenpreise, guten Verkehrsanschlusses und hoher Flächenverfügbarkeit bei gleichzeitiger Verringerung innerstädtischer Luft- und Lärmbelastung

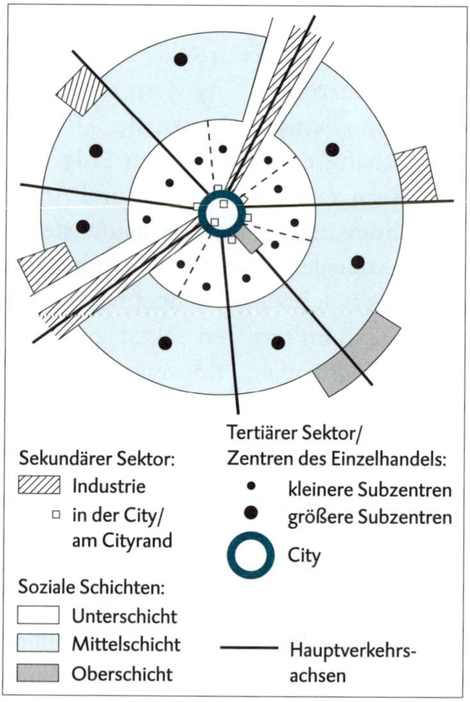

Modell der europäischen Stadt

1.3 Suburbanisierung

Mit dem Begriff **Suburbanisierung** wird die Verlagerung des Städtewachstums in die sich verstädternden Vororte (Suburbs) bezeichnet sowie die sich daraus ergebenden Veränderungen in Bezug auf die Bevölkerungs-, Siedlungs-, Wirtschafts- und Sozialstruktur. Das Phänomen hat folgende Ursachen:

- Gestiegene Kaufkraft von Teilen der Bevölkerung ermöglicht den Erwerb von preisgünstigen Eigenheimen; gleichzeitig Zunahme der Bodenpreise in den Zentren
- Schaffung von preiswerten Mietwohnungen im Umland in guten Wohnumfeldverhältnissen **(Wohnsuburbanisierung)**
- Schaffung großflächiger Einzelhandelsstandorte „auf der grünen Wiese" **(Dienstleistungssuburbanisierung)**
- Ausbau von Verkehrsnetzen als Folge der zunehmenden Motorisierung mit wachsenden Verkehrsproblemen im Stadtkern wegen der Pendler
- Bereitstellung preiswerter Grundstücke zur Deckung des expandierenden Flächenbedarfs von Verwaltungs- und Gewerbebetrieben **(industrielle Suburbanisierung)**

Aufgrund der guten Erreichbarkeit durch den Individualverkehr entstehen im Umland neue Sekundärzentren, die neben Einkaufs-, Verwaltungs- und Gewerbefunktionen auch Freizeit- sowie Bildungseinrichtungen (Campus-Universitäten) umfassen. Trotz der Auslagerung vieler Betriebe aus dem Stadtzentrum stellt die **Pendler**-Problematik mit ihrer Verkehrsbelastung und den daraus entstehenden Umwelt-Beeinträchtigungen weiterhin ein großes Problem dar.

Die Suburbanisierung führt zu strukturellen Veränderungen sowohl in der Stadt als auch im Umland. Da überwiegend junge, einkommensstarke Familien an die Peripherie abwandern, verstärkt sich in der Kernstadt die **Segregation** nach sozialem Status und ethnischer Zugehörigkeit. Ist der suburbane Raum politisch selbstständig, entstehen zahlreiche stadtplanerische, raumordnerische und verkehrspolitische Probleme. Die Stadt verliert wichtige Steuereinnahmen, was zu Mängeln in der Infrastruktur und bei der Wahrnehmung öffentlicher Aufgaben führt. Die Wirtschaftskraft sinkt: Nicht nur im Einzelhandel, sondern auch in der Breite der Wirtschaftsstruktur und der Nutzungsdichte ist eine Abwertung gegenüber dem Umland zu beobachten.

Begriffe zur Suburbanisierung

- **Counterurbanisierung:** Verlagerung von Bevölkerung und Arbeitsplätzen in das ländliche Umland, das aber keine Verflechtungen mit dem Verdichtungsraum besitzt
- **Deurbanisierung:** Abnahme von Bevölkerung und Arbeitsplätzen im gesamten städtischen Raum (z. B. in altindustrialisierten Räumen)
- **Exurbanisierung:** Abwanderung der Bevölkerung über den suburbanen Raum hinaus in das ländliche Umland
- **Reurbanisierung:** Wiedereinsetzende Bevölkerungs- und Beschäftigtenzunahme im Stadtzentrum aufgrund von Attraktivitätssteigerungen als Folge von Maßnahmen der Stadterneuerung

1.4 Stadtumbau

Besonders in den östlichen Bundesländern Deutschlands lässt sich beobachten, dass die Stadt nicht mehr wächst, sondern an Einwohnern, Arbeitsplätzen und wirtschaftlicher Attraktivität verliert. Man spricht in diesem Zusammenhang von **schrumpfenden Städten** bzw. **Shrinking Citys**. Vorrangige Gründe sind die Deindustrialisierung im Zuge des Transformationsprozesses, demographische Entwicklungen sowie der nachholende Übergang zur Dienstleistungsgesellschaft. Neben einem markanten Geburtenrückgang ist eine umfangreiche Abwanderung zu beobachten: Junge und mittlere Altersgruppen ziehen weg; sie hinterlassen eine überdurchschnittlich alte Bevölkerung und einen umfangreichen Leerstand von Wohnungen. Folge davon ist u. a. der Wegfall steuerlicher Einnahmen für die Gemeinden.

Zur Lösung werden mehrere Strategien eingesetzt, z. B. Aufwertungsmaßnahmen, die der Revitalisierung und damit der Stabilisierung der Innenstädte dienen. Dazu gehören die Sicherung erhaltenswerter Gebäudeensembles sowie die Schaffung hochwertigen Wohnraums **(Gentrifizierung)**. Daneben finden Abriss sowie Rückbau leer stehender Wohnungen (insbesondere von Plattenbauten) statt. Geschieht dies von außen nach innen, erfolgt eine Konzentration städtischer Physiognomie nach dem Vorbild der **kompakten Stadt**. Findet der Abriss innerstädtisch statt und entstehen dadurch Frei- und Grünflächen, so spricht man von der **perforierten Stadt**. Die Aufgabe ganzer Stadtteile und die Konzentration auf wenige erhaltenswerte Stadtbereiche sind notwendig, wenn der Rückgang der Bevölkerung so stark ist, dass die Stadt in ihrem Bestand gefährdet ist. Man spricht in diesem Fall von einer **transformierten Stadt**.

Stadtumbaumaßnahmen in den neuen Bundesländern werden mit finanziellen Mitteln des Bund-Länder-Programms „Stadtumbau Ost" gefördert. Diese dienen bei der Neugestaltung von Großwohnsiedlungen („Plattenbausiedlungen") dem Abriss bzw. der geschossmäßigen Reduktion von Wohneinheiten (Rückbau) sowie der Verbesserung der Infrastruktur (Einkaufsmöglichkeiten, Verkehrsanbindung) und der Anpassung des Stadtbilds an moderne Anforderungen. Mit dem Stadtumbau kann gleichzeitig eine positive Veränderung der Sozialstruktur einhergehen.

Ausgangslage

- Allein zwischen 1990 und 2000 Verlust von fast 30 000 Einw. durch Abwanderung; seit 2000 wieder deutliche Bevölkerungszuwächse
- Prognosen bis 2020: weiter steigende Bevölkerungszahlen
- Seit 1990 Bevölkerungsverluste in Plattenbaugebieten von über 30 % bei gleichzeitigen Zuwächsen in Stadtteilen am Stadtrand bzw. in sanierten Altbaugebieten

Strategie(n) und Maßnahmen zur Aufwertung

- Schaffung eines räumlichen Leitbilds mit der Doppelstrategie der gezielten baulichen Wachstums- und Schrumpfungssteuerung
- Wachstumspotenziale: Konzentration auf den Erhalt, die Vitalisierung und weitere Verdichtung der traditionellen städtischen Strukturen
- Schrumpfungsprozess: Begrenzung der Ausweitung ins Umland; Entdichtung in den Randzonen der Stadt; Schaffung von großräumigen grünen Bereichen in der Kernstadt
- Abrissmaßnahmen in den Plattensiedlungen, dadurch Reduzierung des Wohnungsleerstands
- Sanierung, Wiedernutzung sowie Um- und Ausbau von Originalsubstanz
- Wohnbauflächenmanagement für innerstädtisches Wohnen
- Renaturierung von Brachflächen und Reduzierung des Bauflächenüberschusses; Neugliederung des Stadtkörpers und Ausbau der Erholungsfunktionen mit stadtökologischer Aufwertung

Stadtumbau Ost – Beispiel Dresden

Zwischencheck

- Charakterisieren Sie die wesentlichen Phasen der Stadtentwicklung in Europa.
- Kennzeichnen Sie den Aufbau einer europäischen Stadt in Bezug auf ihr funktionales, soziales und physiognomisches Erscheinungsbild.
- Erläutern Sie den Begriff Suburbanisierung und zeigen Sie daraus entstehende Stadt-Umland-Probleme auf.

2 Stadtentwicklung in Nordamerika

Der Ursprung der meisten nordamerikanischen Städte geht auf die englische und französische Kolonisation im Osten und Süden der USA zurück sowie auf geplante Siedlungen im Zusammenhang mit dem Bau der transkontinentalen Eisenbahnen im 18. und 19. Jh. Wesentliche Merkmale werden durch das Modell (siehe Abb. S. 215) verdeutlicht.

Der Grundriss der Stadt ist ein schachbrettartig angelegtes Straßensystem, das weitgehend auf die Einführung des quadratischen Landvermessungssystems von 1785 (Land Ordinance) zurückgeht. Der Aufriss ist durch eine Konzentration von Hochhäusern im Stadtzentrum geprägt, den **Central Business District (CBD)**, was auf sehr hohe Bodenpreise zurückzuführen ist. Zur Peripherie hin geht das Stadtbild rasch in ein ausgedehntes flachgeschossiges Häusermeer über, das nur von den Hochhauskomplexen der Außenstadtzentren unterbrochen wird.

In nordamerikanischen Städten wird die City als **Downtown** bezeichnet, deren Kern der CBD ist (siehe S. 205). Im CBD konzentriert sich der Dienstleistungssektor, der von der schnellen Erreichbarkeit sowie der Standortgunst (Fühlungsvorteile) profitiert. Einzelhandel, Banken, Hotels, Unternehmensverwaltungen, öffentliche Einrichtungen wie auch hochwertige Kultureinrichtungen prägen die funktionale Ausstattung der Kernstadt. In den letzten Jahrzehnten ist es zu einer Ausbildung von Vierteln (z. B. Banken- und Hotelvierteln) gekommen.

Der sich an den CBD anschließende Gürtel, die **Transition Zone** (Übergangszone) mit einer Mischung aus Wohnen und Gewerbe, ist seit Mitte des 20. Jh. in vielen Großstädten dem Verfall preisgegeben, wenn nach der Wohnbevölkerung auch Gewerbe und Dienstleistungen in die Vororte abgewandert sind. Ein großer Teil der Gebäude verfiel, Ghettos mit hoher Arbeitslosigkeit

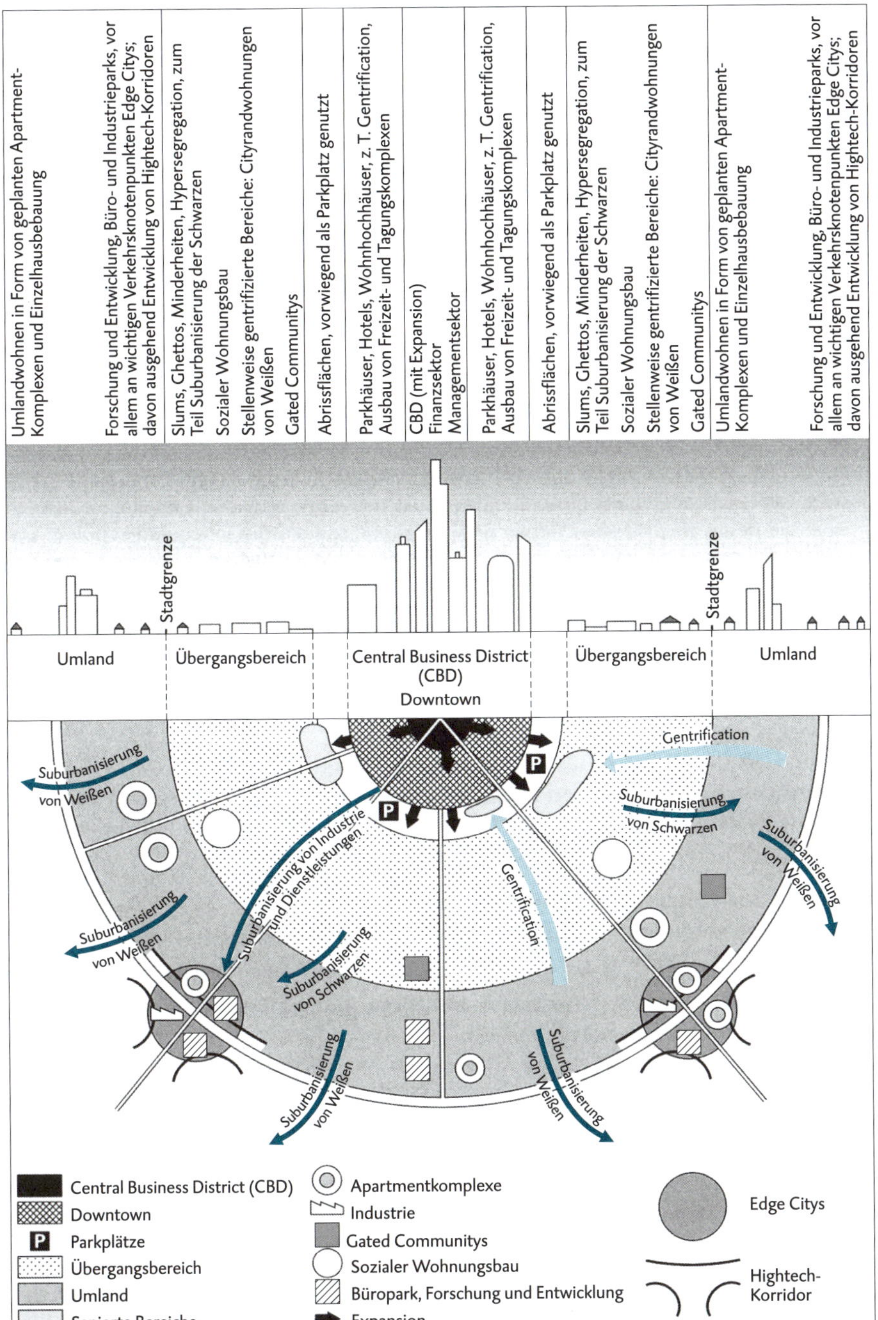

Modell der nordamerikanischen Stadt

und Kriminalität entstanden. Mit zunehmender Entfernung vom CBD ist auch eine Entflechtung der Funktionen verbunden. Monofunktionale Wohngebiete, Verwaltungs- und Industrieparks, Shopping Malls sowie Commercial Strips entlang der Ausfallstraßen dominieren.

Im suburbanen Raum befinden sich die ausgedehnten Wohngebiete **(Suburbs)** mit Einfamilienhäusern. Seit den 1980er-Jahren entstehen hier an den Kreuzungspunkten großer Verkehrsachsen die **Edge Citys**, randstädtische Zentren, in denen neue Arbeitsplätze des tertiären Sektors einschließlich des Hightech-Bereichs geschaffen werden, die durch Einzelhandel, Gewerbe- und Freizeitareale sowie Apartmentblocks ergänzt werden. Mehr als die Hälfte aller Büroflächen und Arbeitsplätze befindet sich inzwischen in den Außenzentren. Die Zahl der Einpendler übertrifft die der Auspendler, woraus eine höhere Tagbevölkerung im Vergleich zur Nachtbevölkerung resultiert.

In jüngerer Zeit entstehen im Stadtzentrum wie auch in der Übergangszone exklusive Wohnungen durch Umwidmung ehemals gewerblich genutzter Gebäude und durch Sanierung traditioneller Bausubstanz. Diese Luxussanierung historischer Bausubstanz führt zu einer sozialen Umstrukturierung. Mit dem Zuzug wohlhabender Bevölkerungsschichten wird die einkommensschwächere Bevölkerung verdrängt **(Gentrifizierung**, engl. Gentrification). Insgesamt kommt es in den Städten zu einer zunehmenden **Fragmentierung**, zu isolierten, kleingekammerten Räumen mit einer jeweils unterschiedlichen Nutzung, die nicht mehr auf das Zentrum ausgerichtet ist. Hierzu zählen auch die **Gated Communitys**, abgeschlossene Wohnviertel, die nur mit Zugangsberechtigung betreten werden können.

Das extreme flächenmäßige Ausufern der Städte, der urban sprawl, hat die Bildung weitläufiger **Stadtlandschaften** zur Folge. Sogenannte Städtebänder haben sich sowohl an der Ost- als auch an der Westküste entwickelt, in denen die Städte unmerklich ineinander übergehen. Ein Beispiel hierfür ist das über 750 km lange Städteband **Boswash** von Boston über New York, Philadelphia, Baltimore bis Washington D. C.

Zwischencheck

Erläutern Sie den Grund- und Aufriss nordamerikanischer Städte.

3 Stadtentwicklung in Lateinamerika

Lateinamerika ist mit über 80 % städtischer Bevölkerung der am stärksten verstädterte Kontinent. Erste Städte entstanden zur Zeit der indianischen Hochkulturen; sie wurden aber von den Kolonialmächten Spanien und Portugal meistens zerstört. So haben die heutigen Städte Lateinamerikas ihre Wurzeln in der Regel in der Zeit ab dem 16. Jh., sie wurden als **Kolonialstädte** zur Absicherung politischer und wirtschaftlicher Interessen gegründet.

Typisch für alle Städte der spanischen Kolonialzeit war der Schachbrettgrundriss mit dem Hauptplatz, der **Plaza Mayor**. Um ihn herum lagen alle öffentlichen und kirchlichen Repräsentationsbauten. Daran schlossen sich die Wohngebiete des Adels und der Oberschicht an. Nach außen nahm der soziale Status ab; es folgten die Wohnviertel der Händler und Handwerker. Die Peripherie war durch die einfachen Hütten der indigenen Bevölkerung gekennzeichnet. Diese Stadtstruktur ist bis in die heutige Zeit in vielen Kleinstädten anzutreffen.

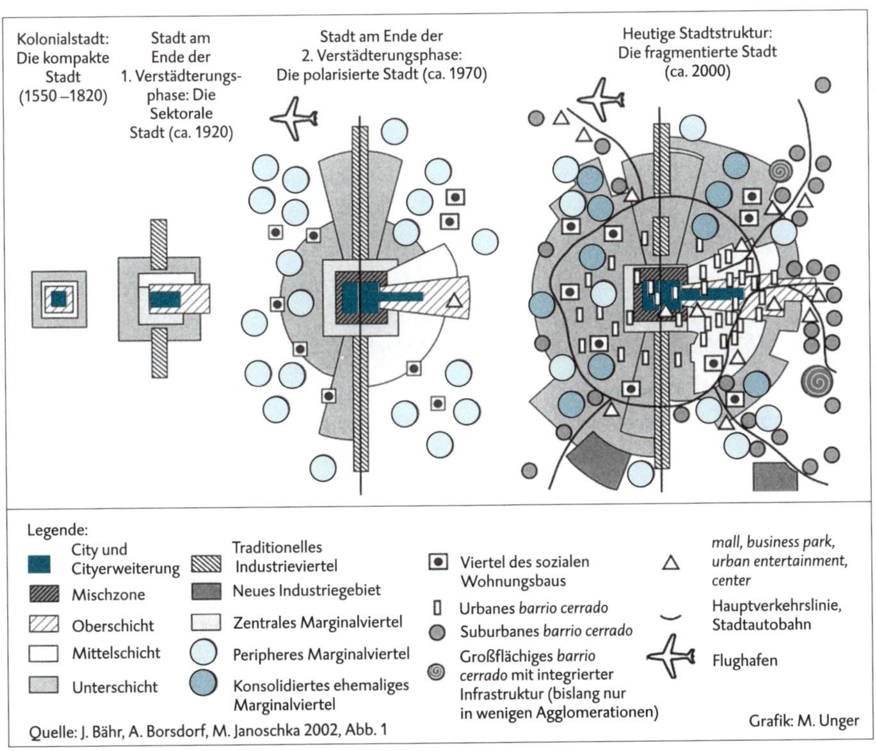

Modell der lateinamerikanischen Stadtentwicklung

Mit Beginn des 20. Jh. führten Industrialisierung und Tertiärisierung zu einem Wandel des Stadtbildes. Hochhausviertel mit Banken, Büroflächen sowie hochwertigem Einzelhandel bestimmen heute das Stadtzentrum. Die Oberschicht zog an die Peripherie in neue Villenviertel. Die dem Verfall preisgegebenen Innenstadthäuser wurden aufgeteilt, um die so geschaffenen Einzimmer-Wohnungen an Zuwandererfamilien zu vermieten. Diesen innerstädtischen Marginalsiedlungen stehen die Gated Communitys, die **Condominios**, gegenüber, bewachte und abgeschlossene Wohngebiete der oberen Sozialschichten mit z. T. eigener Versorgungs-, Freizeit- und Schulinfrastruktur.

Der hohe, zum großen Teil durch die Landflucht verursachte Bevölkerungsdruck lässt die Städte stark ausufern. An den Ausfallstraßen und Eisenbahnlinien sind informelle, illegal errichtete **Marginalsiedlungen** entstanden, behelfsmäßige Behausungen, oftmals ohne jegliche Infrastruktur. Diese Favelas (Brasilien), Barriadas (Peru) oder Ciudades Perdidas (Mexiko) genannten Spontansiedlungen sind häufig **Squattersiedlungen**, d. h., die Bewohner haben sich ohne Legitimation auf fremdem Land niedergelassen. Man schätzt, dass mehr als die Hälfte der städtischen Bevölkerung Lateinamerikas in Marginalsiedlungen lebt. Dabei sind junge Männer, junge Familien mit hoher Geburtenrate und unqualifizierte Arbeitskräfte überrepräsentiert. Kinder- und Gelegenheitsarbeit reichen oftmals kaum aus, um die Existenz zu sichern. Häufig wird der Lebensunterhalt im **informellen Sektor** verdient, d. h. durch Straßenverkauf, Arbeit im Transport oder durch die Ausführung von Kleinreparaturen – Beschäftigungen, die weder organisiert noch reglementiert sind und für die keine Steuern bezahlt werden.

Die sozialräumliche Differenzierung lateinamerikanischer Städte weist eine starke **Fragmentierung** auf. Den innerstädtischen und peripheren neuen Arbeitersiedlungen und Industriezonen sowie den abgeschlossenen Villenvierteln der einkommensstarken Bevölkerung stehen die Wohnanlagen der marginalen Bevölkerungsschicht gegenüber, die unter Missachtung von Bauvorschriften oftmals ohne Baugenehmigung entstehen. Sie sind Anlaufpunkte derjenigen Zuwanderer, die aufgrund schlechter Rahmenbedingungen im ländlichen Umfeld nun in der Stadt ihr Glück zu finden versuchen **(Land-Stadt-Wanderung)**. In den Elendsvierteln sind Kriminalität und Prostitution allgegenwärtig.

Zwischencheck

Leiten Sie die heutige Struktur lateinamerikanischer Städte vor dem Hintergrund verschiedener Entwicklungsphasen ab.

4 Die islamisch-orientalische Stadt

Bereits vor fünf Jahrtausenden gab es im Orient städtische Siedlungen. Im Hinblick auf formale und funktionale Gesichtspunkte entwickelte sich ein Grundtyp, der sich im historischen Stadtkern bis heute erhalten hat. Seit dem 19. Jh. haben sich die Stadtstruktur sowie die Physiognomie der Stadt nach europäischen Vorbildern weiterentwickelt und zum Entstehen einer dualen Stadtstruktur aus Altstadt **(Medina)** und Neustadt **(Villes Nouvelles)** geführt.

Das traditionelle Stadtbild

Charakteristische Merkmale der Altstadt sind:

- Das hierarchische, verwinkelte **Sackgassensystem:** Hierdurch werden der Schutz der Privatsphäre sowie ein gewisser Schutz bei Überfällen und religiös motivierten Auseinandersetzungen gewährleistet. Die ein- bis zweigeschossigen Wohnhäuser sind um einen Innenhof angelegt und nach außen hin fensterlos.
- Die **Große Moschee** (Freitagsmoschee): das religiöse Zentrum der Stadt.
- Das weltlich-politische Zentrum ist die **Kasba**, die Zitadelle. Mit der Stadtmauer diente sie dem Schutz der Stadt sowie als Verwaltungs- und Repräsentantenbauwerk der Machthaber.
- Der **Suq** (Basar): Er liegt zentral in der Medina und ist der wirtschaftliche Mittelpunkt für Handel, Gewerbe sowie Finanzgeschäfte. Einzel-, Groß- und Fernhandel werden in unzähligen kleinen Läden ausgeübt. Der Basar ist nach Branchen räumlich konzentriert und untergliedert. Auch kleine Werkstätten sind hier zu finden, wobei das Prestige eines Betriebes nach außen hin abnimmt. Enge Gassen, Gewölbe und Segel schützen vor der Sonne. Die Tore können nachts geschlossen werden. Wohnungen gibt es im Basar nicht.
- Die **Quartiere** (Wohnviertel): Sie sind durch Mauern und Tore, die abends abgeschlossen werden können, voneinander getrennt. Die Bewohner eines Viertels besitzen die gleiche Religionszugehörigkeit, die sozialen Kontakte sind eng geknüpft, obwohl eine Trennung nach sozialen Schichten vorliegt. In jedem Quartier gibt es kleinere Basare für den täglichen Bedarf, Moscheen und andere öffentliche Einrichtungen wie Bäder, Koranschulen und Friedhöfe.

Die Neustadt

Mit dem Bevölkerungswachstum im 19. Jh. erfolgte eine Stadterweiterung über die Stadtmauer hinaus. An die Altstadt haben sich moderne Wohn- und Geschäftsviertel angegliedert, die durch geradlinige Straßenführung und moderne Geschäfts- und Bürobauten gekennzeichnet sind. Neben den physiognomischen sind auch funktionale Umstrukturierungen zu beobachten, die eine **Verwestlichung** des traditionellen Stadtgefüges beschreiben:

- Der Großhandel wandert aus dem Basar ab, da das Straßennetz dem gestiegenen Lkw-Verkehr nicht mehr gewachsen ist.
- Der Einzelhandel mit hochwertigen Gütern ist nun in den modernen Geschäftsvierteln außerhalb der Medina anzutreffen; im Suq ist das Warenangebot auf die einkommensschwächeren Bevölkerungsschichten und ggf. auf den Tourismus ausgerichtet.
- Nach der wohlhabenden Oberschicht zieht in zunehmendem Maße auch die eher westlich orientierte Mittelschicht aus der Altstadt in die neuen, mehrgeschossigen Wohnhäuser der Vorstädte. Ein Rückzug in die Privatsphäre ist dort kaum noch möglich, eine Auflösung der Großfamilie die Folge.
- Die baufälligen Häuser der Altstadt bieten nun Zuwanderern und Arbeitsuchenden eine billige Unterkunft. Zudem entstehen am Stadtrand informelle Hüttensiedlungen.
- Die vormals ethnisch und religiös bestimmte Viertelbildung ist einer an Einkommen und Bildungsstand orientierten sozialräumlichen Ordnung gewichen.

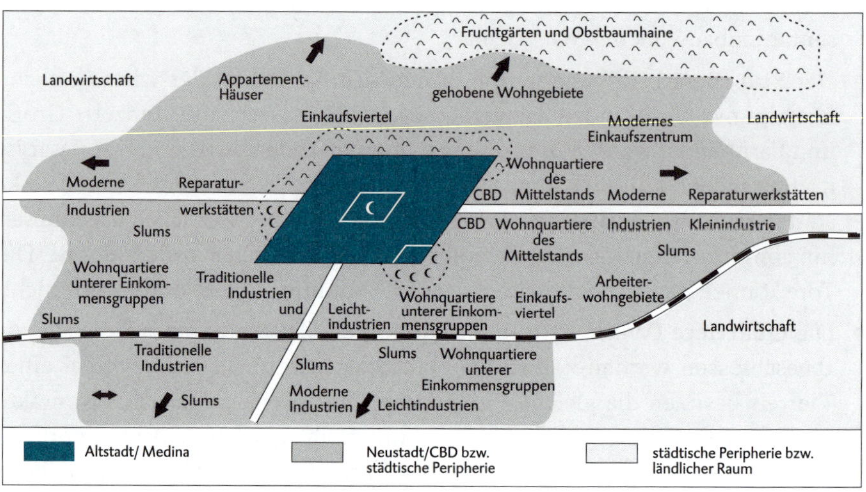

Modell der heutigen Stadt des islamischen Orients

Zwischencheck

Erläutern Sie die wesentlichen Merkmale und Entwicklungen, die das heutige Bild der orientalischen Stadt bestimmen.

5 Stadtstrukturmodelle

Zwar hat jede Stadt in physiognomischer wie auch in funktionaler Hinsicht ihr eigenes Profil, es lassen sich jedoch viele Übereinstimmungen und Regelmäßigkeiten feststellen. **Stadtstrukturmodelle** sind vereinfachte Abbilder der Gliederung der Stadt. Sie sind theoretische Modelle, die auf der Überlegung basieren, dass Ordnungsprinzipien, sowohl in funktionaler als auch in sozioökonomischer Hinsicht, zu einem allgemeinen Ordnungsmuster führen.

Alle drei im Folgenden beschriebenen Modelle stellen Idealtypen dar, die in der Wirklichkeit in dieser Form kaum angetroffen werden. Sie versuchen jedoch, grundsätzliche raumstrukturelle Entwicklungen zu beschreiben und zu begründen.

Das Modell der konzentrischen Kreise/Kreismodell

Dieses Modell spiegelt die amerikanischen Verhältnisse bis 1950 wider. Nach diesem Ansatz bildet sich ein Hauptgeschäftszentrum, um das die Stadt gleichmäßig ringförmig expandiert. In einem Verdrängungsprozess wandern Nutzungen und Bevölkerungsgruppen in die folgende äußere Zone ab. So entstehen innenstadtnah vernachlässigte Stadtteile, die von einkommensschwachen Zuwanderern genutzt werden. Nach außen hin bilden sich Subzentren und Geschäftsbezirke.

Das Sektorenmodell

Die Gliederung der Stadt erfolgt in Sektoren, die sich längs der radial verlaufenden Verkehrsachsen ausdehnen. Wohngebiete mit homogener Sozialstruktur verlagern sich aufgrund steigender Mietpreise aus der Stadtmitte, die zum Einzelhandels- und Dienstleistungsstandort wird. Neue, attraktive Wohnviertel entstehen an der städtischen Peripherie.

Das Mehrkernmodell

Mit diesem Modell werden die Lage und die Konzentration von Industrie-/Gewerbevierteln sowie Wohngebieten verdeutlicht, außerdem werden Aussagen zur sozialräumlichen Struktur getroffen. Die Wohngebiete der Arbeiter befinden sich in der Nähe der Fabriken, die der Angestellten nahe der Dienstleistungszentren. Im Modell werden auch Standortbedingungen wie Erreichbarkeit und Fühlungsvorteile berücksichtigt.

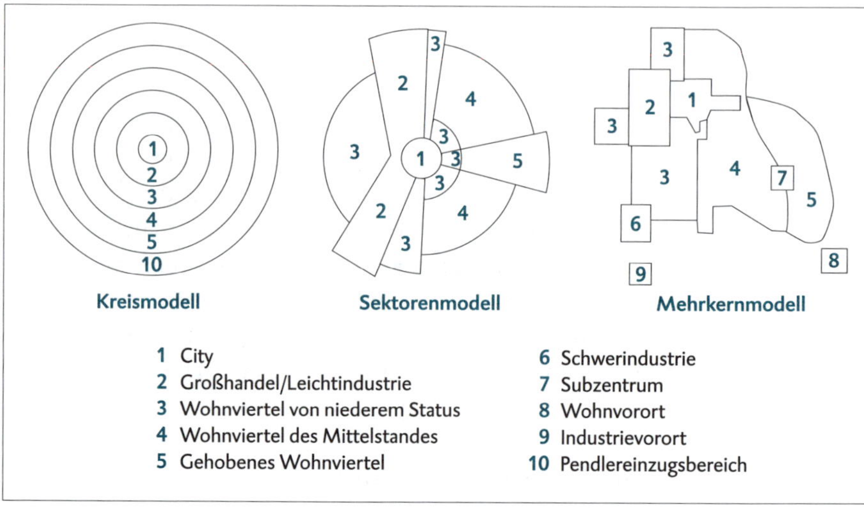

Stadtstrukturmodelle

Zwischencheck

Erläutern Sie die unterschiedlichen Aussagen der Stadtstrukturmodelle.

6 Aktuelle Leitbilder der Stadtentwicklung

Die heutigen Städte präsentieren sich oftmals als Ergebnis eines sich verändernden Zeitgeistes sowie der Anforderungen, die hinsichtlich sozialer und infrastruktureller Gegebenheiten an sie gestellt wurden. In den vergangenen Jahrzehnten wurden **Leitbilder** der Stadtentwicklung erarbeitet, die das Erscheinungsbild der Städte prägen (siehe Abb. S. 223). Vor diesem Hintergrund stellt sich die Frage, wie die Stadt der Zukunft gestaltet werden soll, damit sie **ökonomischen, sozialen, funktionalen und städtebaulichen Ansprüchen** gerecht werden kann.

Demographische und wirtschaftliche Faktoren spielen heute eine bedeutende Rolle bei der Entwicklung der Städte und verändern diese tiefgreifend.

- **Demographische Faktoren:** Abnahme der Bevölkerungszahl, Alterung der Gesellschaft, steigende Zuwanderung, pluralistische Lebensstile
- **Wirtschaftliche Faktoren:** Arbeitslosigkeit einerseits – hohe Einkommenszuwächse andererseits, divergierende Kaufkraft, Bedeutungsverlust von klas-

sischen harten Standortfaktoren, verändertes lokales Angebots- und Konsumverhalten aufgrund vernetzter Märkte im Rahmen der Globalisierung

- **Politische Faktoren:** Privatisierung von öffentlichen Aufgaben, Fehlen öffentlicher Finanzmittel zur Umsetzung städtebaulicher Entwicklungskonzepte, Schutz des natürlichen Umfeldes durch Abbau von Umweltbelastungen

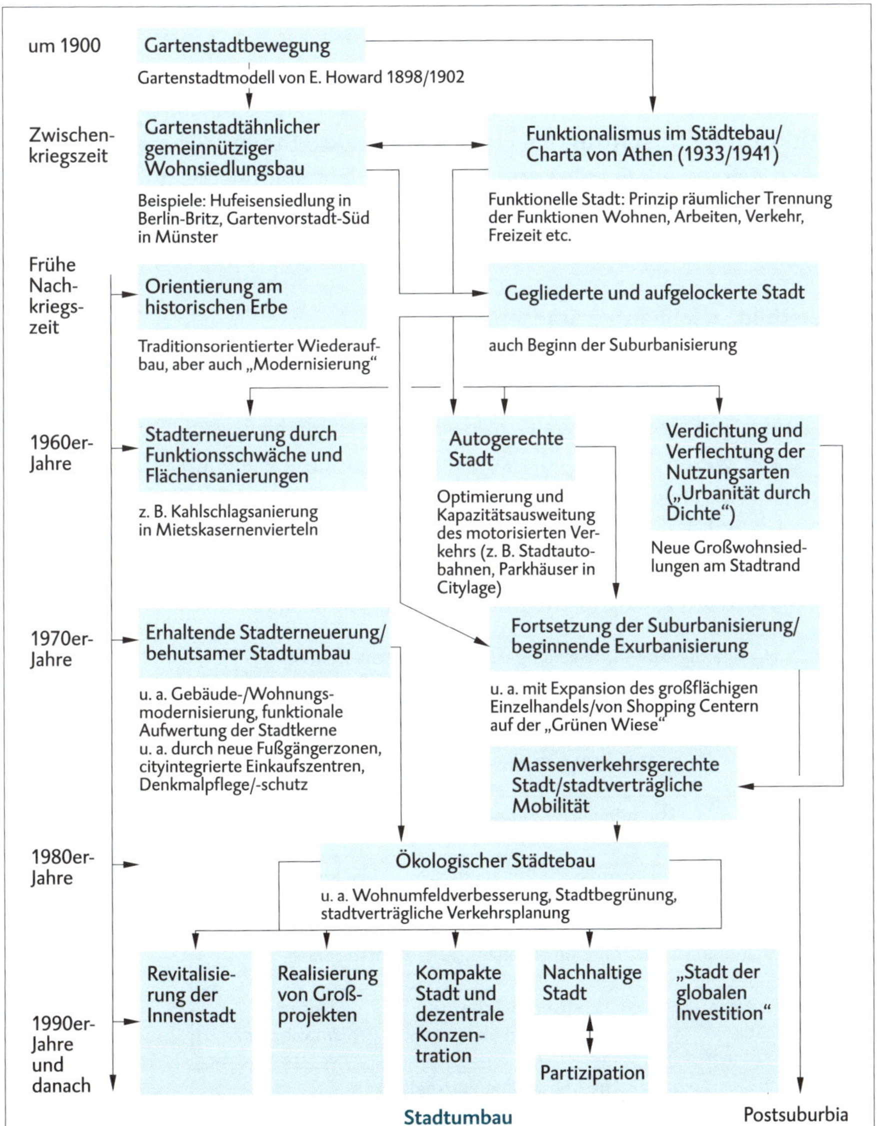

Leitbilder und Merkmale der Stadtentwicklung in Deutschland

Daraus ergeben sich im Rahmen der Stadtentwicklung bedeutende Trends. Mit einer ausufernden Siedlungsexpansion ist ein hoher Flächenverbrauch im Stadtumland verbunden. Dies bewirkt eine Zunahme des motorisierten Individual- und Wirtschaftsverkehrs. Zugleich findet eine Trennung der Funktionen Wohnen, Arbeiten, Versorgen und Freizeit statt, was wiederum zu einem erhöhten Verkehrsaufkommen führt. Deshalb werden folgende Leitbilder als zukunftsweisend angesehen:

- **Städtebauliche Verdichtung:** Sie kann durch eine kompakte Bauweise sowie Sanierungund Umwidmungen im aktuellen Baubestand erreicht werden.
- **Funktionale Mischung:** Ziel ist die **kompakte Stadt**, in der Wohnen, Arbeiten, Versorgen, Erholen und Bilden in jedem Stadtviertel möglich sind.
- **Dezentrale Konzentration:** Bündelung der Siedlungsentwicklung an der Peripherie an ausgewählten Standorten.

Das Leitbild „nachhaltige Stadtentwicklung“

Um den zukünftigen Anforderungen gerecht zu werden, vereinbarten 1992 in Rio de Janeiro Vertreter aus 179 Staaten die **Agenda 21**, die jedes Land auffordert, eine nachhaltige, umwelt- und sozialverträgliche Entwicklung voranzutreiben. Ein wesentlicher Gedanke dabei ist, dass die Ziele am besten von den Menschen vor Ort, also in den Kommunen, umgesetzt werden können. Mit der Devise „Global denken – lokal handeln“ wird die Bürgerbeteiligung im eigenen Umfeld eingefordert. Nachfolgend wurde das **Leitbild der nachhaltigen Stadtentwicklung** (siehe folgende Abb.) präzisiert.

Das Leitbild „Nachhaltige Stadtentwicklung“

Für die Umsetzung des Leitbildes ergeben sich zahlreiche Handlungsfelder. Dabei werden regionale und kommunale Akteure eingebunden, die in Fachgremien ihre Planungen mit den Inhalten der **Lokalen Agenda 21** in Einklang bringen müssen.

Zwischencheck

- Nennen und beschreiben Sie verschiedene Leitbilder der Stadtentwicklung.
- Erläutern Sie den Begriff „Lokale Agenda 21“ und erörtern Sie Möglichkeiten der Umsetzung.

7 Zentralität als Ausdruck funktionaler Verflechtungen: Strukturen und Ziele der Raumordnung

7.1 Städtische Regionen

Die Grenze zwischen Stadt und Land ist nicht immer eindeutig erkennbar; meist geht der städtische Raum allmählich in den ländlichen Raum über. Das klassische Modell, das den Wirkungskreis einer Stadt wiedergibt, wurde 1967 von Olaf Boustedt entwickelt (siehe Abb. S. 226). Merkmale der **Stadtregion** sind die städtische Siedlungsstruktur, die Einwohner-/Arbeitsplatzdichte sowie die Verflechtung des Umlandes mit der Kernstadt, wofür das auf das Zentrum orientierte Pendleraufkommen (zentrumsorientierte Einpendlerquote) herangezogen wird. Für den Begriff „Stadtregion“ werden in Deutschland die Begriffe **„Agglomerationsraum“** bzw. **„verstädterter Raum“** benutzt. Abgrenzungskriterien der Stadtregion sind:

- Kernstädte: Gemeinden mit > 80 000 Einw., hoher Bevölkerungsdichte oder positivem Pendlersaldo
- Innerer Pendlereinzugsbereich: Mindestens 50 % der Pendler und 25 % der Erwerbstätigen pendeln in das Kerngebiet der Stadtregion
- Äußerer Pendlereinzugsbereich: 25 % bis < 50 % der Pendler und mindestens 25 % der Erwerbstätigen pendeln in das Kerngebiet der Stadtregion

Verstädterte Siedlungslandschaften werden als **Megalopolis** oder (in Europa) **Metropolregion** bezeichnet. Unter Megalopolis versteht man eine Stadtlandschaft, in der mehrere Metropolen und Großstädte liegen, die übergangslos ineinander übergehen (z. B. das Ruhrgebiet). Es handelt sich um einen **mehrkernigen urbanen Raum**, der durch Schnellstraßen, Autobahnen und Bahnlinien miteinander verbunden ist. An diesen Leitlinien konzentrieren sich Einzelhandel, Gewerbe und Dienstleistungen.

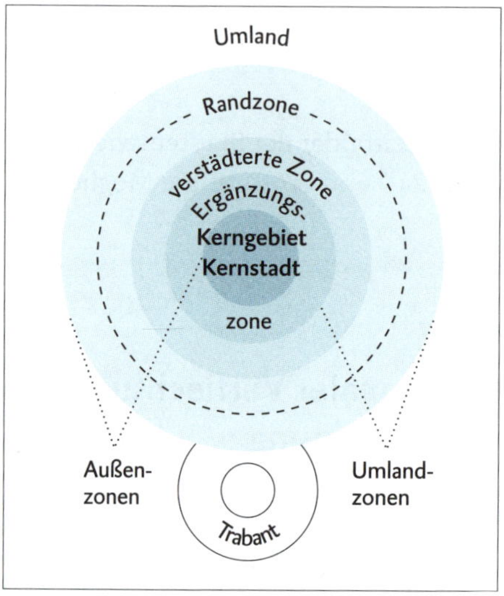

Modell der Stadtregion nach O. Boustedt

7.2 Räumliche Disparitäten

Die unterschiedliche Wirtschaftskraft sowie die daraus resultierende Konzentration der Bevölkerung auf bestimmte Räume führen zu **räumlichen Disparitäten**. Ländlichen Regionen mit agrarischer Ausrichtung und negativer Wanderungsbilanz stehen Verdichtungsräume mit guter infrastruktureller Ausstattung und hohen Zuwanderungsquoten gegenüber. Man spricht von **Aktivräumen**, wenn starke wirtschaftliche Aktivitäten vorliegen, und von **Passivräumen** bei unterdurchschnittlicher Entwicklung. Kennzeichen für solche **strukturschwachen Räume** sind:

- Bevölkerungsrückgang, v. a. aufgrund eines negativen Wanderungssaldos,
- problematischer Altersaufbau: hoher Anteil der älteren, geringer Anteil der jüngeren Bevölkerungsschicht,
- geringe Industriedichte, hoher Anteil der Landwirtschaft,
- hohe Arbeitslosenquote.

So lassen sich mit städtischen Regionen, Regionen mit Verdichtungsansätzen sowie ländlichen Regionen drei **siedlungsstrukturelle Regionstypen** charakterisieren (siehe Abb. S. 227).

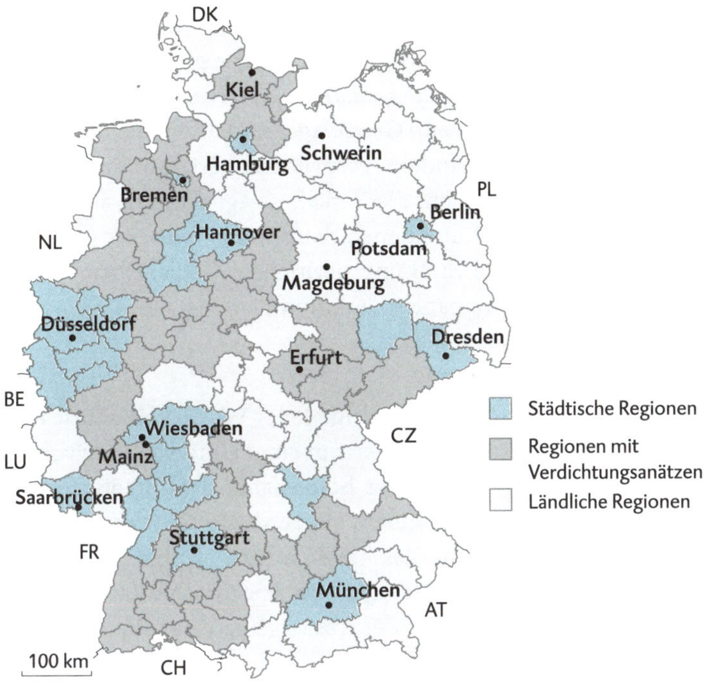

Für die Typisierung werden folgende Siedlungsstrukturmerkmale herangezogen:

- Bevölkerungsanteil in Groß- und Mittelstädten
- Vorhandensein und Größe einer Großstadt
- Einwohnerdichte der Raumordnungsregion
- Einwohnerdichte der Raumordnungsregion ohne Berücksichtigung der Großstädte

Auf diese Weise können drei Gruppen unterschieden werden:

Städtische Regionen: Regionen, in denen mind. 50 % der Bevölkerung in Groß- und Mittelstädten leben und in denen sich eine Großstadt mit rund 500 000 Einw. und mehr befindet sowie Regionen mit einer Einw.-Dichte ohne Berücksichtigung der Großstädte von mind. 300 Einw./km^2.

Regionen mit Verstädterungsansätzen: Regionen, in denen mind. 33 % der Bevölkerung in Groß- und Mittelstädten leben mit einer Einw.-Dichte zwischen 150 und 300 Einw./km^2 sowie Regionen, in denen sich mind. eine Großstadt befindet und die eine Einw.-Dichte ohne Berücksichtigung der Großstädte von mind. 100 Einw./km^2 aufweisen.

Ländliche Regionen: Regionen, in denen weniger als 33 % der Bevölkerung in Groß- und Mittelstädten leben mit einer Einw.-Dichte unter 150 Einw./km^2 sowie Regionen, in denen sich zwar eine Großstadt befindet, die aber eine Einw.-Dichte ohne Berücksichtigung der Großstädte unter 100 Einw./km^2 aufweisen.

Siedlungsstruktureller Regionstyp 2011

7.3 Raumordnungskonzepte

Ziel von raumordnerischen Maßnahmen ist es, eine gleichmäßige Entwicklung in allen Teilräumen zu gewährleisten. Aus diesem Grund wurde mit dem Raumordnungsgesetz eine bundesweite Grundlage geschaffen, die Bund, Länder und Gemeinden zum aktiven Handeln verpflichtet. Programme zur regionalen Wirtschaftsförderung, außerdem die Verkehrswegeplanung, aber auch Gesetze zum Umwelt- und Naturschutz dienen diesem Ziel. Für eine optimale Raumentwicklung, die auch eine Stärkung peripherer Gebiete beinhaltet, werden verschiedene Konzepte miteinander verknüpft.

Das Konzept der zentralen Orte

Mit der Ausweisung von Zentren verschiedener Wertigkeit wurde ein bundesweites Ordnungsraster erstellt. Es basiert auf einer Untersuchung von W. **Christaller** (1933, siehe Abb. S. 229), der herausfand, dass Städte funktional mit ihrem Umland verbunden sind, indem sie **zentrale Güter und Dienste** vorhalten. Dazu gehören Angebote des kurz-, mittel-, langfristigen und episodischen Bedarfs. Zentrale Güter besitzen eine spezifische Reichweite, die vom Umsatz bestimmt wird. Die Größe der Absatzgebiete der einzelnen Güter führt zu einer Hierarchie von Zentren, die durch eine optimale Siedlungsgröße bestimmt ist. Zu den zentralen Diensten zählt eine ausdifferenzierte institutionelle Infrastruktur, wobei z. B. öffentliche Einrichtungen wie Schulen einen Bedeutungsüberschuss für größere räumliche Einheiten besitzen.

Heutzutage wird folgendermaßen klassifiziert:

- **Oberzentren:** Städte mit höchster Zentralität, Versorgung mit langfristigen, hochwertigen Gütern des episodischen Bedarfs, Bundes- und Landesbehörden, Kultureinrichtungen; Beispiel: Köln
- **Mittelzentren:** Angebote des gehobenen Bedarfs im spezialisierten Einzelhandel, in der Verwaltung (Finanzamt), der Bildung (Berufsschulen), Kultur (Theater) und in sozialen Diensten (Fachärzte); Beispiel: Bergheim
- **Unterzentren:** Deckung des täglichen und mittelfristigen Bedarfs, Ärzte, Apotheke, Sparkasse, Amtsverwaltung; Beispiel: Elsdorf
- **Kleinzentren:** Einzugsgebiet umfasst wenige Gemeinden. Grundversorgung mit Gütern des täglichen Bedarfs, Kindergarten und Grundschule, Arzt der Allgemeinmedizin, Filialen der Sparkasse.

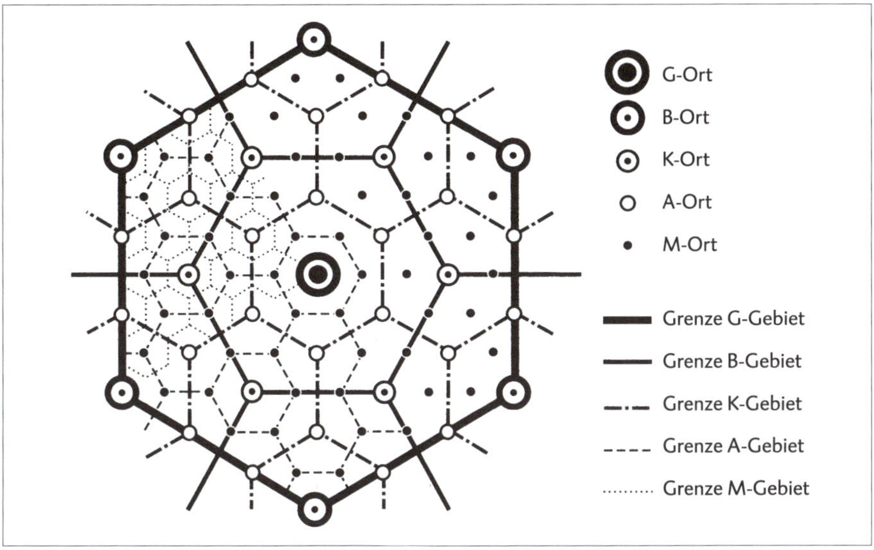

Das System der zentralen Orte nach Christaller 1933

Das Konzept der Entwicklungsachsen

Ballungskerne und Wirtschaftsschwerpunkte, die sich im Laufe der Zeit herausgebildet haben oder sich entwickeln, werden durch Verkehrsachsen miteinander verbunden. Damit wird die wirtschaftsräumliche Entwicklung gefördert. Kombiniert ergeben Entwicklungsachsen und zentrale Orte ein **punktaxiales Raumordnungskonzept**.

Das Konzept der Vorranggebiete

Anhand dieses Konzeptes werden Räume ausgewiesen, die aufgrund ihrer natürlichen, historischen oder wirtschaftlichen Voraussetzungen einer bestimmten Nutzung zuzuführen sind. Es handelt sich dabei um großräumige Gebiete für land- und forstwirtschaftliche Produktion, für Freizeit und Erholung, für Wasserwirtschaft, für die Gewinnung von Rohstoffen sowie für Regionen mit besonderer ökologischer Ausgleichsfunktion. Somit wird eine funktionale Aufgabenteilung zwischen dicht besiedelten Räumen und Freiräumen vorgenommen

Zwischencheck

- Erläutern Sie das Modell der Stadtregion nach Boustedt.
- Gliedern Sie die Siedlungsstruktur Deutschlands in Aktiv- und Passivräume.
- Beschreiben Sie Christallers Modell der zentralen Orte.

Die HafenCity Hamburg – Hamburgs Zukunft am Hafen?

Aufgabe 1 Beschreiben Sie das Projekt HafenCity Hamburg.

Aufgabe 2 Ordnen Sie das Projekt in ein Leitbild der Stadtentwicklung ein.

M 1 HafenCity – Hamburgs Zukunft am Hafen

Mit dem Strukturwandel in der Hafenwirtschaft – vom Stückgut- und Schüttgutumschlag zur Containerlogistik – verändert sich das Aussehen der Hafenstädte weltweit. Hamburg wird diese Chancen nutzen, um ein neues Kapitel seiner Stadtgeschichte aufzuschlagen. Die Hafengebiete südlich der Speicherstadt sollen zu einem neuen Teil der Hamburger City umgestaltet werden. Die Innenstadt wird sich in 20 bis 25 Jahren um rund 40 % schrittweise vergrößern. […] In dem neuen Stadtgebiet soll gearbeitet, aber auch gewohnt werden, hier wird es Kulturbauten und Einrichtungen zur Freizeitgestaltung geben. Auch der Tourismus bekommt, u. a. durch ein Kreuzfahrtterminal, Museen, Einkaufsmöglichkeiten und Restaurants, neue Impulse. Es entstehen etwa 5 500 Wohnungen und mehr als 20 000 Arbeitsplätze in den Wirtschaftsbereichen Dienstleistung, Handel und Gewerbe. Dafür stehen etwa 100 ha Landfläche zur Verfügung, auf denen Gebäude mit insgesamt ca. 1,5 Mio. m^2 Bruttogeschossfläche gebaut werden können.

M 2 Strukturkonzept der HafenCity Hamburg

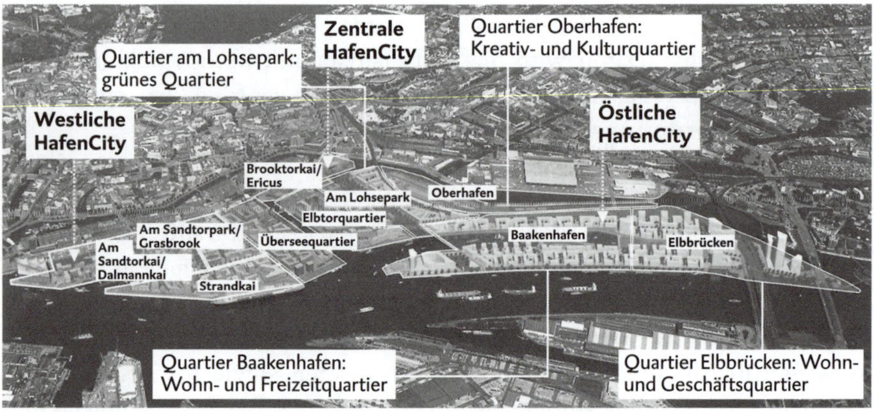

Raumwirksamkeit globaler Zusammenarbeit: Weltwirtschaft und Welthandel

Containerschiff im Hamburger Hafen, dem größten Seehafen in Deutschland und dem drittgrößten in Europa. Zahlreiche Schifffahrtslinien verbinden den Hamburger Hafen mit mehr als 900 Häfen in über 170 Ländern.

1 Weltwirtschaftliche Zusammenhänge und Verflechtungen

1.1 Entwicklung der Weltwirtschaft

Unter **Weltwirtschaft** versteht man die Summe aller wirtschaftlichen Aktivitäten sowie die Beziehungen von Volkswirtschaften untereinander; hierzu zählen die Produktion von Waren sowie deren Austausch/Handel, ebenso der Austausch von Kapital und Dienstleistungen.

Die Weltwirtschaft ist seit 1970 (mit Ausnahme des Rezessionsjahres 2009) einerseits gekennzeichnet durch steigende Produktionswerte, einen höheren Grad an Vernetzung und zunehmenden Warenaustausch, andererseits durch eine ungleichmäßige Entwicklung der Volkswirtschaften auf den einzelnen Kontinenten und damit durch unterschiedliche Chancen, an den globalen wirtschaftlichen Entwicklungen teilzuhaben.

	2000	2005	2009	2011
Norwegen	35 860	62 310	84 640	88 890
Luxemburg	43 660	66 830	76 710	77 580
Schweiz	40 270	56 780	65 430	76 400
Dänemark	31 840	48 660	59 060	60 120
Schweden	29 280	42 070	48 840	53 150
Niederlande	26 580	39 680	48 460	49 650
Australien	21 150	30 290	45 850	49 130
USA	34 410	43 570	46 360	48 620
…	…	…	…	…
Äthiopien	130	160	330	370
Niger	180	260	360	360
Malawi	150	220	290	360
Sierra Leone	150	230	340	340
Liberia	140	120	160	330
Burundi	120	100	150	250
DR Kongo	80	120	160	190

Die reichsten und ärmsten Staaten (ohne Kleinststaaten): Bruttonationaleinkommen je Einw. in US-$

Weltweit haben sich Wachstumszonen gebildet, in denen u. a. aufgrund von hochentwickelten Wissenschaften, einem großen Anteil an FuE-Industrien, qualifizierten Arbeitskräften und einem hohen Lebensstandard die allgemeine gesellschaftliche und damit auch die wirtschaftliche Entwicklung vorangetrieben wird. Zu diesen Regionen gehören Nordamerika, Europa und Ostasien, die sogenannte **Triade** (griech. Trias = Dreiheit), die maßgeblich den Welthandel bestimmt. Andererseits gibt es Staaten, die hinter der weltweiten Wirtschafts- und Handelsdynamik sowie der allgemeinen Entwicklung zurückgeblieben sind. Sie besitzen ungünstige Voraussetzungen für eine eigenständige Weiterentwicklung, leiden z. T. auch unter den negativen Folgen des Globalisierungsprozesses. Zu diesen Regionen gehören weite Teile Afrikas, Teile Süd- und Zentralasiens sowie Südamerikas.

Der **Globalisierungsprozess** bedeutet eine Intensivierung globaler Verflechtungen auf transnationaler Ebene in den Bereichen Wirtschaft, Politik, Ökologie, Kultur, Kommunikation, Technologie und Kapitalbeschaffung; er setzt einen hohen Interaktionsgrad der an solchen Prozessen Beteiligten voraus. Außerdem bedurfte es einiger Voraussetzungen, um diese Form **weltweiter Zusammenarbeit** und **intensiven Welthandels** zu ermöglichen: Die weltweite Bevölkerungszunahme nach Ende des Zweiten Weltkrieges, damit verbunden zunehmender Bedarf an Nahrungsmitteln, Rohstoffen und Energie, die Steigerung der industriellen Produktion, wachsende Ansprüche der Konsumenten in den Industrieländern, verbesserte Transportmöglichkeiten, ein schnellerer, intensiverer und umfassender Informationsaustausch mithilfe moderner Medien und des Internets, der Abbau protektionistischer Handelsmaßnahmen und die Bildung neuer Wirtschaftsbündnisse gehören hierzu.

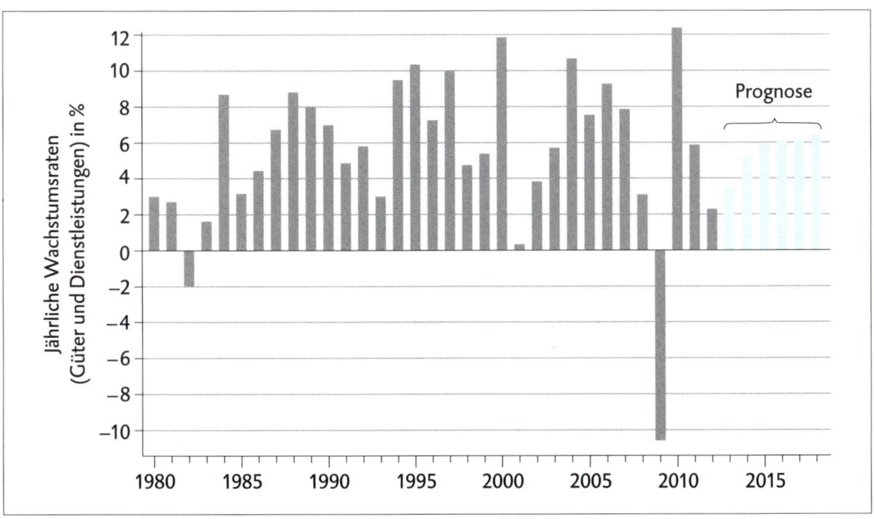

Wachstum der Weltwirtschaft 1980–2018

Im Herbst 2008 erlebten die Menschen mit dem Zusammenbruch des US-amerikanischen Bankensystems und dessen weltweiten Folgen zum ersten Mal eine deutliche Unterbrechung des Globalisierungsprozesses und damit die gravierendste Wirtschaftskrise seit dem Zweiten Weltkrieg. Die drohende Zahlungsunfähigkeit mehrerer Staaten infolge überschuldeter Haushalte und die folgende Börsenkrise 2011 führten erneut zu einem Abschwung der Märkte und einem Rückgang der wirtschaftlichen Wachstumszahlen.

In beiden Krisen wurde deutlich, dass Globalisierung auch ein schnelles erdumspannendes Betroffen-Sein durch wirtschaftliche und gesellschaftliche Negativmerkmale bedeuten kann. Dies hat die Diskussion über Vor- und Nachteile der Globalisierung neu angefacht.

1.2 Internationale Arbeitsteilung

Der globale Markt in seiner gegenwärtigen Form würde ohne **internationale Arbeitsteilung** nicht existieren. Hintergrund dieser Arbeitsteilung ist gemäß der klassischen Volkswirtschaftslehre die internationale Vernetzung von Produktionsfaktoren mit dem Ziel absoluter und **komparativer Produktions- und Verkaufsvorteile**. Dabei wird berücksichtigt, welche besonderen Standortvorteile die einzelnen Länder zu bieten haben; dies können preiswerte Bodenschätze, niedrige Löhne, günstige Transportbedingungen, vorhandenes technisches Know-how o. a. sein (siehe folgende Abb.).

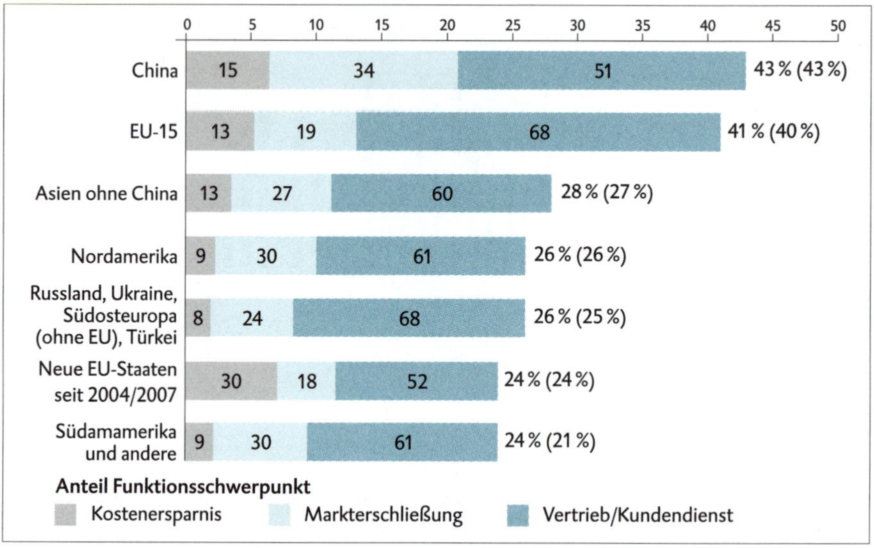

In welchen Regionen investieren die Industrieunternehmen im Jahr 2012?
(Unternehmensangaben in %, Angaben in Klammern Vorjahreswerte, Mehrfachnennungen möglich)

An die Stelle des **traditionellen Produktionssystems**, das sämtliche Schritte von der Forschung über die Produktion bis zum Versand im Land des Unternehmenssitzes vorsieht, treten **räumlich gegliederte Produktionssysteme**, die sich über zwei oder mehr Staaten, im Extremfall über sämtliche Kontinente verteilen (siehe folgende Abb.). In diesem Sinne spezialisieren sich die einzelnen Staaten und bieten entsprechende Güter oder Dienstleistungen an.

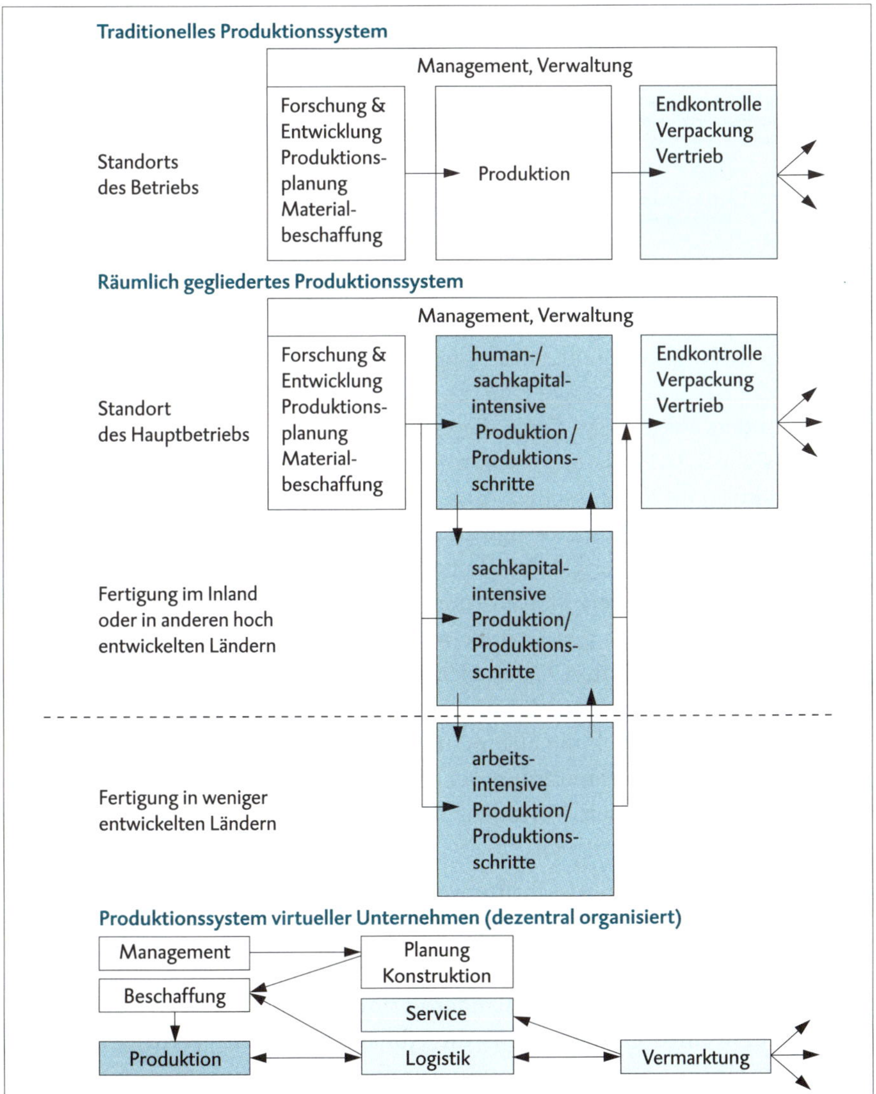

Produktionssysteme

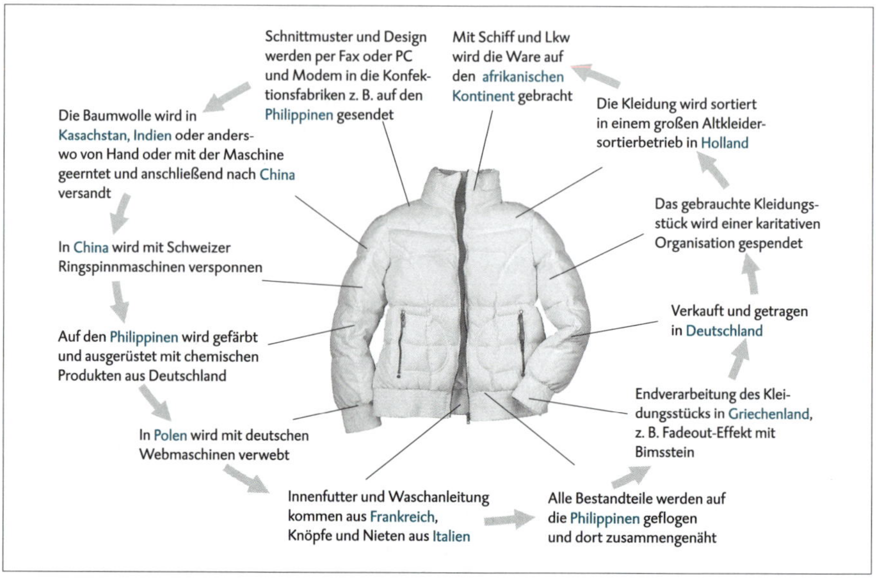

Globalisierter Handel, globalisierte Produktion: Beispiel Steppjacke

Eine besonders ausgeprägte Form dieser Arbeitsteilung stellen **virtuelle Fabriken** dar (siehe S. 161). Heute spricht man von einer **globalen Fragmentierung** der Produktion im Konsumgüter- und Investitionsgüterbereich. So beträgt der Anteil von Halbfertig- und Fertigwaren am weltweiten Handel derzeit bereits mehr als 40 %, da immer größere Anteile der Fertigungskapazitäten von Großkonzernen an ein Netzwerk global verstreuter Tochtergesellschaften und Zulieferer ausgegliedert wurden **(„Outsourcing")**.

Seit einigen Jahrzehnten haben sich auf diese Weise neue Märkte gebildet für Waren, Dienstleistungen, Kapital, Informationen und Technologien. Dieser Prozess hat letztlich auch die allgemeine Produktions- und Produktivitätsentwicklung, also eine Verbreiterung des Waren- und Dienstleistungsangebotes, begünstigt. Neben diesen Vorteilen bringt die internationale Arbeitsteilung jedoch auch Nachteile mit sich:

- Arbeits- und Produktionsschritte werden ins Ausland ausgelagert, häufig im Zusammenhang mit Lohnniveau-Überlegungen der Unternehmer. Dies bedeutet v. a. für die traditionellen Industriestaaten Arbeitsplatzverluste.
- In den sogenannten Billiglohnländern erfolgt ggf. eine zu starke Spezialisierung auf wenige Produkte, was die Abhängigkeit vom Weltmarkt erhöht und nur eine geringe Wertschöpfung ergibt. Häufig partizipiert nur ein kleiner Teil der Gesellschaft an diesen gering bezahlten Tätigkeiten.

- Im Rahmen des Handelns mit Rohstoffen ergibt sich durch seit Jahrzehnten gesunkene **Terms of Trade** eine zunehmende Benachteiligung der Rohstofflieferländer, da das Austauschverhältnis zwischen Rohstoffen und (Fertig-) Waren immer ungünstiger wird.
- Durch **Auslandsdirektinvestitionen (ADI)** erfolgt zwar eine Belebung nationaler Ökonomien und einzelner Unternehmen; allerdings ergeben sich wirtschaftliche Abhängigkeiten und Einflussnahmen, die einer nachhaltigen Entwicklung im Wege stehen können (siehe folgende Tabelle).

	2005	2009	2011
USA	15 369	248 074	396 656
Japan	45 781	74 699	114 353
Großbritannien	80 883	44 381	107 086
Frankreich	114 978	147 161	90 146
Hongkong	27 196	52 269	81 607
Belgien	32 658	9 205	70 706
Schweiz	51 118	27 793	69 612

Wichtigste Herkunftsländer weltweiter Direktinvestitionen (Investitionssummen im Ausland in Mio. US-$)

Weltweit agierende Unternehmen

Internationale Unternehmen, Multinationale Unternehmen (Multis)/ Transnationale Konzerne (TNKs)

Kennzeichen: Wirtschaftliche Aktivitäten in mindestens zwei Ländern; ggf. ausländische Firmenbeteiligungen, Tochterunternehmen, Joint Ventures; Handel/Absatz auf nationalen und internationalen Märkten; große Finanzkraft, Möglichkeit umfangreicher, z. T. risikobehafteter Investitionen; Kapitalanlage im Ausland; Koordination und Kontrolle wirtschaftlicher Tätigkeiten in verschiedenen Ländern; durch nationalen Markt oder staatliche Politik kaum beeinflussbar

Globale Unternehmen (Global Player)

Kennzeichen: Auslandsaktivitäten auf allen Kontinenten, umfangreiche ADI, zahlreiche Tochtergesellschaften; supranationales Unternehmensgeflecht ohne besondere nationale Bindung; ziehen Vorteile aus unterschiedlichen räumlichen Rahmenbedingungen, z. B. andersartiger Gesetzgebung, anderen Wissensständen und Währungsparitäten für eigene Zwecke (z. B. Reduzierung von Steuerabgaben); keine wirksame Kontrolle durch Staaten oder Organisationen

Multis, TNKs und Global Player besitzen die Flexibilität, ihre Tätigkeiten und Standorte den sich ändernden Rahmenbedingungen innerhalb von Staaten kurzfristig anzupassen – im Extremfall verlassen sie nach kurzer Zeit Produktions- und Investitionsstandorte wieder und ziehen weiter.

1.3 Wirtschaftsstandort Deutschland

Für den Wirtschaftsstandort Deutschland bedeuten die Globalisierungsvorgänge zum einen eine Teilhabe an der Ausweitung internationaler Märkte (globale Marktpräsenz), d. h. bessere Transfermöglichkeiten von Know-how, Kapital (ADI), Waren und Dienstleistungen sowie zunehmende internationale Kooperation infolge von gestiegener Wirtschaftsliberalisierung und Synergieeffekten. Die unternehmerischen Entscheidungen müssen solche globalen Aspekte immer deutlicher berücksichtigen; hierzu gehören u. a. Firmenbeteiligungen **(Joint Ventures)** und steigende Direktinvestitionen im Ausland. Dies gilt gleichermaßen für Unternehmen in allen Staaten, die die Möglichkeiten der weltweiten Wirtschafts- und Handelsvernetzung nutzen wollen.

Zum anderen gehen solche Globalisierungsvorgänge einher mit der Standortverlagerung lohnkostenintensiver Produktionszweige ins Ausland – und damit mit dem Verlust v. a. von Arbeitsplätzen, die eine geringere berufliche Qualifikation verlangen. Damit können folgende sozioökonomische Negativfolgen verbunden sein: steigende Arbeitslosenquote, sinkende Steuereinnahmen, geringeres Investitionsvolumen der öffentlichen Hand sowie das Risiko des sozialen Abstiegs breiter Bevölkerungsgruppen.

Zwischencheck

- Erläutern Sie die Auswirkungen des Globalisierungsprozesses auf die Weltwirtschaft.
- Stellen Sie dar, welche Rolle Deutschland innerhalb der Weltwirtschaft einnimmt.

2 Globale Zusammenarbeit

2.1 Neuere globalwirtschaftliche Tendenzen

Seit dem Ende des Kalten Krieges spielen sich vor dem Hintergrund bekannter Globalisierungsprozesse neuartige Tendenzen weltpolitischer und weltwirtschaftlicher Prägung ab:

- Aus der ehemals **bipolaren Weltordnung** (USA und UdSSR) treten die USA als wirtschaftshegemoniale Globalisierungsgewinner hervor. Bis heute bewahren sie mit ihren zahlreichen Großunternehmen/Global Players einen Spitzenplatz innerhalb der Weltwirtschaft.

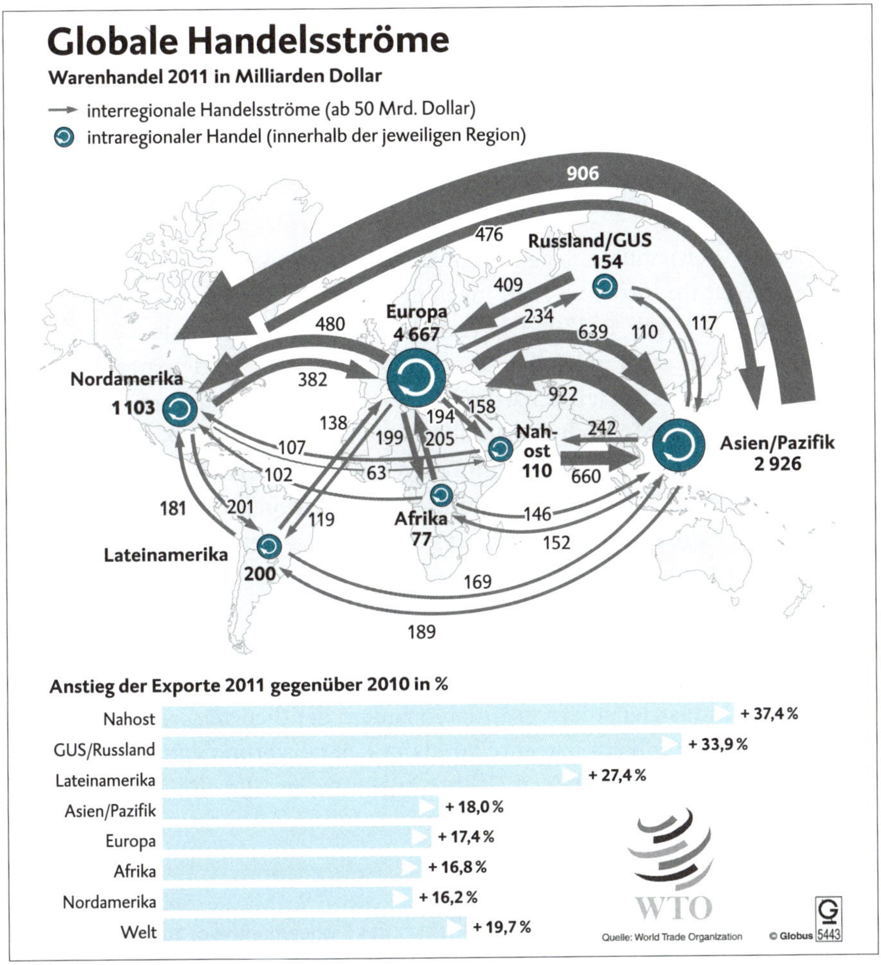

Waren wandern um die Welt

- Infolge der fehlenden Bindung der Entwicklungsländer an einen der beiden Wirtschaftsblöcke kommt es zu verstärkten **Differenzierungsprozessen**. Länder mit mittlerem Entwicklungsstand verbessern tendenziell Wirtschaftskraft und Lebensstandard – allerdings bei gleichbleibender Anzahl der ärmsten Länder. Insbesondere im subsaharischen Afrika gibt es immer mehr sogenannte **Failed States**, Länder mit ethnischen Konflikten, Bürgerkriegen, organisierter Kriminalität und Korruption.
- Gleichzeitig erleben **Schwellenländer**, allen voran China und Indien, aber auch Mexiko und Brasilien, gigantische Wachstumsraten, die eine zukünftige, eher multipolar geprägte Weltwirtschaftsordnung ankündigen.

- Parallel zur Internationalisierung von Waren-, Dienstleistungs- und Kapitalströmen verstärken sich **Regionalisierungstendenzen** in Großregionen, die als **Wirtschaftsbündnisse** Marktanteile und spezifische Interessen sichern wollen (z. B. NAFTA, ASEAN, EU, MERCOSUR; siehe S. 241).

2.2 Der globalisierte Warenhandel

Der aktuelle Welthandel zeigt eine räumliche Konzentration der Haupthandelsströme sowohl im intra- als auch im interregionalen Bereich auf die Regionen der **Triade** (siehe Abb. S. 239). Der Anteil der weniger entwickelten Staaten am Handelsvolumen ist vergleichsweise gering. Ursachen sind **protektionistische Maßnahmen** der wirtschaftlichen Wachstumsregionen, mit denen diese die eigene Wirtschaft nach außen abschotten (siehe blauen Kasten). Neben **Schutzzöllen** haben z. B. die EU und die OECD-Staaten auf dem Agrarsektor durch hohe **öffentliche Subventionen** diese Situation verstärkt.

Selbst im Rahmen von Entwicklungszusammenarbeit unterwerfen Industrieländer ihre Entwicklungslandpartner erheblichen **Zoll- und Handelsbarrieren**. Daneben schränken bilaterale Handelsvereinbarungen innerhalb von **Freihandelszonen** (siehe S. 243) den Verhandlungsspielraum der Entwicklungsländer z. B. bei der Marktpreisgestaltung ein. Die Transnationalen Konzerne in den Industrieländern profitieren zudem deutlich stärker von Entwicklungen der Kommunikationstechnik und der Liberalisierung der Finanzmärkte; sie stehen am Ende der **Wertschöpfungskette**, an der die Entwicklungsländer nur geringe Teilhabe besitzen.

Protektionismus versus freier Welthandel

Protektionismus: Wirtschaftspolitik zum Schutz des Binnenmarkts vor ausländischer Konkurrenz; Maßnahmen: tarifäre und nicht-tarifäre Handelshemmnisse

Handelshemmnisse:

- **tarifäre:** Zölle; gesetzlicher Schutz des Binnenhandels durch Zollpolitik
- **nicht-tarifäre:** strenge Normvorschriften, Zulassungsregelungen (Investitionsbeschränkungen, Einfuhrquoten u. a.) einerseits, Unterstützung der eigenen Wirtschaft durch Zuschüsse/Subventionen, Absatzgarantien oder Abnahmefestpreise andererseits

Embargo: Handelssperre; Verhängung eines Export- oder Importverbotes gegen ein Land

Handelsliberalisierung: Vorgang zur Erreichung freier/-er Handelsbedingungen

Freier Welthandel/Freihandel/Freihandelspolitik: Ziel: ungestörter internationaler Handel ohne Verbote, Import-Kontingentierung oder andere Handelshemmnisse; Steuerung von Produktion und Handel nach marktwirtschaftlichem Grundsatz von Angebot und Nachfrage auf der Grundlage der Theorie des klassischen Wirtschaftsliberalismus

2.3 Zielsetzungen bedeutender Wirtschaftsblöcke und Staaten

Neben den internationalen Vernetzungstendenzen lassen sich im Rahmen der Globalisierung Verdichtungsprozesse in Staaten und Staatengruppen beobachten, die durch Handelsabkommen ihr Wirtschaftspotenzial intra- und interregional absichern und stärken wollen. 1980 waren es weltweit 21 zwischenstaatliche Abkommen, 2005 bereits 168. Dieser Prozess wird auch **„regionale Blockbildung“** oder **„regionale Integration“** genannt. Ziel von **Freihandelszonen** wie z. B. NAFTA, EFTA oder MERCOSUR ist der Abbau von Zöllen und Handelshemmnissen aller Art zwischen den beteiligten Staaten im Rahmen des Intrahandels (siehe Text S. 242).

Zu diesen Blöcken zählen sowohl die Länder der Triade als auch andere Staatengruppen. Besonders China hat sich seit den 1990er-Jahren ungeheuer schnell und stark entwickelt. Seit 2002 weist das Land jährliche Steigerungsraten von 10 % auf, 2011 und 2012 lagen die Werte bei 9,2 % bzw. 7,8 %. Die Wachstumszahlen des gesamten ost- und südostasiatischen Raumes lagen mit 4–8% deutlich über denen anderer Regionen auf der Welt; der Zusammenschluss in der ASEAN hat hierzu beigetragen.

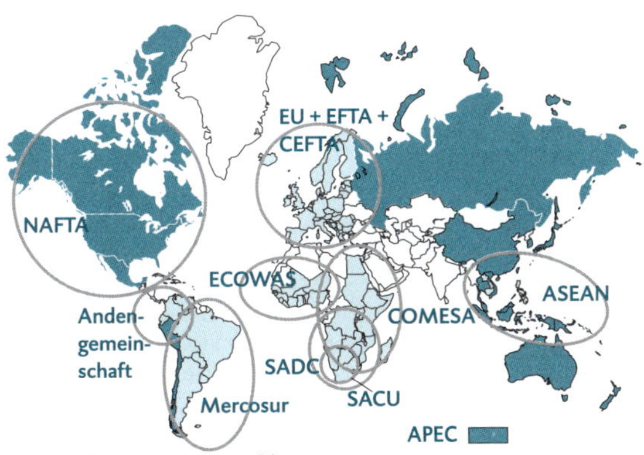

Wirtschaftsbündnisse 2010 (Auswahl)

APEC:	Asia-Pacific Economic Cooperation (21 Staaten, 2 647 Mio. Einw.)
ASEAN:	Association of South East Asian Nations (10 Staaten, 550 Mio. Einw.)
CEFTA:	Central European Free Trade Agreement (39 Staaten, 520 Mio. Einw.)
COMESA:	Common Market for Eastern and Southern Africa (20 Staaten, 392 Mio. Einw.)
ECOWAS:	Economic Community of West African States (15 Staaten, 248 Mio. Einw.)
EFTA:	European Free Trade Association (siehe CEFTA)
EU:	Europäische Union (siehe CEFTA)
MERCOSUR:	Mercado Commun del Sur (5 Staaten, 245 Mio. Einw.)
NAFTA:	North American Free Trade Agreement (3 Staaten, 423 Mio. Einw.)
SACU:	Southern Africa Customs Union (5 Staaten, 52 Mio. Einw.)
SADC:	Southern African Development Community (14 Staaten, 215 Mio. Einw.)
Andengemeinschaft	(4 Staaten, 92 Mio. Einw.)

Wirtschaftszusammenschlüsse

Ostasien schafft größte Freihandelszone der Welt

[...] Mit dem Jahreswechsel ist die größte Freihandelszone der Welt geschaffen worden – zumindest gemessen an ihrer Bevölkerung von fast 1,8 Milliarden Menschen. China und die sechs führenden Länder der zehn Staaten Südostasiens hatten beschlossen, mit Beginn dieses Jahres gut 90 Prozent aller Zölle zu streichen. Bis zur letzten Minute hatte Indonesien noch versucht, den Vertrag nachzuverhandeln, aus Sorge, von chinesischen Billigwaren überschwemmt zu werden. Dank weiterer Abkommen mit Australien und Neuseeland, Japan, Indien und Südkorea hat sich Südostasien zur Kernregion einer Freihandelszone entwickelt, die die halbe Welt umspannt.

Gemessen am Handelsvolumen, bildet das Abkommen zwischen China und Südostasien die drittgrößte Freihandelsregion der Erde, nach der Europäischen Union und der Nordamerikanischen Freihandelszone. Die beteiligten Länder Asiens kommen auf knapp 200 Milliarden Dollar Handelsvolumen. Vor zehn Jahren hatte es erst 39,5 Milliarden Dollar betragen. Inzwischen ist China Südostasiens drittgrößter Handelspartner nach Japan und Europa und damit an Amerika vorbeigezogen. Die Region kommt auf ein summiertes Bruttoinlandsprodukt von fast 6 000 Milliarden Dollar. „Wenn China wächst, müssen wir sicherstellen, dass wir als Lieferant Gewicht behalten", sagte der Generalsekretär des südostasiatischen Staatenbundes ASEAN, Surin Pitsuwan. Die gesamte Wirtschaftsleistung der ASEAN-Länder ist größer als diejenige Indiens. Für China interessant sind besonders Rohstoffe seiner Nachbarregion wie Palmöl, Gummi, Holz oder Gas in Ländern wie Burma (Myanmar) oder Indonesien. Zugleich hofft Peking, sich dank des wachsenden Wohlstands Südostasiens einen gewissen Ausgleich für den langsamer wachsenden Absatz seiner Waren in Europa und Amerika zu schaffen.

Große Ängste in Indonesien

Bis 2015 will Ostasien auch die Zölle auf die verbliebenen „sensitiven Güter", zu denen nicht nur Teile für Automobile oder auch Chemikalien zählen, sondern auch Popcorn in Indonesien oder Schneestiefel in Südkorea, auf höchstens noch 50 Prozent verringern. Schon seit 2005 arbeiten China und die sechs führenden Länder Südostasiens – Indonesien, Brunei Darussalam, Malaysia, die Philippinen, Thailand und Singapur – am Abbau der Zölle. In fünf Jahren sollen dann auch Vietnam, Burma, Kambodscha und Laos folgen. Das chinesische Handelsministerium erklärte, der Durchschnittszoll für Waren aus Südostasien liege nun bei 0,1 Prozent, nach 9,8 Prozent zuvor. Die Einfuhrgebühr für chinesische Güter in Südostasien ist von 12,8 auf nun 0,6 Prozent gefallen. Nicht berührt von dem jetzt in Kraft getretenen Handelsabkommen aber sind nichttarifäre Handelshemmnisse, die nach Ansicht von Fachleuten noch sehr viel mehr Spielraum für Senkungen bieten. Denn die Zölle, die nun gestrichen wurden, lagen in den meisten Fällen ohnehin nur noch bei rund 5 Prozent.

Indonesien, das größte Land Südostasiens, fürchtet aber für viele seiner Branchen, dass sie nun von der chinesischen Industrie überrannt werden. Als besonders gefährdet sehen die Indonesier den Textilsektor, Stahl und Elektronik an. Die Vereinigung der Schuhhersteller warnte, dass der Anteil chinesischer Hersteller am indonesischen Schuhmarkt von derzeit 40 auf 60 Prozent steigen werde. Damit würden mindestens 400 000 Arbeitsplätze in Indonesien verloren gehen. Deshalb hatte die Regierung Mitte vergangener Woche angekündigt, den Vertrag vor dem Inkrafttreten noch einmal zu überprüfen. Es blieb allerdings bislang bei der Ankündigung. Schon jetzt verzeichnen die sechs Länder Südostasiens ein Handelsdefizit mit China von fast 22 Milliarden Dollar. Japan indes hat schon vorgeschlagen, die einzelnen Abkommen Asiens zusammenzuführen zu einer gemeinsamen Freihandelsregion, die dann Ostasien und Amerika umfassen sollte. ■

Christoph Hein, Singapur (FAZ vom 3. Januar 2010)

Rang	Exporteur	Wert (Mrd. US-$)	Weltanteil (%)
1	VR China	2 049	11,2
2	USA	1 547	8,4
3	Deutschland	1 407	7,7
4	Japan	799	4,4
5	Niederlande	656	3,6
6	Frankreich	569	3,1
7	Rep. Korea	548	3,0
8	Russland	529	2,9
9	Italien	500	2,7
10	Honkong	493	2,7

Rang	Importeur	Wert (Mrd. US-$)	Weltanteil (%)
1	USA	2 335	12,6
2	VR China	1 818	9,8
3	Deutschland	1 167	6,3
4	Japan	886	4,8
5	Großbritannien	680	3,7
6	Frankreich	674	3,6
7	Niederlande	591	3,2
8	Honkong	554	3,0
9	Rep. Korea	520	2,8
10	Indien	489	2,6

Die größten Exporteure und Importeure der Welt 2012

2.4 Besonderheiten: Freihäfen und Sonderwirtschaftszonen

Neben Steuerungs- und Wirtschaftsplanungsmaßnahmen, die ganze Staaten betreffen, gibt es außerdem solche, die nur einzelne Regionen oder Städte mit einem wirtschaftlichen Sonderstatus versehen. Das wirtschaftliche Ziel besteht darin, einen Entwicklungsrückstand aufzuholen oder aber grundsätzliche wirtschaftliche Wachstumsimpulse durch besondere Anreize auszulösen.

Wirtschaftsbezogene Steuerungsmöglichkeiten

- **Freihandelsabkommen:** Völkerrechtlicher Vertrag zur wirtschaftlichen Integration zwischen Staaten. Gegenüber Drittstaaten behält jeder Partner sein eigenes Zollrecht, anders als bei einer Zollunion.
- **Freihandelszone:** Zusammenschluss mehrerer Länder zu einem gemeinsamen Wirtschaftsraum mit dem Ziel, den Warenaustausch und damit auch die Wirtschaftsentwicklung zu fördern. Innerhalb der Freihandelszone ist der Außenhandel der beteiligten Länder (= Intrahandel) keinen Einschränkungen unterworfen (Freihandel).
- **Industrie-Freihandels-Park:** Dieser hat die Funktion eines industriellen Entwicklungspols; er wird von staatlicher Seite durch räumliche Organisation (Standortgestaltung durch Infrastrukturbereitstellung), gesetzgeberische Maßnahmen (z. B. zeitlich befristete Zollbefreiungen), ggf. Subventionen in Form günstiger Kredite gefördert. Ziel ist eine weltmarktorientierte Produktionsausrichtung, von der jedoch auch der eigene Binnenmarkt profitieren soll.

Freihäfen sind Teil eines Hafens oder ganze Häfen, die nicht der Zollhoheit des betreffenden Landes unterstehen; rechtlich handelt es sich um Zollausland. In die Freihäfen können Waren zollfrei eingeführt werden; dort werden sie zwischengelagert oder weiterverarbeitet, ggf. bis zum Endprodukt. Hierbei kann es sich gleichermaßen um die Verarbeitung landwirtschaftlicher (z. B. Rösten von Rohkaffee) oder industrieller Produkte (z. B. Herstellung von Stahl) handeln. Eine Einfuhrumsatz- oder Produktionsumsatzsteuer fällt für das Unternehmen erst dann an, wenn die Waren auf dem Landweg eine Grenze passieren. Auf diese Weise können Wachstumsimpulse ausgelöst werden, da die Produktionskosten vergleichsweise niedrig sind (Wettbewerbsvorteil). Freihäfen entwickeln sich häufig zu regelrechten Industriestandorten.

In Deutschland besitzen Bremerhaven und Cuxhaven den Status von Freihäfen des Kontrolltyps I der EU, in denen Zölle entfallen; Teile des Duisburger Hafens und der Hafen Deggendorf gehören zum Kontrolltyp II (dort fallen Steuern an). Freihäfen gibt es außerdem in vielen Entwicklungsländern und Schwellenländern Asiens.

Bei **Sonderwirtschaftszonen** handelt es sich dagegen um Gebiete eines Staats, in denen die übliche Gesetzgebung für Wirtschaft und Steuern keine Gültigkeit hat; man kann von einer „kleinen Freihandelszone" sprechen. Die sich dort niederlassenden Unternehmen genießen Sonderrechte in Form niedriger Grundstückspreise und Pachtzinsen, die Steuersätze sind niedriger und es werden **Handelserleichterungen** gewährt. Daneben besitzen Sonderwirtschaftszonen in Entwicklungs- und Schwellenländern den großen Vorteil sehr niedriger Lohn- und Arbeitskosten. Im Extremfall liegen zwischen Binnenland und Sonderwirtschaftszone sogar deutliche Unterschiede hinsichtlich der inneren und äußeren **Wirtschaftsordnung** vor. Das deutlichste Beispiel hierfür ist China, das zu Zeiten des kommunistischen Systems und der zentralen Verwaltungs-/Planwirtschaft (siehe S. 250 f.) ab 1980 damit begann, in „Geöffneten Gebieten" im Osten des Landes, abgegrenzt vom Binnenmarkt, marktwirtschaftliche Versuche zu starten. Ziel war die Herstellung weltmarktfähiger Exportgüter mithilfe ausländischen Know-hows und ausländischer Investitionen, die Devisen ins Land bringen sollten, außerdem die Erschließung neuer Absatzmärkte außerhalb Asiens. Mit der Form der „Geöffneten Küstenstädte" seit 1984 und „Sonderwirtschaftszonen" setzte China diesen durch den Staat gesteuerten Wirtschaftsprozess fort.

Sowohl Freihäfen als auch Sonderwirtschaftszonen wirken sich auf das globale Wirtschaftsgeschehen und den globalen Welthandel aus, da sie durch die Beteiligung ausländischer Firmen und die allgemeine wirtschaftliche Expansion Unternehmensstrukturen, Beschäftigung, Produktion und Warenvertrieb weiter entwickeln und nationale wie fremde Volkswirtschaften beeinflussen.

2.5 Politische Gründe für wirtschaftliche Zusammenarbeit

Neben wirtschaftlichen spielen häufig auch politische Gründe eine Rolle für solche Wirtschaftsbündnisse, wie z. B. im Fall der Europäischen Union. Globalisierungsbefürworter sehen die weitere Entwicklung von Wirtschaftsbündnissen mit Skepsis, z. B. die Überlegungen zur Gründung der **FTAA** (Free Trade Association of America). Dieser Prozess ist zwar aufgrund von Widerständen einiger lateinamerikanischer Staaten zurzeit unterbrochen. Die Perspektive eines Wirtschaftsbündnisses, das Gesamtamerika umfasst, lässt jedoch Befürchtungen wachsen, ein solcher verstärkter **intraregionaler Handel** könne Entwicklungsländern den Zugang zum Weltmarkt erschweren, wenn nicht gar versperren. 2013 haben die EU und die USA Verhandlungen aufgenommen mit dem Ziel eines transatlantischen Freihandelsabkommens.

Zwischencheck

- Entwerfen Sie eine Mindmap zu den beiden Begriffspolen „Wirtschaftsprotektionismus“ und „Freihandel“.
- Erläutern Sie am Beispiel der EU oder der NAFTA die Zielsetzungen von supranationalen Wirtschaftsbündnissen.

3 Versuche überstaatlicher Steuerung

Die **disparitären Weltwirtschafts- und Welthandelsstrukturen** haben bereits seit den 1970er-Jahren zu Überlegungen geführt, wie ein immer weiteres Auseinanderdriften der Wirtschaftskraft von Industrie- und Entwicklungsländern gestoppt werden könne – weitgehend ohne Erfolg. Die „Schere“ hat sich immer weiter geöffnet, die Verschuldungsraten sind gestiegen, „Entwicklungspolitik“ hat zwar lokal und regional begrenzte, aber selten die erhofften flächendeckenden und gesamtstaatlichen Erfolge gebracht.

3.1 Leitbilder und Instrumente zur Steuerung des Welthandels

Die stetig gestiegenen Auslandsverschuldungen sowie die großen Unterschiede bei Wirtschaftskraft und Lebensbedingungen führten immer wieder zu Forderungen nach neuen globalen Wirtschaftsordnungen.

Leitbilder

- 1950er-/1960er-Jahre: Wachstum und Modernisierung („**Aid by Trade**"; „**Big Push**", „**Trickle-down-Effekt**" – nachholende Industrialisierung, u. a. mittels Kapitalhilfe und Technologietransfer)
- 1960er-Jahre: Befriedung der Grundbedürfnisse **(„Basic Needs", „Basic Human Needs")**
- 1960er-/1970er-Jahre: Neue Weltwirtschaftsordnung (Forderung zur Reformierung internationaler Wirtschaftsbeziehungen durch die Entwicklungsländer, u. a. gerechtere Austauschbeziehungen/**Terms of Trade**, stabilere Rohstoffpreise: „**Buffer Stocks**")
- 1970er-/1980er-Jahre: Abkoppelung der Entwicklungsländer vom Weltmarkt und autozentrische Entwicklung **(„Self Reliance")**
- 1990er-Jahre: Nachhaltigkeit **(„Good Governance")**
- 2000er-Jahre: Armutsminderung im Rahmen der **Millenniumentwicklungsziele** bis 2015

BIZ = Bank für Internationalen Zahlungsausgleich
IWF = Internationaler Währungsfonds
UNCTAD = United Nations Conference on Trade and Development

GATT = General Agreement on Tariffs and Trade
GATS = General Agreement on Trade in Services
TRIPS = Agreement on Trade-Related Aspects of Intellectual Property Rights

Weltwirtschaftsordnung: Bereiche und bedeutende Institutionen

Die WTO und die nationale Wirtschaftspolitik

Als Nachfolgeorganisation des Allgemeinen Zoll- und Handelsabkommens (GATT) nahm 1995 die **WTO (World Trade Organisation/Welthandelsorganisation)** als freiwilliger Zusammenschluss von gegenwärtig 148 Staaten die Arbeit auf. Neben dem **Internationalen Währungsfonds (IWF)** und der **Weltbank** ist die WTO die wichtigste Institution zur Behandlung internationaler Wirtschaftsprobleme. Ihre wesentlichen Ziele sind der weitere Abbau von Handelshemmnissen und die Senkung von Zöllen sowie eine Fortsetzung der Liberalisierung des Handels mit dem Ziel des internationalen Freihandels. Daneben überwacht die WTO internationale Handels- und Dienstleistungsregelungen sowie Abkommen über Patente, Eigentumsrechte u. a.

3.2 Wirksamkeit internationaler Handelsabkommen

Vor dem Hintergrund starker Globalisierungsprozesse und der Weltwirtschaftskrise 2008, die eine bis ins Jahr 2014 andauernde Rezession nach sich zog, sehen sich auch die internationalen Handelsabkommen zunehmender Kritik ausgesetzt. Dabei ist krisenunabhängig festzuhalten, dass die Ziele zur besseren Integration entwicklungsrückständiger Staaten in den Welthandel von den zahlreichen globalen Organisationen und nationalen Institutionen durchaus ernsthaft verfolgt werden. Letztendlich kommen die wirtschaftliche Globalisierung in ihrer heutigen Form und damit auch die meisten Handelsabkommen aber den Industrieländern zugute. Dies hat mehrere Gründe:

- Die Weltwirtschaft wird von wenigen reichen Industrieländern gesteuert.
- Selbst innerhalb von Wirtschaftsverbünden geben ein Staat oder wenige Staaten den Ton an (z. B. die USA innerhalb der NAFTA).
- Der Wohlstand der Industrieländer ist letztlich Resultat eines Überschusses wirtschaftlichen Potenzials gegenüber den weniger entwickelten Ländern.
- Innerhalb global agierender Organisationen (z. B. Weltbank, UNCTAD) bestimmen die Industrieländer auf der Grundlage ihres meist privilegierten Stimmrechts auch über die wirtschaftliche Integration weniger entwickelter Länder.
- Die Staaten mit Entwicklungsdefiziten lassen sich nicht schematisch mit einem „Generalplan“ in die Weltwirtschaft integrieren, da die Ursachen und Ausprägungen wirtschaftlicher Unterentwicklung äußerst verschiedenartig und komplex sind.
- Seit dem Zusammenbruch des Ostblocks in den 1990er-Jahren ist in der Weltwirtschaft ein immer stärker werdender Intensivierungsprozess globaler Netzwerke in den Bereichen Kommunikation, Technologie und Kapital-

transfer festzustellen. Gerade diese Bereiche werden als Folge des starken Technologie- und Wissensvorsprungs und der vorhandenen Management-Infrastruktur in den Industrieländern eben von diesen dominiert.

- Die Globalisierung wirkt sich in einer globalen Konkurrenzsituation und verschärften Wettbewerbsbedingungen aus. Hierdurch werden weniger entwickelte Länder gezwungen, bereits initiierte außerwirtschaftliche Entwicklungen (z. B. Aufbau von Bildungssektor und Gesundheitswesen) zugunsten einer kostenminimierenden Produktion und Investitionen in die wirtschaftliche Entwicklung aufzugeben. Dieses Phänomen des Abbaus bestehender gesellschaftssozialer Standards wird als **„Race to the Bottom"** bezeichnet.

Zwischencheck

- Nennen Sie Bereiche und Institutionen der Weltwirtschaftsordnung.
- Erläutern Sie, warum Industrieländer von der wirtschaftlichen Globalisierung stärker profitieren als Entwicklungsländer.

Welthandel – inter- und intraregionale Warenströme

Aufgabe 1 Beschreiben Sie die globalen Warenströme.

Aufgabe 2 Erläutern Sie die erkennbaren Strukturen des Welthandels vor dem Hintergrund des Globalisierungsprozesses.

M 1 Weltweite Handelsströme 2010

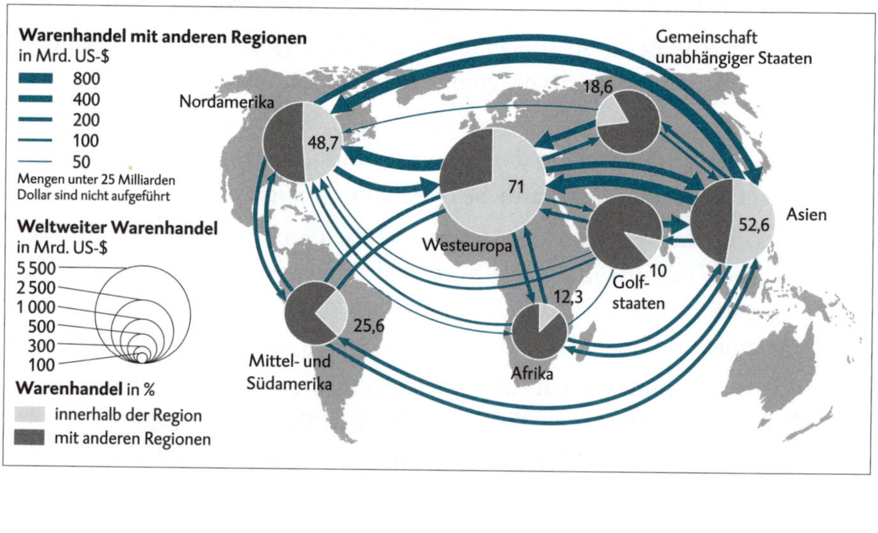

Transformationsprozesse und Raumordnung in Europa

Fahnen vor dem Europaparlament in Straßburg.

1 Transformationsprozesse in Osteuropa

1.1 Wirtschaftsordnungen im Vergleich

Wirtschaftsordnungen sind in einer von Arbeitsteilung und Spezialisierung gekennzeichneten Volkswirtschaft notwendig, damit mit den nur bedingt verfügbaren Ressourcen sinnvoll und sparsam umgegangen wird und möglichst viele Wünsche und Bedürfnisse der Menschen befriedigt werden können. So sind alle wichtigen Produktionsfaktoren zu koordinieren (Arbeit, Wissen, Kapital, Ressourcen), und die produzierten Waren müssen auf die Märkte zu den Konsumenten transportiert werden.

In den verschiedenen Gesellschaftssystemen haben sich unterschiedliche Vorstellungen von Art und Umfang freier bzw. gelenkter Wirtschaftsvorgänge entwickelt. Besonders zwischen den demokratischen Gesellschaften und den sozialistischen bzw. kommunistischen haben sich ideologisch begründet deutliche Unterschiede herausgebildet.

Zu Beginn der 1990er-Jahre ist in Osteuropa das sozialistische Gesellschaftssystem zusammengebrochen. Seit diesem Zeitpunkt hat das Modell der **zentralen Wirtschaftsplanung** (zentrale Verwaltungswirtschaft, Planwirtschaft) weitgehend an Bedeutung verloren. Stattdessen hat sich fast überall das **Prinzip der Marktwirtschaft** durchgesetzt, wobei in Europa die Mischform der sogenannten **sozialen Marktwirtschaft** dominiert.

Wirtschaftsordnungen im Vergleich

Merkmale zentraler Wirtschaftsplanung

- zentral gelenkte Planung, z. B. Aufstellen von Jahres-/5-Jahres-Plänen
- Wirtschaftsziel: Planerfüllung, vor allem im Hinblick auf Bedarfsdeckung mit Gütern des täglichen Bedarfs zu niedrigen Preisen
- fehlender Wettbewerb, u. a. mit der Folge geringer Investitionen in FuE-Branchen
- fehlende Modernisierung
- staatliche Lenkung und Kontrolle aller Wirtschaftsvorgänge
- kein/kaum Privateigentum an Produktionsmitteln, sondern Staatsbesitz
- Geld- und Kreditwesen in Staatsbesitz
- zentrale Verteilung von Waren, Außenhandel staatlich organisiert
- zentrale Preisfestlegung durch den Staat (Preisdiktat)
- enge Verknüpfung von Politik und Wirtschaft durch z. B. identische Personen

ideologische Basis: Marxismus/Leninismus

Merkmale sozialer Marktwirtschaft

- Sozialgesetzgebung durch den Staat = ordnungspolitischer Rahmen; „sozial“: Sicherung der Wettbewerbsordnung und menschenwürdiger Arbeits- und Lebensverhältnisse
- freie unternehmerische Entscheidungen
- Wirtschaftsziel: Gewinnmaximierung
- freie Kräfte des Marktes = Wettbewerb/Angebot und Nachfrage
- freier Handel und freie Preisgestaltung; Möglichkeit des Staates zur Intervention, z. B. durch Protektionismus, Subventionen

Begründer: Adam Smith (1723–1790: Wirtschaftsliberalismus)
Motto: „So viel Markt wie möglich, so viel Staat wie nötig“

Die Weltwirtschaftskrisen der Jahre 2008 und 2011 lassen die Frage aufkommen, ob ein solches auf „kapitalistische“ Gewinnmaximierung und Wohlstandssteigerung ausgerichtetes wirtschaftliches Handeln für den Großteil der Menschen tatsächlich die erhofften Verbesserungen bringt, z. B. im Hinblick auf die Steigerung von Lebensstandards.

1.2 Transformation im Osten Europas

Die Sowjetunion versuchte, ihre große Bevölkerung trotz natürlicher Ungunstfaktoren in großen Teilen des Unionsgebietes durch die Betriebsformen **Kolchose**, **Sowchose** und **Hoflandwirtschaft** zu ernähren. Trotz staatlicher Lenkung und umfangreicher Neulandprogramme gelang dies wiederholt nicht, sodass umfangreiche Weizenimporte, z. T. sogar vom „Klassenfeind“ USA, notwendig wurden. Fehlende Investitionen, unzureichende Modernisierungen u. a. führten dazu, dass sich die Landwirtschaft Anfang der 1990er-Jahre in einem kaum konkurrenzfähigen Zustand befand. Ähnlich sah es in der Industrie aus: Die **Kombinate**, mit deren Hilfe die Industrialisierung in der ersten Hälfte des 20. Jh. stattfand – auch die Kombinate in den **territorialen Produktionskomplexen** (TPKs), den Entwicklungsschwerpunkten –, hielten einem Vergleich mit westlichen Standards nicht stand.

Der Zusammenbruch der Sowjetunion hatte in den ehemaligen Mitgliedsstaaten des östlichen Mitteleuropas, Ost- und Südeuropas sowie Kaukasiens und Zentralasiens einen politischen und wirtschaftlichen **Transformationsprozess** zur Folge.

Transformation: Begriffsdefinition
Unter Transformation versteht man Wandel oder Veränderung von Formen und Strukturen. In politischer Hinsicht bezeichnet man hiermit den Umwandlungsprozess der ehemals kommunistischen/sozialistischen Staaten Mittel- und Osteuropas zu Demokratien, in wirtschaftlicher Hinsicht die Umwandlung von der Plan- in die Marktwirtschaft.

Als in den Jahren 1990 und 1991 die ehemaligen Mitglieder der Union der Sozialistischen Sowjetrepubliken (UdSSR) ihre Unabhängigkeit infolge politischer und wirtschaftlicher Probleme erklärten, endete die Existenz der Sowjetunion. Bis auf die baltischen Staaten Estland, Lettland und Litauen sowie Georgien schlossen sich die übrigen Staaten im Dezember 1991 zu einem neuen Verbund, der **Gemeinschaft unabhängiger Staaten (GUS)**, zusammen, ihr trat Georgien 1994 nachträglich bei. Ihre politischen, militärischen und wirtschaftlichen Ziele wurden bis heute jedoch weitgehend nicht realisiert.

Die Mitgliedsstaaten der GUS

Einige der Transformationsstaaten wurden 2004 (Estland, Lettland, Litauen, Polen, Slowenien, Slowakei, Tschechien, Ungarn), 2007 (Bulgarien, Rumänien) bzw. 2013 (Kroatien) in die EU aufgenommen. Die Slowakei, Slowenien, Estland und Lettland haben bereits den Euro (siehe S. 263) als Währung eingeführt.

An die Stelle der früheren sozialistischen zentralen Staatswirtschaft trat nach und nach eine eher demokratisch begründete Marktwirtschaft. Je nach Ausgangssituation, Geschwindigkeit des politischen Wandels und Unterstützungen durch westliche Staaten zeigen diese Staaten hierbei deutlich unterschiedliche Konversions-Geschwindigkeiten. Man spricht von **Transformationsländern**, **Konversionsländern** oder ***countries in transition***.

Transformationsprozesse in der Landwirtschaft

In der Landwirtschaft wurden die großen Staatsbetriebe in der Regel in kleinere Betriebseinheiten zerlegt und teilweise privatisiert, teilweise in Agrargenossenschaften nach westlichem Vorbild umgewandelt mit dem Ziel, produktiver zu wirtschaften. Eine Ausnahme bildeten die GUS-Staaten: Dort erfolgte weitgehend eine Umwandlung in **Genossenschaften** und **Kapitalgesellschaften** bzw. in eher privatwirtschaftliche **Fermer-Betriebe**.

Land	Staatsbetriebe 1989	LPG 1989	Privatbetriebe 1989	Staatsbetriebe 1995	Agrargenossenschaften 1995	Privatbetriebe 1995
Polen	19	4	77	18	4	78
Tschechien	38	61	1	16	66	18
Ungarn	14	80	6	7	35	38

Landwirtschaftliche Betriebsformen vor und nach der Reform (in %)

Betriebsformen	1989	1996
Staatsgüter	6 259 ha	732 ha
Genossenschaften	2 577 ha	1 415 ha
Private Betriebe	4 ha	35 ha

Durchschnittliche Betriebsgrößen in Tschechien

Bald stellte sich heraus, dass besonders Kleinbetriebe wegen zu geringer Flächen, unrentabler Produktion, Kapitalmangel und fehlender Modernisierung dem freien Wettbewerb oder der Konkurrenz preiswerter Agrarimporte oft nicht gewachsen waren bzw. sind. Eine Ausnahme hiervon stellen **spezialisierte Kleinbetriebe** dar, die z. B. Geflügel, Obst, Gemüse oder Kartoffeln produzieren. Die meist schlechte Infrastruktur auf dem Land, häufig auch fehlende Motivation der Mitarbeiter sind weitere Entwicklungshemmnisse. Der Anteil der in der Landwirtschaft Beschäftigten ist gesunken, Anzahl und Größe der Großbetriebe nahmen hingegen zu. Im Quervergleich mit den Produktions- und Produktivitätszahlen der EU ergibt sich ein jeweils deutlicher Nachteil der osteuropäischen Staaten, was im Hinblick auf einen gemeinsamen EU-Agrarmarkt im Zuge der EU-Osterweiterung problematisch ist.

Transformationsprozesse in der Industrie

Der Wegfall staatlicher Lenkung und Inputs in der Zeit nach dem Zerfall der UdSSR führte in der Industrie und speziell in den großen **Kombinaten** häufig dazu, dass begonnene Investitionsvorhaben nicht abgeschlossen werden konnten, unternehmerisches Know-how oder genügend eigenes Kapital fehlten – das Gesamtsystem funktionierte nicht mehr. Da sich zudem die **Branchenstruktur** kaum änderte (Schwerindustriebetriebe dominieren weiterhin), eine notwendige **Diversifizierung der Produktion** bisher weitgehend ausblieb, die Qualität vieler Produkte mit westlichen Standards nicht mithalten konnte, kam es zu Absatz- und Wettbewerbsproblemen.

Transformationsprozesse im tertiären Sektor

Eine **Kundenorientierung** im westlichen Sinne gab es zu Zeiten der zentralen Verwaltungswirtschaft nicht – es fehlte an Wettbewerb, an dienstleistungsbezogener Einstellung, häufig auch an Waren. Militär, Polizei, Sicherheitsorgane, Verwaltung/Ministerien, Bildungseinrichtungen und wissenschaftliche Zentren dominierten den tertiären Sektor.

Nach 1990 waren plötzlich **marktwirtschaftliche Standortüberlegungen** und Kundenorientierung gefragt – aus diesen neueren Prozessen hielt sich der Staat weitgehend heraus. Häufig entstanden tertiäre Standorte zunächst und v. a dort, wo bis dahin nach westlichem Konsumempfinden Defizite bestanden. Die Anpassung an westliche Lebensstile, zunehmende Motorisierung und rasch gestiegene Einflüsse moderner Medien haben privatwirtschaftlich ausgerichtete Branchen und Arbeitsplätze entstehen sowie die Umsätze und den Wirtschaftsanteil des tertiären Sektors überproportional steigen lassen (siehe folgende Abb.).

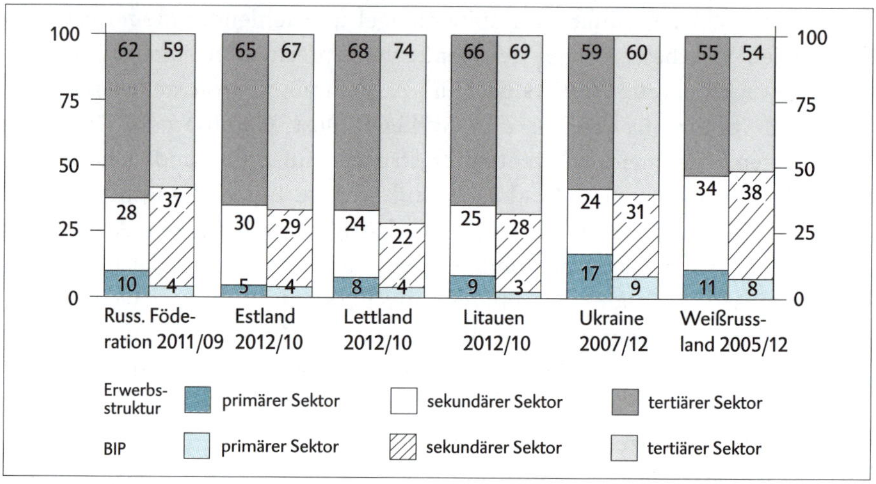

Erwerbsstruktur nach der Wende

Aktuelle wirtschaftliche Situation

Die GUS-Staaten und die europäischen Transformationsländer erlebten im Jahr 2009 den stärksten **Konjunktureinbruch** aller Regionen weltweit. Dies spiegelte sich in einem sinkenden BIP, rückläufiger Produktion, einem Rückgang der ausländischen Direktinvestitionen, einem geringeren Handelsvolumen, einem Verfall von Immobilienpreisen sowie steigender Arbeitslosigkeit wider. Seit 2010 zeigten sich die Transformationsstaaten wieder erholt und wiesen ein deutliches Wirtschaftswachstum von stellenweise über 5 % auf. Besonders die **rohstoffexportierenden Länder** wie Kasachstan, Turkmenistan, Usbekistan und Russland profitierten von den gestiegenen **Weltmarktpreisen**.
Nach Aussage des IWF gehen zu Beginn des Jahres 2014 die größten Risiken für die Weltwirtschaft von der Eurozone aus, die sich noch immer in der Rezession befindet und u. a. eine hohe Arbeitslosigkeit, v. a. in Form von Jugendarbeitslosigkeit, aufweist.

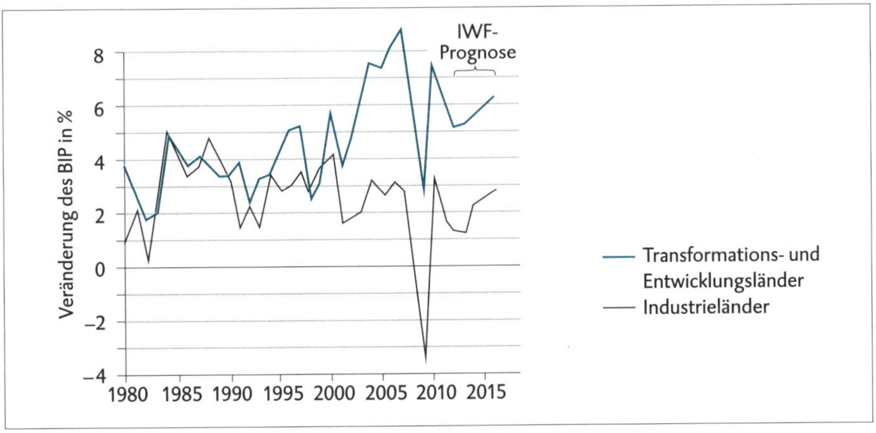

Wirtschaftswachstum in den Industrie-, Transformations- und Entwicklungsländern 1980–2016

Zwischencheck

- Vergleichen Sie die Wirtschaftsformen der zentralen Verwaltungswirtschaft und der sozialen Marktwirtschaft.
- Erläutern Sie den Begriff der Transformation in politischer und wirtschaftlicher Hinsicht.
- Erläutern Sie am Beispiel eines Wirtschaftssektors die Vorgänge im Zuge des Transformationsprozesses.

2 Transformation in Ostdeutschland

2.1 Umstrukturierungsprozess nach der Wende

Auf die politische Wende in der ehemaligen DDR im November 1989 folgte mit der Einführung der Wirtschafts-, Währungs- und Sozialunion am 1. Juli 1990 ein völliger **Umstrukturierungsprozess des Wirtschaftssystems:** An die Stelle der Planwirtschaft trat die (soziale) Marktwirtschaft. In diesem Zusammenhang wurde deutlich, dass die Leistungsfähigkeit der früheren DDR-Wirtschaft entgegen eigener Selbsteinschätzung extrem niedrig, der Staat auf einen Bankrott zugesteuert war: Vollbeschäftigung, freie medizinische Versorgung, Niedrigmieten und staatlich festgesetzte Preise für Nahrungsmittel und Konsumgüter waren de facto nicht finanzierbar gewesen. Da die Transformation quasi über Nacht und fast ohne jede Vorbereitung erfolgte, hatte sie z. T. dramatische Folgen:

- Die Industrieproduktion sank binnen kürzester Zeit in etwa um die Hälfte.
- Von ehemals 10 Mio. Beschäftigten sank die Zahl der Arbeitnehmer auf ca. 6 Mio.; im Raum Leipzig z. B. verloren zwei Drittel der ehemals 100 000 Beschäftigten im sekundären Sektor ihren Arbeitsplatz.
- Aufgrund der Währungsumstellung (Wechselkurs 1 : 1, Wegfall der Ostmark) verteuerten sich die ostdeutschen Exporte um das Drei- bis Vierfache und waren allein deshalb nicht mehr konkurrenzfähig.
- Die ehemaligen Absatzländer im Rahmen des **RGW**, überwiegend selbst in Transformationsprozessen befindlich, fielen als Absatzmärkte weitgehend aus.
- Die landwirtschaftliche Produktion ging drastisch zurück, sodass Lebensmittel in großem Umfang importiert werden mussten.
- In wirtschaftlicher Hinsicht ergaben sich deutliche Disparitäten zwischen den alten und neuen Bundesländern, geradezu ein **West-Ost-Gefälle**, das in vielen Bereichen bis heute Bestand hat (siehe Abb. S. 257).

RGW (Rat für gegenseitige Wirtschaftshilfe)

- auch Comecon genannt
- 1949 gegründet
- Gegenstück zur Europäischen Wirtschaftsgemeinschaft (EWG): wirtschaftlicher Zusammenschluss der sozialistischen Staaten unter Führung der Sowjetunion
- 1991 Auflösung infolge der politischen Veränderungen in Osteuropa

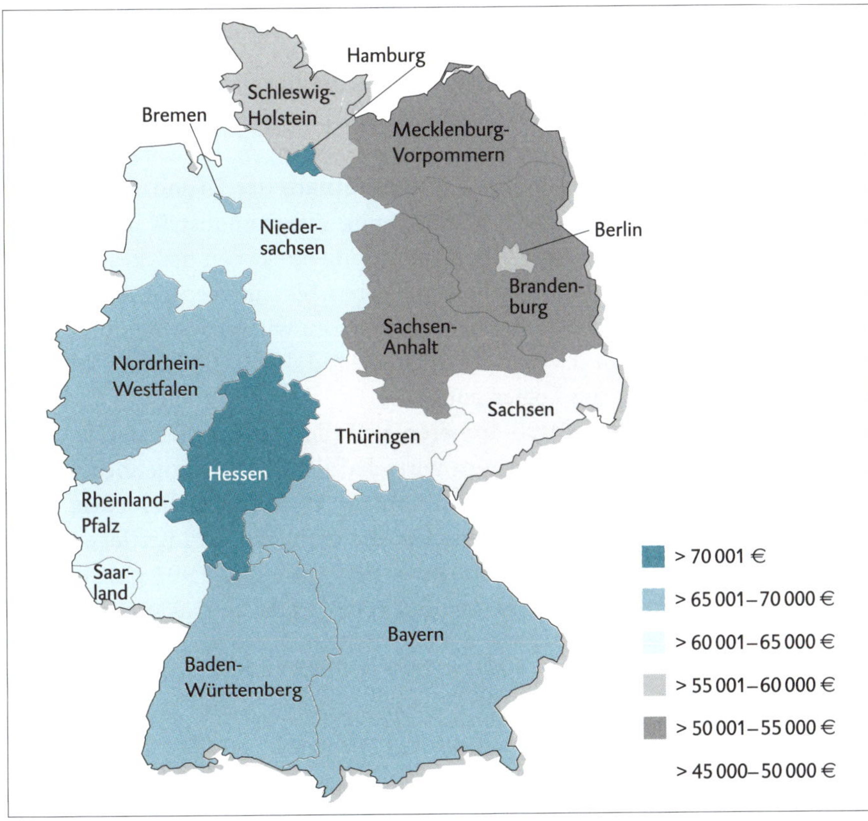

BIP je Erwerbstätigem 2012

2.2 Veränderungen in der Landwirtschaft Ostdeutschlands

Nach dem Zweiten Weltkrieg waren im Zuge einer Bodenreform alle Großgrundbesitzer enteignet worden, bis 1960 erfolgte im Rahmen der Kollektivierung die Umwandlung aller landwirtschaftlichen Betriebe zu **Landwirtschaftlichen Produktionsgenossenschaften (LPGs)** im Staatsbesitz. 1989 betrug ihre durchschnittliche Fläche 1 391 ha, in ihnen waren die früheren Bauern als Angestellte beschäftigt. Bis 1989 verschlechterte sich die Versorgungslage in der DDR nach und nach, Missernten machten sogar den Import von Grundnahrungsmitteln aus nicht-sozialistischen Ländern notwendig, wofür kaum Devisen vorhanden waren. Nach der Wende erfolgten **Reprivatisierung** und **Marktorientierung**.

2.3 Veränderungen in der Industrie Ostdeutschlands

Bis 1972 waren, von ganz wenigen Ausnahmen im Einzelhandel und Handwerk abgesehen, alle Betriebe verstaatlicht worden. Die **Volkseigenen Betriebe (VEB)** erzeugten 99 % aller Güter und Dienstleistungen, sie waren der Landkreis- und Stadtverwaltung unterstellt. **Kombinate** der Grundstoffindustrie (z. B. Braunkohleförderung und -verarbeitung), Elektroindustrie und Chemie wurden wegen ihrer gesamtstaatlichen Bedeutung direkt von der Staatsführung geleitet. Im internationalen Wettbewerb galten bis auf wenige Ausnahmen DDR-Waren als nicht weltmarktfähig. Die Fabriken wirtschafteten unrentabel, erreichten z. T. nur ein Drittel westlicher Produktivität, wiesen veraltete Maschinenparks und Technologien auf.

Nach der Marktöffnung 1990 erwiesen sich die Standardrückstände als so gravierend, dass es zwangsläufig zum wirtschaftlichen Zusammenbruch kam. Im sekundären Sektor fand in großem Umfang **Deindustrialisierung** statt: 4 000 Betriebe mussten stillgelegt werden, die verbleibenden Betriebe entließen einen Großteil ihrer Belegschaft: Zwischen 1989 und 1997 ging die Anzahl der industriellen Arbeitsplätze um 56 % von 4,3 Mio. auf 1,9 Mio. zurück.

	1989	1990	1995	2000	2008	2012
Braunkohleförderung (in Mio. t)	195	168	71	55	60	84
Briketterzeugung (in Mio. t)	24	22	3	0,7	0,4	0,8
Bergbau und Energieerzeugung (Beschäftigte)	79 000	48 000	10 200	8 500	7 400	11 200*

* einschließlich Beschäftigte in Braunkohlekraftwerken

Der Braunkohlebergbau der DDR vor und nach der Wende

Der Versuch der Privatisierung früherer Staatsbetriebe gelang nur zum Teil, es fehlte an betriebswissenschaftlichem Know-how und an Eigenkapital. Überwiegend wurden westliche Konzerne die neuen Besitzer solcher Betriebe; sie nutzten sie entweder als „verlängerte Werkbänke“, ohne in sie zu investieren, oder als „Brückenkopf“ zur Erschließung neuer Absatzmärkte im Osten. Erst ganz allmählich fand zu Beginn des 21. Jh. eine langsame **Reindustrialisierung** statt (z. B. im Bereich der Automobilindustrie) – hierzu bedurfte es unterstützender staatlicher Maßnahmen und der Verbesserung infrastruktureller Voraussetzungen.

2.4 Unterstützungsmaßnahmen zur Förderung der neuen Bundesländer

Vom ersten Tag der deutschen Wiedervereinigung an stand fest, dass über einen langen Zeitraum hinweg **Transferzahlungen** erfolgen müssten, um die Angleichung der Lebensverhältnisse und die Wettbewerbsfähigkeit der ostdeutschen Wirtschaft herzustellen. Solche Unterstützungsmaßnahmen vom Einzelnen in den alten Bundesländern über die westdeutschen Bundesländer, den Bund bis hin zu Förderprogrammen der EU (siehe S. 266 ff.) halten immer noch an in Form von Solidaritätszuschlag („Soli"), Steuervergünstigungen und Investitionshilfen von Kommunen, Kreisen und Ländern, Struktur- und Regionalförderung durch Bund und Länder. Die „Verkehrsprojekte Deutsche Einheit" (siehe S. 142) z. B. stellten binnen kurzer Zeit die Ergänzungen der wegen des Mauer- und Grenzverlaufs unterbrochenen oder fehlenden Ost-West-Verbindungen bei Straße und Bahn sicher.

2.5 Gesellschaftliche Folgen des Transformationsprozesses

Im Zuge des wirtschaftlichen Transformationsprozesses kam es in allen fünf neuen Bundesländern in kurzer Zeit zu **Massenarbeitslosigkeit**, die in den Folgejahren nicht zurückging (Juni 2013: neue Bundesländer 9,9 %, alte Bundesländer 5,8 %). Als Folge hiervon wanderten viele arbeitsfähige und junge Menschen in den Großraum Berlin und in die alten Bundesländer ab (siehe S. 199 f.). Ostdeutschland verlor von 1991 bis 2012 mehr als 1,6 Mio. Einw.; bis 2025 ist nach offiziellen Prognosen mit einem weiteren Rückgang von ca. 1,4 Mio. Einw. zu rechnen.

Die früher an Vollbeschäftigung und soziale Gleichheit gewohnte Bevölkerung wurde vom Umstand der Arbeitslosigkeit, zudem in diesem Ausmaß, völlig überrascht; die Hoffnungen auf eine schnelle Besserung der Lebensumstände durch die deutsche Einigung zerschlugen sich in vielen Fällen. Die Vision „blühender Landschaften" in Ostdeutschland, wie sie der damalige Bundeskanzler Helmut Kohl bei der Wiedervereinigung entwarf, stellte sich für viele Regionen trotz aller Anstrengungen in politischer, wirtschaftlicher und sozialer Hinsicht als weit in der Ferne liegend heraus.

Wie weit die neuen Länder wirtschaftlich an das Niveau der alten Bundesrepublik herankommen werden, ist umstritten. Die Bundesregierung wie auch einige Forschungsinstitute meinen, bis zum Jahr 2020 werde der Osten an das Niveau der strukturschwächeren westdeutschen Länder, darunter das Saarland, Schleswig-Holstein, Rheinland-Pfalz und Niedersachsen, aufgeschlossen haben. Ifo-Ökonom Ragnitz ist skeptischer, er hält eine Angleichung bis auf 86 % für realistisch.

Unklar ist auch, wie stark der demographische Wandel die Wirtschaftsperspektiven trübt. „Kurzfristig entlasten die Abwanderung und der Geburtenmangel den Arbeitsmarkt, die Verknappung des Arbeitsangebots wird die Löhne steigen lassen", sagt Blum (IWH-Präsident). Längerfristig wird der demographische Trend aber zur schweren Belastung für die Wirtschaft. Bis 2025 wird die Einwohnerzahl im Osten nach gängigen Prognosen nochmals um 10 Prozent sinken – die erwerbsfähige Bevölkerung schrumpfe aber doppelt so schnell, gibt Ragnitz zu bedenken. Einige ländliche Gebiete werden regelrecht entvölkert, etwa Vorpommern, der Westen Brandenburgs, große Teile Sachsen-Anhalts oder der Osten Sachsens. Die Infrastruktur muss entsprechend angepasst werden. „Alles, von der Schule über Ämter, die Ver- und Entsorgung bis zum Verkehr, ist davon betroffen", betont Reiner Klingholz vom Berlin-Institut. Vielerorts wird der „Aufbau Ost" somit in einen geordneten „Rückbau Ost" münden. ■

Philip Plickert, FAZ vom 2. 10. 2010

Zwischencheck

- Kennzeichnen Sie die wirtschaftliche Ausgangssituation in den neuen Bundesländern zum Zeitpunkt der deutschen Wiedervereinigung.
- Erläutern Sie die Schwierigkeiten beim Versuch, die Lebensverhältnisse in den alten und neuen Bundesländern einander anzugleichen.
- Vergleichen Sie positive und negative Folgen des Transformationsprozesses in der Mitte und im Osten Europas.

3 Raumentwicklung und Raumordnung in Europa

3.1 Europäische Integration

Seit 1951 ist mit der **Europäischen Union** in mehreren Schritten ein **gemeinsamer Wirtschaftsraum** entstanden, der gegenwärtig (Stand 2014) 28 Mitglieder aufweist. Mit Albanien, Island, Mazedonien, Montenegro, Schweiz, Serbien und der Türkei haben weitere Staaten ihren Beitrittswillen bekundet. Auch die Ukraine, Israel und ein Teil der nordafrikanischen Maghreb-Staaten könnten langfristig in die EU integriert werden.

1949	Gründung des **Europarates**; zwischenstaatliche politische Organisation, die den Schutz und die Stärkung der Einheit und Zusammenarbeit aller europäischen Nationen zum Ziel hat
1950	Eigentliche Geburtsstunde einer europäischen Staatengemeinschaft: der französische Außenminister Schuman schlägt die Gründung der **Montanunion** vor
1951	Vertrag zur Gründung der **Europäischen Gemeinschaft für Kohle und Stahl** (bis 2002), auch **EGKS** oder **Montanunion** genannt (Inkrafttreten 1952). Unterzeichnerstaaten waren Deutschland, Belgien, Frankreich, Italien, die Niederlande und Luxemburg
1957	**Römische Verträge:** Gründung der **Europäischen Wirtschaftsgemeinschaft (EWG)** und der **Europäischen Atomgemeinschaft** (EAG, **EURATOM**)
1968	**Zollunion:** Mitgliedsstaaten erheben an den Außengrenzen einheitliche Zölle und reduzieren ihre internen Zollbestimmungen drastisch
1972	Gründung des **Europäischen Währungsverbundes:** Maßnahmen zur Stabilisierung der europäischen Währungen der sechs Mitgliedsstaaten
1973	Erste Erweiterung: Dänemark, Irland und das Vereinigte Königreich (UK) werden Mitglieder
1978	**Europäisches Währungssystem (EWS)** und **Europäische Währungseinheit (ECU)**
1979	Erste Direktwahl zum **Europäischen Parlament**
1981	Beitritt Griechenlands
1985	**Schengener Abkommen:** Vereinbarung über den freien Personenverkehr ohne Kontrollen zwischen den Mitgliedsstaaten
1986	Beitritt Spaniens und Portugals; **Einheitliche Europäische Akte**
1991	Billigung des Vertrags über die **Europäische Union** in Maastricht; Einstieg in die gemeinsame Außen- und Sicherheitspolitik, Zusammenarbeit in den Bereichen Justiz und Inneres
1993	**Europäischer Binnenmarkt**; freier Verkehr von Personen, Waren, Dienstleistungen und Kapital
1995	Beitritt Finnlands, Schwedens und Österreichs; Abschaffung der Personenkontrollen

1997	**Vertrag von Amsterdam**; **Agenda 2000:** Planungen zur künftigen Gestaltung und Finanzierung der **Agrar- und Regionalpolitik**; Überlegungen zu den Beitrittsbedingungen potenzieller zukünftiger Mitglieder
1999	Einführung des **Euro** als Währung in elf Mitgliedsstaaten
2003	Entwurf eines Vertrags über eine **Verfassung für Europa**
2004	Beitritt von Estland, Lettland, Litauen, Malta, Polen, Tschechien, Slowakei, Slowenien, Ungarn, Zypern im Rahmen der **EU-Osterweiterung**
2005	Scheitern der Referenden in den Niederlanden und in Frankreich bezüglich der Einführung einer **gemeinsamen EU-Verfassung**
2007	Beitritt von **Rumänien** und **Bulgarien**
2009	Inkrafttreten des **Vertrags von Lissabon**
2013	Beitritt von **Kroatien**

Chronik der europäischen Einigung

Die EU besitzt eine große Bedeutung, wie u. a. die Steigerungen der wirtschaftlichen Produktion, des Binnen- und Außenhandels der Mitgliedsstaaten sowie des Lebensstandards beweisen. Bei einem Bevölkerungsanteil von nur ca. 7 % der Weltbevölkerung besitzt die EU fast ein Drittel des weltweiten Bruttoinlandsprodukts und mehr als 35 % Anteil am Weltexport. Hierbei spielt der EU-Binnenhandel mit fast zwei Dritteln (2011) eine entscheidende Rolle. Auch die stetige Zunahme des Tourismus unterstreicht die positive Entwicklung.

3.2 Wirtschaftliche Zielsetzungen der EU

Wirtschaftliches Ziel der EU ist es, auch in Zeiten der Globalisierung mit anderen supranationalen Wirtschaftsbündnissen sowie den Handelsriesen China, USA und Japan dauerhaft auf dem Weltmarkt konkurrieren zu können und den Lebensstandard seiner Mitglieder weiter zu entwickeln. Dieses Ziel verfolgt die EU im Rahmen unterschiedlicher Politiken: Agrarpolitik, Währungspolitik, Strukturpolitik, Wettbewerbspolitik, Raumordnungspolitik (nur bzgl. Umweltpolitik), Kulturpolitik.

Die EU hat zwar kein Mandat für eine gemeinsame Raumordnungspolitik, nahm und nimmt aber gleichwohl umfangreich **Einfluss auf die Raumordnung**, u. a. auf folgende Weise:

- Aufstellen von Leitlinien für den Ausbau von Verkehrs-, Energie- und Telekommunikationsnetzen,
- das Europäische Raumentwicklungskonzept EUREK,
- Regionalpolitik.

Die **Regionalpolitik** soll dazu führen, für die Bürger aller Mitgliedsstaaten einheitliche Lebensbedingungen zu schaffen und die Kluft zwischen Einkommen und Wohlstand der ärmeren und der wohlhabenderen Länder und Regionen zu beseitigen. Folgende Ziele werden verfolgt:

- **Konvergenzziel:** Abbau regionaler Disparitäten;
- **Kohäsionsziel:** Überwindung struktureller Schwächen von Teilregionen, z. B. durch Strukturwandel, sowie Stärkung des wirtschaftlichen und sozialen Zusammenhalts der Regionen und Staaten.

Die **vier Freiheiten des EU-Binnenmarkts** sollen dazu beitragen, dieses zu ermöglichen.

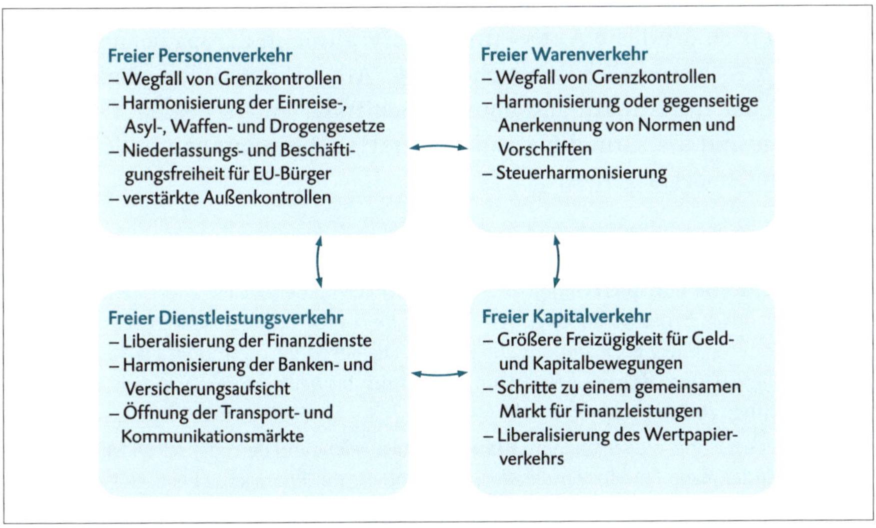

Die vier Freiheiten des EU-Binnenmarkts

3.3 Die gemeinsame Währung „Euro“

Neben einem gemeinsamen Binnenmarkt wurde mit dem 2002 als Zahlungsmittel eingeführten Euro eine einheitliche Währung geschaffen. Die Wirtschaftskrisen der Jahre 2008 und 2011 haben jedoch die Frage nach der Tragfähigkeit dieser gemeinsamen europäischen Währung aufkommen lassen. Seine Zukunft ist nicht sicher, da bislang nicht alle EU-Mitgliedsstaaten den Euro eingeführt haben, zudem einige Staaten über eine Wiedereinführung ihrer früheren nationalen Währung nachdenken oder aufgrund von finanziellen Schwierigkeiten aus der Eurozone ausgeschlossen werden könnten.

3.4 Regionale Disparitäten

Die angestrebten einheitlichen Standards sind noch nicht erreicht worden: Zwischen den Ländern und Regionen der EU gibt es deutliche **Unterschiede** in **sozioökonomischer Hinsicht** und im Hinblick auf die **Wirtschaftsstrukturen**.

Der Prozess der Industrialisierung hat unterschiedliche Raumstrukturen entstehen lassen, die später durch den Ausbau von Verkehrsnetzen verstärkt wurden. So gab und gibt es einerseits **zentral gelegene Verdichtungsräume** und Stadtlandschaften, andererseits **peripher gelegene, weiterhin überwiegend ländlich geprägte Regionen**. Der Tertiärisierungsprozess hat die vorhandenen Strukturen weiter verfestigt aufgrund des fortgesetzten Bedeutungszuwachses städtischer Verdichtungsräume und (Ober-)Zentren. So haben sich nach und nach deutliche **Aktiv- und Passivräume** in Europa herausgebildet, die sich z. B. hinsichtlich Wertschöpfung, Arbeitslosenzahlen, Einkommen, Bildung oder Infrastrukturangeboten voneinander unterscheiden. Diese Diskrepanzen sind u. a. Grund für starke **Migrationsbewegungen** in der Vergangenheit und in der Gegenwart.

Verteilung von Aktiv- und Passivräumen

Die **Aktivräume Europas** befinden sich hauptsächlich im Bereich der Metropolen und ihres Umlands, z. B. das Pariser Becken mit der Ile de France, die Region Greater London, die Großräume um Wien, Hamburg und Brüssel. Die einzelnen metropolitanen Schwerpunktgebiete wirtschaftlicher Entwicklung haben sich bis heute räumlich zu zwei **Hauptverdichtungszonen** geformt.

- Eine ältere Zone, die sogenannte **Blaue Banane**, reicht von den englischen Midlands über Südengland und die Randstad Holland entlang der Rheinachse bis nach Norditalien. Sie besteht einerseits aus Räumen mit **hoher und differenzierter wirtschaftlicher Dynamik** (Rhein-Main-Gebiet, Rhein-Neckar-Raum, Großraum München, Raum Basel-Zürich u. a.), andererseits aus **altindustrialisierten Gebieten** (z. B. Midlands, Südwales, Ruhrgebiet, Saargebiet, Nord-Pas-de-Calais), die heute einem **wirtschafts- und sozialräumlichen Strukturwandel** unterliegen.
- Eine jüngere Zone, die als **europäischer Sunbelt** bezeichnet werden kann, erstreckt sich von Nordostspanien (Katalonien mit Barcelona) über die südfranzösischen Verdichtungsräume Toulouse und Marseille und die Region Rhône-Alpes (Großraum Lyon-Grenoble). Sie setzt sich fort bis zu den italienischen Städten Verona, Ravenna und Bologna. Diese Verdichtungszone ist noch im Wachstum begriffen und zeigt eher punktuelle räumliche Schwerpunkte.

Nahezu alle **Passivräume** Europas befinden sich an dessen Peripherie. Beispiele sind die mittleren und nördlichen Regionen Skandinaviens, die westlichen und nördlichen Gebiete Schottlands, die Bretagne, Nordwestspanien und Nordportugal, der größte Teil der Balkanhalbinsel, große Teile Griechenlands und (noch) Mittelost- und Osteuropa.

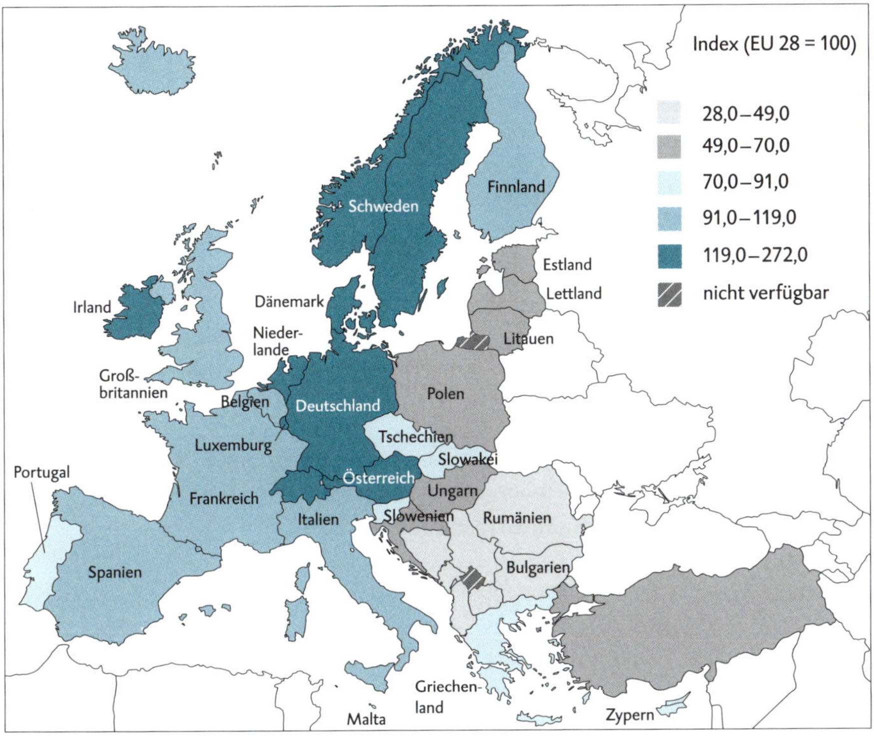

Wirtschaftskraft Europas 2012

3.5 Strukturelle und sektorale Probleme

Neben regionalen Problemen gibt es auch strukturelle und sektorale Herausforderungen. Die Landwirtschaft bleibt z. B. vorerst ein europäisches Sorgenkind, zumal durch die Osterweiterung seit 2007 mit den Transformationsstaaten (siehe S. 251 ff.) ehemals stark agrarisch geprägte Länder beigetreten sind, die die Disparitäten noch verstärkt haben. Die deutlichen regionalen Unterschiede u. a. bei Betriebsgrößen und Produktionsstrukturen machen eine Fortsetzung von **Agrarsubventionen** weiterhin notwendig – trotz der **Gemeinsamen Agrarpolitik der EU (GAP)**, die sich seit 1990 an den Marktgegebenheiten orientiert. Mehr als ein Drittel der Gelder für Gemeinschaftsausgaben werden von der EU für **Förderprogramme und Förderprojekte** eingesetzt, um diese bestehenden Disparitäten zu beseitigen.

Reformbestrebungen in der EU-Agrarpolitik

Agenda 2000

Bezeichnung für eine 1999 beschlossene und ab 2000 gültige **Reform der Europäischen Union** mit dem Ziel, die Ausgaben für die Landwirtschaft zu senken, dadurch den Haushalt der Europäischen Union zu konsolidieren und die Nettozahlungen einiger Mitgliedsländer, z. B. auch der Bundesrepublik Deutschland, zu verringern.

Zielsetzungen im Bereich der GAP-Reformen (ab 2003, Auswahl)

- Förderung traditioneller und besonders naturschonender Produktionsweisen
- Förderung der Lebensmittelsicherheit durch Cross Compliance (Gewährung von Prämienzahlungen geknüpft an Bedingungen wie die Einhaltung von Umweltstandards)
- Bessere Abstimmung von Marktpolitik und Entwicklungspolitik des ländlichen Raums

2013: Beschluss zur Reform der GAP

Eine grundsätzliche Änderung der Förderpraxis soll sich deutlich enger als bisher an den tatsächlichen landwirtschaftlichen Gegebenheiten in den Mitgliedstaaten orientieren.

Verordnung über Direktzahlungen (Auszug)

- Ökologisierungszuschlag
- Förderung von Junglandwirten zur Absicherung des Generationenwechsels
- Anbaudiversifizierung

Verordnung über gemeinsame Marktorganisation (Auszug)

- Regelungen für das Auslaufenlassen von Zuckerquoten, für die Weinerzeugung und den Milchsektor
- Erweiterung des Schulobst- und Schulmilchprogramms

Verordnung über die Entwicklung des ländlichen Raums (Auszug)

- deutliche finanzielle Starthilfen für Junglandwirte bis zu 70 000 €
- Agrarumweltmaßnahmen aus Gründen des Klimaschutzes
- Erweiterung des ökologischen Landbaus

Verordnung über Finanzierung, Verwaltung und Kontrollsysteme der GAP (Auszug)

- Cross-Compliance-Maßnahmen
- Nationale Beratungs- und Prüfinstanzen

3.6 EU-Strukturpolitik

1999 verabschiedete die EU ein Raumentwicklungskonzept (**EUREK**, gültig bis 2006), das eine **abgestimmte europäische Raumentwicklung** sicherstellen und nachhaltig gestalten helfen sollte. Konkret festgelegte Zielsetzungen in genau benannten Zielgebieten sollten gewährleisten, dass planerische und finanzielle Hilfe für benachteiligte und rückständige **Konvergenz-Regionen** erfolgte und auf diese Weise Regionalentwicklung stattfand.

2007 begann eine Förderperiode, mit der die vorhergehende Regionalpolitik – ausschließlich **ausgleichsorientierte Förderung** nach dem Motto „Wir stärken die schwachen Regionen" – reformiert wurde: Von da an konnten auch strukturstarke Regionen Fördergelder erhalten. Sie galt bis 2013; für diesen Zeitraum standen mehr als 300 Mrd. € an Fördermitteln zur Verfügung.

Hier schließt sich die **Kohäsionspolitik 2014–2020** an, aus deren Fonds v. a. diejenigen Mitgliedstaaten gefördert werden, die ein Pro-Kopf-BIP unter 75 % des EU 27-Durchschnitts aufweisen (siehe Abb. S. 268). Mit diesen Fördermitteln soll der territoriale Zusammenhalt in Europa gestärkt werden und eine Fokussierung auf eine nachhaltige Stadtentwicklung stattfinden. Zusätzliche finanzielle Unterstützung erhalten Regionen in äußerster Randlage und solche mit geringer Bevölkerungsdichte. Die Kohäsionspolitik 2014–2020 beansprucht ungefähr ein Drittel des EU-Haushalts, was ihre Rolle als Hauptinvestitionsinstrument der Europäischen Union für Wachstum und Beschäftigung sowie die Unterstützung ihrer politischen Ziele unterstreicht.

Ziele der Kohäsionspolitik 2014–2020: „Investieren in Wachstum und Beschäftigung"

- Verwirklichung der Ziele der Strategie „Europa 2020" (siehe unten)
- Intelligentes, nachhaltiges und integratives Wachstum
- Ergebnisorientierung mit entsprechenden Zwischen- und Schlusskontrollen
- Optimale Wirkung der EU-Fördermittel
- Kohärenz mit nationalen Reformprogrammen

Darunter u. a. folgende sogenannte **thematische Ziele**:
- Steigerung der Wettbewerbsfähigkeit kleiner und mittlerer Unternehmen
- Umstellung auf CO_2-arme Wirtschaft
- Anpassung an den Klimawandel sowie Risikoprävention und -management
- Soziale Eingliederung und Bekämpfung der Armut
- Bildung, Qualifikation und lebenslanges Lernen

„Europa 2020"

Folgt der „Lissabon-Strategie" (2000–2010") und ist ein auf wiederum 10 Jahre angelegtes Wirtschaftsprogramm der EU. Es wurde im Juni 2010 vom Europäischen Rat verabschiedet. Seine Hauptziele sind:
- Förderung des F+E-Bereichs
- Förderung der Hochschulbildung
- Förderung von lebenslangem Lernen
- Förderung des Wirtschaftswachstums
- Förderung besserer gesellschaftlicher Integration
- Förderung von umweltfreundlichen Technologien

3.7 Bedeutung der Regionalförderung für Deutschland

Die geänderten Bedingungen und Zielsetzungen der EU-Regionalförderung hatten Auswirkungen auf die Förderung von Regionen in den alten bzw. neuen Bundesländern: Während fast alle neuen Bundesländer, bis zum Jahr 2006 Ziel 1-Regionen, in den Jahren 2007–2013 entweder Konvergenz- oder zumindest Phasing-out-Regionen waren, gab es mit Ausnahme eines Teils von Niedersachsen für die alten Bundesländer seit 2007 keine Fördergelder mehr aus dem EU-Regionalfonds, da sie im Vergleich mit dem Durchschnitt der EU 27-Staaten überdurchschnittlich entwickelt waren.

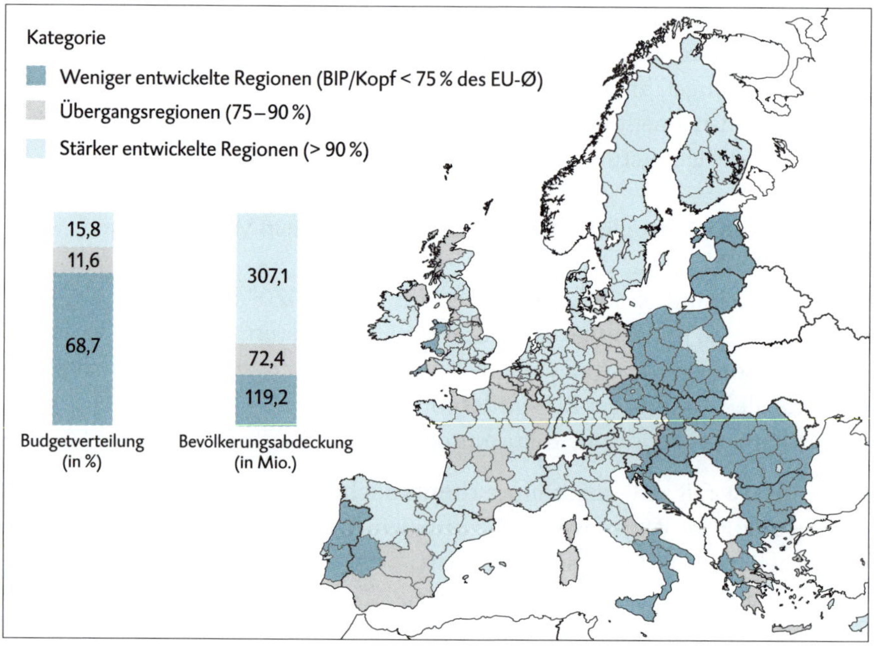

Kohäsionspolitik der EU 2014–2020

Zwischencheck

- Beschreiben Sie den Verlauf der EU-Erweiterung.
- Stellen Sie die wirtschaftlichen Zielsetzungen der EU dar.
- Erläutern Sie die Bedeutung der vier Freiheiten im Binnenhandel.
- Erklären Sie, wie es in Europa zur Ausbildung von Aktiv- und Passivräumen gekommen ist.

4 Wirtschaftsräume in transregionaler und internationaler Kooperation

Kooperative Planung und Durchführung von Projekten, die Grenzen und Regionen überschreiten und damit der Förderung der europäischen Integration dienen, haben seit Beginn des Transformationsprozesses eine zunehmende Bedeutung erlangt; die Förderung aus dem EU-Regionalfonds spielt hierbei auch eine Rolle. Im Blick sind besonders jene Regionen, die bis 1990 **an der Peripherie beider Wirtschaftsbündnisse gelegen** haben, nunmehr jedoch eine zentrale Lage besitzen, z. B. Regionen an den deutschen Ostgrenzen.

Internationale Kooperationsräume an den Grenzen Deutschlands

Zwar handelte es sich zum Zeitpunkt des beginnenden Transformationsprozesses häufig um strukturschwache Passivräume, deren Verkehrsinfrastruktur unterentwickelt war und die eine geringe Industriedichte sowie einen schwach ausgeprägten tertiären Sektor aufwiesen, meist auch ein negatives Wanderungssaldo. Oft verfügen sie jedoch über hinreichendes Raumpotenzial, sodass in Kooperation mit einem weiter entwickelten Regional- und Wirtschaftspartner eine Förderung und Weiterentwicklung gute Perspektiven bietet.

4.1 Euroregionen (Euregios)

Beispiele für supranationale Kooperationen sind die **Euroregionen (Euregios)**. Die erste deutsche Euregio (EUREGIO) wurde 1958 in der Region Gronau/Enschede gegründet, weitere entstanden vor 1990 an der deutschen West-, Süd- und Nordgrenze und nach 1990 auch an der Ostgrenze. Heute gibt es sowohl an den Binnen- als auch an den Außengrenzen der EU zahlreiche Euregios. Wichtige Kooperationsbereiche sind Wirtschaft, Tourismus, Verkehrsinfrastruktur, kommunale Entwicklung, Umwelt- und Katastrophenschutz, Steigerung der regionalen Identität, Kultur und Sport sowie die Förderung des europäischen Gedankens.

Der schnellen wirtschaftlichen Entwicklung dieser Grenzgebiete stehen heute **fehlende Normierungen**, **unterschiedliche nationale Gesetzgebungen** und **unterschiedliche Raumplanungskonzepte** entgegen. Für die Zukunft dürften deshalb die folgenden Ziele eine übergeordnete Rolle spielen:

- Anpassung des allgemeinen Lebensstandards, insbesondere der Arbeitsmarktsituation an die jeweiligen nationalen und EU-weiten Verhältnisse
- Erstellung von integrativen Wirtschaftsregionen durch eine grenzübergreifende Regionalpolitik
- Ausnutzung von Synergieeffekten im Zuge von gemeinsamen Konzepten in den Bereichen Technologie und Entwicklung
- Planung grenzübergreifender Ansiedlungskonzepte für Standorte der industriellen Fertigung und von Dienstleistungen
- Ausbau und Modernisierung der grenzüberschreitenden Verkehrslinien mit Anschluss an das gesamteuropäische Verkehrsnetz
- Verbesserung und Standardisierung der Umweltpolitik
- Einrichtung von gemeinsamen Naherholungsgebieten
- Verstärkte Zusammenarbeit im Bereich der allgemeinbildenden Schulstrukturen, Einrichtung von Schul-, Universitäts- und Städtepartnerschaften
- Unterstützung von Bestrebungen in politischen und kulturellen Bereichen, die letztlich auch ein besseres Völkerverständnis ermöglichen

4.2 Zukunftsvorstellungen vom Wirtschaftsraum Europa

Seit den 1900er-Jahren haben Wissenschaftler versucht, die differenzierten und komplexen Raummerkmale Europas modellhaft darzustellen. Dabei sollten zentrale und periphere, Aktiv- und Passivräume modellhaft abgebildet werden. Auf der Grundlage von 16 Kriterien, die die unterschiedlichen Strukturen der einzelnen europäischen Regionen erfassen sollten, hat der Franzose Roger Brunet 1989 ein Modell entwickelt, das als herausstechendes optisches Merkmal eine zentrale, wachstumsstarke und verstädterte Großregion ausweist, die von der Form her einer Banane gleicht. Da diese in der Originalkarte blau eingefärbt war, ergab sich schnell der metaphorische Begriff der **Blauen Banane**. Auf der Grundlage dieser Kartenaussage haben später Politiker und Raumplaner einzelnen Regionen oder Standorten in Europa positive oder negative Zukunftsaussichten zugeschrieben, je nachdem, ob sie innerhalb oder außerhalb dieser Blauen Banane lagen.

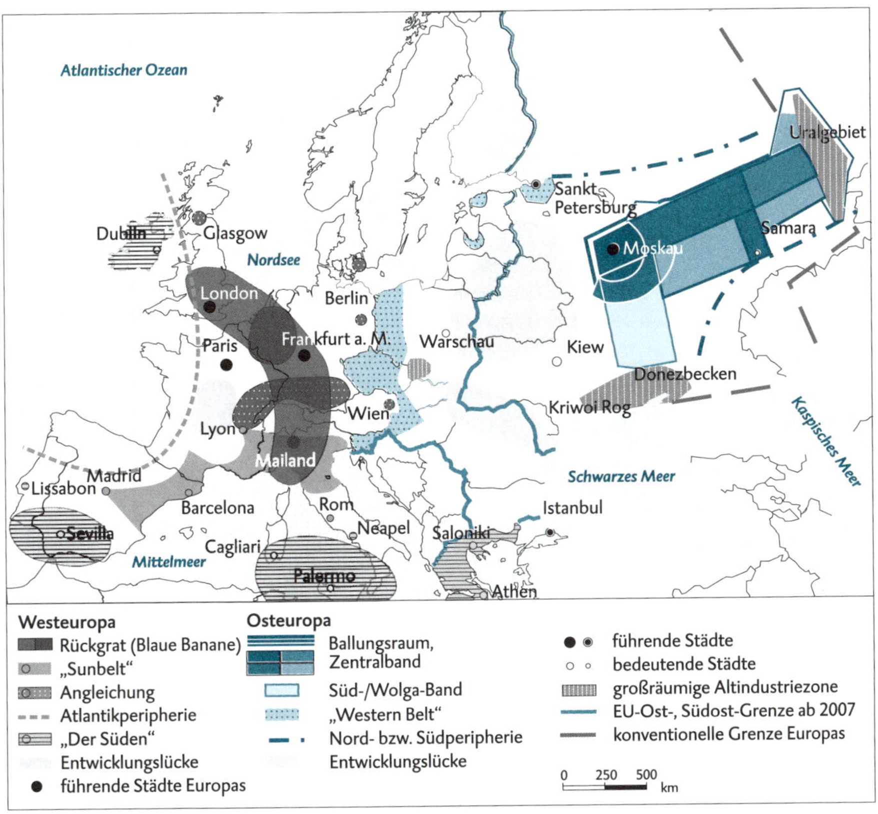

Die Blaue Banane im künftigen Wirtschaftsraum Europa

Im Laufe der Zeit wurde diese modellhafte Darstellung variiert und fortgeschrieben, u. a. weil die Öffnung Osteuropas ursprünglich ebenso wenig bedacht werden konnte wie Prozesse der Globalisierung zu Beginn des 21. Jh. Das Modell **„Der Wirtschaftsraum Europa“** aus dem Jahr 2000 (siehe Abb. S. 271) greift die Perspektive Osteuropas auf und modifiziert, ausgehend von der „Blauen Banane“, auch die Bedeutung anderer Teilregionen Europas.

Daneben gibt es weitere Raumvorstellungen, die zukünftige Wachstumsregionen und passive Räume in Europa ausweisen. Eine davon ist das **Modell der „europäischen Trauben“**. Diesem liegt die Idee zugrunde, dass nicht geschlossene Großregionen strukturbestimmende Räume der Zukunft sein werden, sondern vielmehr wirtschaftlich starke, untereinander vernetzte Einzelmetropolen, die von der italienischen Stiefelspitze bis zum Norden der skandinavischen Länder den gesamten europäischen Raum abdecken.

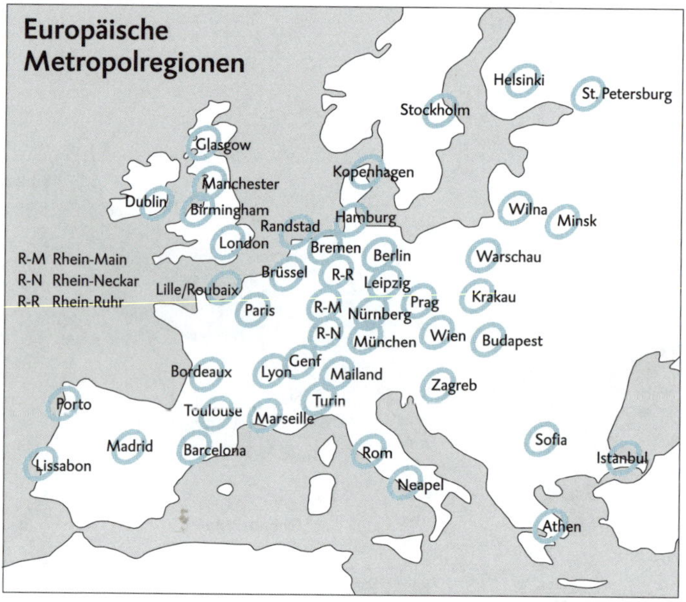

Das Modell der „europäischen Trauben“

Zwischencheck

- Nennen Sie Zielsetzungen und Kooperationsbereiche von Euregios sowie Gründe für auftretende Probleme.
- Vergleichen Sie die Modelle „Wirtschaftsraum Europa“ und „europäische Trauben“ (S. 271/272) hinsichtlich ihrer Kernaussagen.

Europa – auf dem Weg zur wirtschaftlichen Einheit?

abe 1 Beschreiben Sie die disparitären Strukturen innerhalb Europas in den Jahren 2009/2010.

abe 2 Erklären Sie auf dieser Grundlage die Zielsetzungen der EU-Regionalpolitik für den Zeitraum 2007–2013.

M 1 Ausgewählte Indikatoren aller EU-Mitgliedsstaaten

Mitgliedsstaat	BNE/Einw. 2009 (in €)	Beschäftigungsstruktur 2010 (%)			Arbeitslosigkeit 2010 (%)	Städtische Bevölkerung 2009 (%)
		I	II	III		
Belgien	45 270	1,8	26,4	71,9	8,3	97
Bulgarien	6 060	14,7	29,5	55,8	10,2	71
Dänemark	59 060	2,6	23,9	73,5	7,4	87
Deutschland	42 430	2,1	24,4	73,5	7,7	74
Estland	14 060	3,5	36	60,5	16,9	69
Finnland	45 940	4,4	30,3	65,3	8,4	64
Frankreich	42 620	3,1	19,6	77,3	9,7	78
Griechenland	29 040	9,2	16,9	73,9	12,6	61
Großbritannien	41 370	1,9	18,7	79,4	7,8	90
Irland	44 280	4,3	22,8	72,9	13,7	62
Italien	35 110	3,4	33,4	63,1	8,4	68
Lettland	12 390	6,7	23,9	69,4	18,7	68
Litauen	11 410	7,1	27,4	65,5	17,8	67
Luxemburg	76 710	1,5	20,5	78	4,5	82
Malta	18 360	1,7	23,8	74,6	6,8	94
Niederlande	48 460	2,9	21,2	75,9	4,5	82
Österreich	46 450	4,3	26,9	68,8	4,4	67
Polen	12 260	10,1	34,3	55,5	9,6	61
Portugal	21 910	8,8	28	63,2	11	60
Rumänien	8 330	19,1	34,6	46,3	7,3	54
Schweden	48 840	2,2	31,5	66,3	8,4	85
Slowakei	16 130	2,1	34,4	63,4	14,4	57
Slowenien	23 520	7,1	37,5	55,4	7,3	48
Spanien	32 120	3,8	23	73,2	20,1	77

M 2 EU-Regionalpolitik: Verfügbare Mittel 2007–2013 (in Mio. € zu laufenden Preisen)

	Ziel „Konvergenz“			Ziel „Regionale Wettbewerbsfähigkeit und Beschäftigung“		Ziel „Europäische territoriale Zusammenarbeit“	Insgesamt	Anteil Gesamtmittel (in %)
	Kohäsionsfonds	Konvergenz	Phasing-out*	Phasing-in*	Regionale Wettbewerbsfähigkeit und Beschäftigung			
Belgien			638		1 425	194	258	0,6
Bulgarien	2 283	4 391				179	6 853	2,0
Dänemark					510	103	613	0,2
Deutschland		11 864	4 215		9 409	851	26 340	7,6
Estland	1 152	2 252				52	3 456	1,0
Finnland				545	1 051	120	1 716	0,5
Frankreich		3 191			10 257	872	14 319	4,1
Griechenland	3 697	9 420	6 458	635		210	20 420	5,9
Großbrit.		2 738	174	965	6 014	722	10 613	3,1
Irland				458	293	151	901	0,3
Italien		21 211	430	972	5 353	846	28 812	8,3
Lettland	1 540	2 991				90	4 620	1,3
Litauen	2 305	4 470				109	6 885	2,0
Luxemburg					50	15	65	0,0
Malta	284	556				15	855	0,2
Niederlande					1 660	247	1 907	0,5
Österreich			177		1 027	257	1 461	0,4
Polen	22 176	44 377				731	67 284	19,4
Portugal	3 060	17 133	280	448	490	99	21 511	6,2
Rumänien	6 552	12 661				455	19 668	5,7
Schweden					1 626	265	1 891	0,5
Slowakei	3 899	7 013			449	227	11 588	3,3
Slowenien	1 412	2 689				104	4 205	1,2
Spanien	3 543	21 054	1 583	4 955	3 522	559	35 217	10,1
Tschechien	8 819	17 064			419	389	26 692	7,7
Ungarn	8 642	14 248		2 031		386	25 307	7,3
Zypern	213			399		28	640	0,2
Interregional						445	445	0,1
Techn. Hilfe							868	0,2
Insgesamt	**69 578**	**199 322**	**13 955**	**11 409**	**43 556**	**8 723**	**347 410**	**100,0**

* Übergangsunterstützung

Lösungen

Region Ica/Peru – Möglichkeiten und Risiken des Spargelanbaus (S. 21)

gabe 1

- Lage in der extrem trockenen Küstenwüste der Atacama, rd. 50 km von der Pazifikküste und 250 km von dem über die Panamericana erreichbaren Lima (Export: Hafen, Flughafen) entfernt
- Wichtige Voraussetzungen des arbeitsintensiven Spargelanbaus: großes Arbeitskräftepotenzial (Bevölkerungszunahme) und niedrige Löhne (unterdurchschnittliches Monatseinkommen); naturräumliche Voraussetzungen: ebenes Gelände, sandige Böden, ganzjährig hinreichende Temperaturen – bei Möglichkeiten zur künstlichen Bewässerung (mit unter den Andengipfeln aus dem Amazonasbecken zugeführtem sowie fossilem Wasser)

gabe 2

Risiken des Spargelanbaus in Ica:

- Vorhersehbare Erschöpfung des Aquifers angesichts der extrem hohen Bewässerungsmengen bei Spargel
- In der Folge Notwendigkeit, auf sparsamere, aber teurere Bewässerungsmethoden wie die Tröpfchenbewässerung umzustellen
- Gefahr einer Zunahme des Salzgehalts des Wassers aus dem Aquifer (Nähe Icas zum Pazifik)
- Für Kleinbauern problematische Einnahmeausfälle in Brachejahren
- Konkurrenz zu den mit ausländischem Kapital wirtschaftenden Großbetrieben, die bis in die jüngste Vergangenheit kostenloses fossiles Wasser einsetzten → Gefahr sozialer Konflikte zwischen Groß- und Kleinbauern
- Produktion in global peripherer Lage ausschließlich für den Export: steigende (Energie-)Preise für den Transport nach Nordamerika und Europa, sich änderndes ökologisches Bewusstsein auf Seiten der Importeure/Verbraucher

Stärken:

- Im weltweiten Vergleich sehr niedrige Produktionskosten (→ geringe Wasserkosten, Lohnniveau)
- Hohe Flächenerträge dank ganzjähriger Ernte
- Dominante Stellung Perus und Icas im weltweiten Spargelhandel
- Vollbeschäftigung in der Region

Biokraftstoff Ethanol – eine nachhaltige Alternative? (S. 45)

Aufgabe 1

- Steigerung der Maisproduktion in den USA seit 1980 um fast das Doppelte von 168,6 auf 313,9 Mio. t
- Zuwachsrate über drei Jahrzehnte relativ gleichmäßig; allerdings durch Beschränkung der Darstellung auf ausgewählte Einzeljahre keine Aussagen über Schwankungen möglich
- Ursprünglich wichtigster Verwendungszweck im Inland als Futtergetreide, ca. ein Drittel ging in den Export, wahrscheinlich auch als Futtergetreide; Ethanolproduktion spielte zu Beginn der 1980er-Jahre noch keine Rolle
- 1990 wurden rund 5 % der US-amerikanischen Maisernte für die Ethanolproduktion eingesetzt; Exportanteil ging auf 25 % zurück → Verwendung von Mais zu Futterzwecken stieg sowohl absolut als auch an
- Zur Jahrtausendwende war die anteilige Verwendung in etwa gleich, die Produktion war jedoch um ein Fünftel gestiegen
- 2011: weiter starke Zunahme der Produktionsmenge, Bedarf im Inland offenbar so groß, dass Export relativ und absolut zurückging; erheblicher Anstieg der Ethanolproduktion auf fast 45 % der Erntemenge, damit wurde mehr Mais für die Kraftstoffproduktion als für die Nahrungsmittelproduktion eingesetzt

Aufgabe 2

Wirtschaftliche Dimension:

- Ethanol als Biokraftstoff basiert auf einem nachwachsenden Rohstoff – quasi „unendlich“ verfügbar
- Trägt dazu bei, die Abhängigkeit der USA von den nicht-nachwachsenden Rohstoffen, hier Erdöl, zu senken
- Fossile Erdölvorräte werden geschont, reichen länger, Preisanstieg bei Erdöl und Erdölprodukten kann gedrosselt werden

Ökologische Dimension:

- Maispflanze nimmt beim Wachstum CO_2 auf und bindet den Kohlenstoff in Biomasse; bei Verwendung als Treibstoff wird dieser Kohlenstoff wieder freigesetzt – Biokraftstoffe gelten daher als weniger klimaschädlich bzw. „klimaneutral“
- M 2 zeigt, dass Biokraftstoffproduktion durch die Umwandlung von natürlichen Ökosystemen in Ackerflächen, bei der viel CO_2 in die Atmosphäre gelangt, nicht klimaneutral ist. Je nach Ausgangslage dauert es mehrere Jahrzehnte, bis dieser Effekt durch CO_2-Einsparungen durch die Biokraftstoffe wieder aufgewogen wird

- Beispiel Umwandlung von Grasland (Prärie) in Ackerflächen für Maisanbau: Zeit, um Kohlenstoffschuld zurückzuzahlen, beträgt fast 100 Jahre; bei brachliegenden Ackerflächen, die wieder neu in Nutzung genommen werden, nur 48 Jahre
- Maisproduktion ist diesbezüglich jedoch deutlich weniger klimaschädlich als die Erzeugung von Biodiesel aus Soja oder Palmöl, wo die Kompensation erst nach über 300 bzw. 400 Jahren erfolgt

Soziale Dimension:

- Preisanstieg bei Mais (und anderen agrarischen Rohstoffen) wird durch Kraftstoffproduktion gefördert, wirkt sich auf Lebensmittelpreise aus
- Besonders betroffen sind arme Menschen – Anstieg von Unter-/Mangelernährung, Hunger
- Konkurrenz zwischen „Teller und Tank" könnte zu genereller Lebensmittelknappheit führen

Madagaskar – touristische Entwicklung (S. 61 f.)

gabe 1

- Lokalisierung der Insel im Indischen Ozean vor der Küste von Südafrika und Mozambique, unter dem südlichen Wendekreis
- Ziele des Master Plans:
  - Deutliche Steigerung der jährlichen Touristenankünfte um mehr als 50 % gegenüber 2008 und annähernde Verzehnfachung der Einnahmen aus dem Tourismus
  - Annähernde Verdopplung der Hotelanzahl im Hochpreissegment
  - Entwicklung der touristischen Infrastruktur, ausgehend von den Regionen um Antananarivo und Nosy Be (mit den einzigen internationalen Flughäfen), dann in die durch überregionale (Asphalt-)Straßen an die Hauptstadt angebundenen Küstenregionen des Nordens und Nordostens (vgl. Atlas), schließlich in weitere Küstenregionen
  - Zusammenschluss mit anderen (etablierten) Tourismusdestinationen zu einem Verbund

gabe 2

Weitgehende Analogie zu Vorlaufers Modell:

- Expansionsphase:
  - Ausbreitung des Tourismus zur gebotenen wirtschaftlichen Entwicklung (vgl. niedriger HDI-Wert) des Landes (Erhöhung der Deviseneinnahmen, Schaffung neuer Arbeitsplätze),

- ausgehend von der Hauptstadt Antananarivo kontinuierliches Vordringen des Fremdenverkehrs in andere Landesteile
- Entstehung sekundärer Zentren im Norden (z. B. Nosy Be) und im Süden mit laut M 2 kurzfristigem Ausbau

- Konsolidierungsphase: mittel- und langfristig Ausweitung des Tourismus auf weitere Landesteile durch (in Analogie zu Vorlaufer) Ausbau der Verkehrs- und Beherbergunsinfrastruktur, effektiveres Marketing, die weitere Erschließung des Markts usw.
- Keine Hinweise auf Stagnation durch Marktsättigung
- Touristische Planung bis 2014 angesichts des Entwicklungsstandes des Landes (HDI) und der vorgesehenen Steuerentlastungen für touristische Einrichtungen äußerst optimistisch (z. B. hinsichtlich der kostenintensiven „Renovierung historischer Bausubstanz") und aufgrund stark gesunkener Touristenzahlen (als Folge politischer Unruhen) überholt

Sojaanbau in Brasilien – Entwicklungen und Folgen (S. 82 ff.)

Aufgabe 1

- Sojaanbau konzentriert sich im Wesentlichen auf Gebiete zwischen 10° und 30° s. Br. (Bereich der wechselfeuchten Tropen)
- Der Schwerpunkt des Anbaus liegt in den südlichen Landesteilen Brasiliens, wobei zwischen 1990 und 2011 v. a. in den nördlichen Gebieten der Sojaanbau ausgeweitet worden ist → landwirtschaftliche Flächen dringen also in den tropischen Regenwald vor
- Bis auf den Bundesstaat São Paulo sind die Anbauflächen in allen Bundesstaaten deutlich angestiegen
- Insgesamt: rapide Steigerung der Soja-Erntefläche seit 1990

Aufgabe 2

Sojabohnen werden in Monokulturen angebaut. Da zudem die Anbaugebiete immer weiter in den tropischen Regenwald vordringen, ergibt sich folgende Bewertung:

Positiv:

- Deckung der weltweiten Nachfrage der Nahrungsmittelindustrie
- Handelsüberschuss bringt Devisen
- Erschließung neuer Anbaugebiete schafft grundsätzlich zusätzliche Arbeitsplätze, auch wenn immer weniger Bauern benötigt werden

Negativ:

- Rodung des Regenwaldes
- Verdrängung der indigenen Bevölkerung

- Großgrundbesitz vernichtet kleinbäuerliche Betriebe
- Ausdehnung von Monokulturen
- Anbau von Cashcrops statt Foodcrops

Bei der Beurteilung ist das Soja-Moratorium positiv zu berücksichtigen:
- Stopp der Vernichtung der Regenwälder
- Inwertsetzung brachliegender Weideflächen

Agroindustrielle Produktion oder Ökolandbau? – Maisanbau in Mexiko zwischen zwei Strategien zur Ernährungssicherung (S. 103)

abe 1
- Mais spielt in Mexiko traditionell eine Schlüsselrolle für die Ernährung (Deckung von 50–70 % des Kalorienbedarfs) und für die heimische Landwirtschaft (über ein Drittel der Bauern sind Maisbauern)
- V. a. als Grundnahrungsmittel konsumiert, Rolle als Futtermittel sekundär
- Trotz Modernisierungsansätzen im Anbau niedrige durchschnittliche Flächenerträge (1,5–3,3 t/ha)
- Importe nötig in Höhe von 25–35 % der Eigenproduktion

abe 2

Agroindustrieller Maisanbau

- Vorteile: Ausweitung des agroindustriellen Anbaus von Hybridmais könnte Flächenerträge und damit den Selbstversorgungsgrad erhöhen und Erzeugerpreise senken, weltweite Nachfrage nach Mais wächst u. a. durch Verwendung für Biokraftstoff-Produktion, gute Absatzmöglichkeiten, Wachstumsmarkt
- Nachteile: Ökologische Nachteile der Monokulturen für Natur- und Umwelt durch Pestizideinsatz und Überdüngung, nur für ertragreiche Böden und bewässerte Flächen geeignet, Aussterben traditioneller Sorten, Vorschub für den Anbau umstrittener gentechnisch veränderter Sorten, zunehmende Abhängigkeit von ausländischen Düngemittel- und Saatgutherstellern, Fortschreiten der Konzentrationsprozesse, Verdrängung der Kleinbauern

Ökologischer Landbau

- Vorteile: Weit verbreitetes agrar-ökologisches Milpa-System mit vielen Elementen des ökologischen Landbaus wie Mischkultur, organische Düngung, Bodenbedeckung, geschlossener Nährstoffkreislauf begünstigt die Umstellung; Chance auf Marktanbindung für Kleinbauern durch Export zertifizierter Ökoprodukte v. a. innerhalb der NAFTA; Erhalt der traditionellen Maissorten als genetisches Reservoir; Schutz von Natur und Umwelt; Erzeugung gesünderer Nahrung auch für die Selbstversorgung

- Nachteile: Mais ist nur eines von vielen Produkten in den Mischkulturen, geringes Potenzial zur Steigerung der Maisproduktion bei steigendem Bedarf, weiterhin Abhängigkeit von Auslandsimporten mit entsprechenden Preisschwankungen für große Teile der Bevölkerung, Ökomarkt ist bisher zu 90 % Exportmarkt, traditionelle Maissorten sind jedoch (noch) kein Exportprodukt; Ökomarkt als „Nische" bietet begrenzte Entwicklungsperspektiven

Strukturwandel einer Altindustrieregion – Smartville in Hambach (S. 125)

Aufgabe 1

- Wirtschaftliche Situation ist Ende der 1990er-Jahre geprägt durch einen starken Rückgang der Anzahl der Beschäftigten und der Produktion im Kohlen- und Eisenerzbergbau sowie in der Stahlindustrie
- Situation kann mit Kohle- und Stahlkrise erklärt werden
- Lothringen befindet sich in einem tiefgreifenden strukturellen Wandel (Deindustrialisierung)

Aufgabe 2

Standortfaktoren:

- Grenznahe Lage zu den lothringischen, elsässischen, luxemburgischen und deutschen Kern- und Agglomerationsräumen im Städtedreieck Metz–Saarbrücken–Straßburg
- Gute Verkehrsanbindung (A 4 von Metz nach Straßburg, Eisenbahnlinie)
- Flächen- und Personalverfügbarkeit aufgrund des Niedergangs der lothringischen Montanindustrie
- Qualifikation und Flexibilität der Arbeitskräfte aufgrund der Ähnlichkeit des Arbeitsplatzprofils in der Eisen-/Stahlindustrie bzw. der Automobilindustrie
- Agglomerationsvorteile, u. a. durch die Nähe zu deutschen und französischen Zulieferern und Logistikunternehmen
- staatliche Subventionen aufgrund der Strukturschwäche Lothringens

Produktionskonzept: Der Produktionsprozess von Smart ist innovativ, sehr produktiv und senkt die in der Herstellung auftretende Fehleranfälligkeit durch

- geringe Fertigungstiefe,
- Just-in-time-Produktion,
- Teamarbeit, Eigenverantwortung,
- modulare Produktion,
- Outsourcing.

Die Produktivitätssteigerung bedeutet aber auch einen Rückgang der Beschäftigtenzahlen, da durch die oben genannten Veränderungen im Produktionsprozess Arbeitskräfte eingespart werden können.

Die Eisenbahnmagistrale Paris – Budapest – eine Magistrale für Europa (S. 147)

abe 1
- Schaffung einer großräumigen, 1 382 km langen Achse von Westen nach Osten durch Mitteleuropa
- Verbindung wichtiger europäischer Städte wie Paris, München, Wien, Bratislava und ggf. Budapest
- Große Teile der Strecke sind für Hochgeschwindigkeitszüge geplant, Lücken bleiben z. B. zwischen Nancy und Karlsruhe und zwischen München und Salzburg; die meisten Teilabschnitte werden bis 2012 fertiggestellt
- Die Baumaßnahmen umfassen insgesamt einen Zeitraum von 14 Jahren und kosten ca. 13,6 Mrd. Euro

abe 2 **Funktion:**
- Die Ost-West-Eisenbahnachse stärkt den Verkehr und damit die wirtschaftliche Verbindung von West- und Osteuropa über die ehemalige Grenze des Eisernen Vorhangs hinweg bis Bratislava oder sogar Asien. Damit wird/werden
  - die Integration der östlichen EU-Länder gefördert,
  - ein Grundstein für Markterschließung Richtung Russland/Asien gelegt,
  - der Personen- und Warenbeförderungsweg zwischen den wirtschaftlichen Kernräumen Paris, München und Wien/Bratislava gestärkt,
  - die Möglichkeiten der Kooperation zwischen ohnehin kooperierenden Ländern Frankreich – Deutschland – Österreich beschleunigt.
- Durch eine starke Fahrtzeitreduktion bildet die Bahn zunehmend eine Alternative zum Flugzeug
- Verbesserung der Verkehrsanbindung und der Reisezeiten für die großen an der Strecke liegenden Ballungsräume

Mögliche Probleme:
- Hoher Aufwand und Kosten stehen möglicherweise nicht im Verhältnis zu Zeitersparnis und wirtschaftlichem Nutzen
- Gelingt eine Teilstrecke nicht, ist das gesamt Projekt gefährdet
- Widerstand der Bevölkerung in Bezug auf Teilstrecken, wie in der Vergangenheit zwischen Stuttgart und Ulm

Zweibrücken – Konversion eines ehemaligen Militärstandorts (S. 163)

abe 1
- Lage: etwa 7 km südlich von Zweibrücken, inmitten des Städtedreiecks Saarbrücken – Kaiserslautern – Karlsruhe, in Rheinland-Pfalz an der Grenze zum Saarland und zum französischen Lothringen

- Nutzung des Geländes nach dem Abzug der amerikanischen Luftwaffe durch
  - einen (zivilen) Regionalflughafen im Süden
  - Industrieflächen im Nordwesten
  - einen Multimedia-Internet-Park mit Gründungs- und Technologiezentrum im Norden
  - Deutschlands größtes Factory Outlet Center
  - einen Freizeitpark mit vielfältigen Angeboten im Osten

Aufgabe 2
- Deindustrialisierung der Region mit einem Wegfall traditioneller Industrien (Bekleidung, Leder) seit 1980 und politischer Wandel in den 1990er-Jahren → Notwendigkeit einer wirtschaftlichen Neuorientierung
- Einleitung von Tertiärisierungsprozessen mit staatlicher Förderung:
  - Ansiedlung eines Clusters aus Betrieben mit Bezug zum Flughafen, offenbar mit deutlichen Beschäftigungseffekten für Firmen im Umfeld; Synergieeffekte für den Flughafen
  - Einrichtung eines Technologie- und Gründungszentrums für Firmen aus dem Multimedia-Bereich → Bedeutung des Informationssektors (vgl. „Informationsgesellschaft" für hochwertige Dienstleistungsarbeitsplätze
  - In den Freizeiteinrichtungen des Konversionsgeländes (Eissporthalle, Minigolf, Gastronomie, …) demgegenüber v .a. „klassische" Dienstleistungsberufe (z. B. Hallenwart, Kellner)
  - Divergierende Entwicklung innerhalb des tertiären Sektors: tertiärwirtschaftliche Arbeitsplätze für Beschäftigte mit geringer (Kellner, Kassiererin an der Bowlingbahn usw.) und hoher Qualifikation (Luftfahrtingenieur, Software-Entwicklerin)
  - Errichtung eines großen Factory Outlet Centers am Stadtrand → Gefahr: Schwächung der Citystandorte, vgl. Anteil der Käufer aus dem Umland
  - Wechselseitige Stärkung Factory Outlet Center – Freizeitpark

„Leben auf großem Fuße?" – der Wasser-Fußabdruck Deutschlands (S. 182)

Aufgabe 1 **Konzept:**
- Wasser-Fußabdruck als Instrument zur Bestimmung und Veranschaulichung des Wasserverbrauchs, v. a. auf Länderebene
- Hier fließt nicht nur der direkte Wasserverbrauch in Industrie und Privathaushalten ein, sondern auch das verborgene, d. h. „virtuelle" Wasser, das zur Bereitstellung von Gütern und Dienstleistungen benötigt wird

Wasser-Fußabdruck Deutschlands:

- Mit Waren wird auch virtuelles Wasser importiert, deshalb wird die Hälfte des Wasser-Fußabdrucks im Ausland erzeugt (= externer Wasserverbrauch)
- Wasserverbrauch in der Landwirtschaft macht fast drei Viertel des Wasser-Fußabdrucks aus, rund 23 % entfallen auf die Industrie; Anteil der Privathaushalte spielt vergleichsweise geringe Rolle
- Externer Wasserverbrauch in der Landwirtschaft > 50 %; bei pflanzlichen Produkten wird mehr virtuelles Wasser importiert als im Inland aufgewendet wird; umgekehrte Bilanz bei tierischen Produkten, die auch insgesamt einen geringeren Anteil am Gesamtwasserverbrauch in der Landwirtschaft haben

abe 2

- Senkung des internen Wasserverbrauchs dient v. a. dem Trinkwasserschutz; Maßnahmen: sparsamer Umgang mit Wasser in der Industrie durch möglichst geschlossene Kreisläufe bei Kühl- und Brauchwasser, Einsatz wassereffizienter Produktionsmethoden; sparsamer Umgang mit Wasser in privaten Haushalten wichtig für Bewusstsein, rein quantitativ weniger wirksam; hier Verzicht auf Gartenbewässerung, Duschen statt Wannenbad, Sparspülung bei Toiletten, sparsame Waschmaschinen etc.
- Import virtuellen Wassers aus Ländern mit Wasserknappheit ist ökologisch und sozial bedenklich, hier größerer Handlungsbedarf; Maßnahmen: Verantwortungsbewusstes und informiertes Konsumverhalten besonders bei landwirtschaftlichen Erzeugnissen, z. B. Ausweichen auf andere Herkunftsregionen, Bevorzugung heimischer Produkte, Kauf von Produkten mit anerkannten Öko-Zertifikaten, Reduzierung des Konsums, Kauf langlebiger und recycelbarer Produkte, Wegwerfen von Lebensmitteln durch Einkauf passender Mengen und rechtzeitigen Verbrauch vermeiden

Bundesland Brandenburg – „Braindrain“ nach Berlin? (S. 202 f.)

abe 1

- Land Brandenburg hat fast 1 Mio. Einw. weniger als die Hauptstadt Deutschlands
- In Brandenburg laut Prognose bis 2030 Verlust von über 200 000 Einw., in Berlin Zunahme um ca. 380 000 Einw.
- Abnahme bedingt durch eine zu geringe Fertilitätsrate – als ein allgemeiner Trend im generativen Verhalten von Frauen in Deutschland – und einen negativen Wanderungssaldo
- Migrantenanteil Brandenburgs (5,2 %) im Vergleich zu Berlin (24,8 %) gering
- Durchschnittsalter in Brandenburg (Indikator für den Prozess der Überalterung) mit 46 Jahren über 3 Jahre höher als in Berlin

Aufgabe 2

- Deutliche Veränderung der Einw.-Zahlen in den Kreisen Brandenburgs 2008–2030, bedingt durch natürliche Bevölkerungsbewegungen und Wanderungen
- Steigende Bevölkerungszahlen in Potsdam, nur geringe Verluste in Havelland
- Deutliche Verluste an Einwohnern in den nördlichsten und südlichsten Kreisen Brandenburgs wie Uckermark oder Spree-Neiße, Frankfurt (Oder), Oberspreewald-Lausitz (> 20 % Rückgang)
- Alterspyramide von Schwedt (Kreis Uckermark) als Urnenform identifizierbar: geringer Anteil an Kindern und Jugendlichen, hoher Anteil an Personen über 65 Jahre; weitere Abnahme im Kreis Uckermark bis 2030 um über 25 %
- Im Vergleich dazu Besonderheiten in der Alterspyramide von Falkensee (Kreis Havelland): Ein höherer Anteil an Personen im Alter von 40–50 Jahren und ein deutlich geringerer Anteil an Personen im Alter von ca. 65–75 Jahren
- Kreise Havelland und Uckermark beispielhaft für wachsende und schrumpfende Regionen in Deutschland
- Lage der brandenburgischen Kreise zu Berlin als Auslöser für altersselektive Wanderungen:
  - Kreise wie Havelland in direkter Nähe zu Berlin mit Wanderungsgewinnen bedingt durch Familien- und Wohnungsmarktwanderung
  - Kreise wie Uckermark in räumlicher Distanz zu Berlin mit Wanderungsverlusten bedingt durch altersselektive Abwanderung
- Folge: Zunehmende Disparitäten bezogen auf die Bevölkerungsentwicklung zwischen den Kreisen in einem Bundesland

Die HafenCity Hamburg – Hamburgs Zukunft am Hafen? (S. 230)

Aufgabe 1

- Umwidmung ehemaliger Hafenflächen zu einer Mischnutzung aus Wohnen und Arbeiten
- Einteilung in vier Quartiere mit unterschiedlichen vorrangigen Nutzungen aus den funktionalen Bereichen Wohnen, Arbeiten, Sich-Erholen
- Zentrale Lage an der Innenstadt, die um 40 % vergrößert wird
- Lage an Kanälen (ehemalige Hafenanlagen), die den Wohnwert steigern
- Eigener Stadtteil mit ca. 5 500 Wohnungen und 20 000 Arbeitsplätzen im tertiären Sektor
- Funktional voll ausgebautes Viertel mit Angeboten des Einzelhandels sowie für Freizeitgestaltung
- Touristischer Hot Spot aufgrund der Nähe zur Innenstadt, der Attraktivität sowie der Angebote aus Kultur und Gastronomie
- Lebendiges Viertel, auch durch den Kreuzfahrt-Tourismus

gabe 2
- Nutzung von innerstädtischen Freiflächen ist im Sinne einer kompakten Stadt sowie einer Revitalisierung der Innenstadt wünschenswert
- Stadterneuerung in der Innenstadt fördert den Erhalt von Freiflächen an der Peripherie
- Durch den kompletten Neubau kann bereits bei der Planung Nachhaltigkeit Berücksichtigung finden
- Verringerung des privaten Verkehrs ist aufgrund des Ausbaus von öffentlichen Verkehrsmitteln und der damit verknüpften Anbindung an die verschiedenen Stadtteile möglich = stadtverträgliche Verkehrsplanung
- Der Erhalt des Einzelhandels wird nicht nur im neuen Stadtviertel, sondern im gesamten Innenstadtbereich als Leitfunktion gefördert
- Funktionale Mischung statt Trennung entlastet von weiten Wegen und fördert damit eine umweltverträgliche Mobilität

Welthandel – inter- und intraregionale Warenströme (S. 248)

gabe 1
- Eindeutige Dominanz der Staaten der Triade beim Welthandel
- Spitzenplatz Europas beim Welthandel mit ca. 5,5 Bill. US-$
- Größter Binnenmarkt EU mit 71 %
- Übergewicht des Intrahandels auch in der Region Asien/Pazifik (ASEAN)
- Ungleichgewicht der Import- und Exportströme zwischen den Mitgliedern der Triade

gabe 2
- Wirtschafts- und handelsmäßige Begünstigung derjenigen Staaten, die Mitglied eines großen Wirtschaftsbündnisses wie EU, NAFTA oder ASEAN sind
- Dominierende Bedeutung des jeweiligen Binnenhandels innerhalb der einzelnen Wirtschaftsbündnisse aufgrund wegfallender Handelshemmnisse
- Überdurchschnittlicher Warenaustausch (Im-/Export) der Triade-Mitglieder bei unterschiedlichen bilateralen Bilanzen als Ergebnis fortgeschrittener Entwicklung, internationaler Arbeitsteilung und regionaler Spezialisierung
- Geringes Handelsvolumen der Staaten Lateinamerikas, Afrikas, des Mittleren Ostens und der GUS-Staaten u. a. aufgrund wirtschaftlichen Rückstandes und fehlender Mitgliedschaft in Wirtschaftsbündnissen

Europa – auf dem Weg zur wirtschaftlichen Einheit? (S. 273 f.)

gabe 1
- Deutliche Einkommensunterschiede (BNE/Einw.) zwischen max. 76 710 und min. 6 060 € im Jahr 2009

- Deutlich unterschiedlicher Anteil der arbeitslosen Bevölkerung 2010: nur 4,4 % in Österreich oder je 4,5 % in Luxemburg und den Niederlanden, hingegen hoher Arbeitslosenanteil in den baltischen EU-Mitgliedsstaaten (zwischen 16,9 und 18,7 %)
- Weiterhin überdurchschnittlich hoher Anteil der in der Landwirtschaft Beschäftigten in Staaten wie Bulgarien (14,7 %) oder Rumänien (19,1 %), hingegen hoher Anteil der in der Tertiärwirtschaft Beschäftigten in postindustriellen Gesellschaften wie Frankreich (77,3 %) oder Großbritannien (79,4 %)
- In Korrelation zur Beschäftigtenstruktur hoher Verstädterungsgrad in Staaten mit hohem Anteil der im tertiären Sektor Beschäftigten wie Frankreich (78 % städtische Bevölkerung) oder Großbritannien (90 %), im Unterschied zu weiterhin stärker landwirtschaftlich geprägten Staaten wie Rumänien (54 % städtische Bevölkerung)

Aufgabe 2

- Große regionale Disparitäten zwischen den EU-Mitgliedsstaaten erfordern eine Steuerung der weiteren Entwicklung durch die EU
- Ziel der Regionalpolitik: den wirtschaftlichen und sozialen Zusammenhalt der EU-Staaten untereinander zu fördern und die Unterschiede im Entwicklungsstand nach und nach zu verringern
- Steigerung der „Konvergenz“: Förderwürdig sind die im Rahmen der Osterweiterung beigetretenen Staaten wie Polen (22 176 Mio. €), Tschechien (8 819), Ungarn (8 642) sowie Portugal (17 133) und Spanien (21 054 – Kohäsionsfonds und Konvergenzmittel); ferner Altindustriegebiete im Strukturwandel in Deutschland (11 864), Frankreich (3 191), Großbritannien (2 738) und Italien (21 211 – Konvergenzmittel); zudem Regionen, die bei Anlegung des EU-15-Durchschnitts förderwürdig gewesen wären (Phasing-out-Gebiete) wie Griechenland (6 458) oder Deutschland (4 215)
- Steigerung der „Regionalen Wettbewerbsfähigkeit und Beschäftigung“: Förderwürdig sind Regionen, die zum Zeitpunkt des vorherigen Förderzeitraums 2000–2006 Empfänger von Ziel 1-Fördermitteln waren, v. a. Altindustrieregionen in Deutschland, Frankreich, Großbritannien, Italien sowie Phasing-in-Staaten wie Spanien oder Ungarn
- Förderung der „Europäischen territorialen Zusammenarbeit“: Hierzu zählen Gebiete wie die Euregios, in denen transregionale und internationale Zusammenarbeit stattfindet, welche der nachholenden Entwicklung rückständiger Gebiete dient sowie der Vertiefung des europäischen Zusammenhalts

Stichwortverzeichnis

Quellennachweis

Umschlagbild: © dpa-Report (Niger – Hirse wird aufbereitet); **1:** Photo courtesy of USDA Natural Resources Conservation Service; **3:** http://wiki.bildungsserver.de/klimawandel/index.php/Desertifikation_Arbeitsblatt_1; CC-by-SA 2.0 Deutschland; **4/5:** Bernhard Mühr, www.klimadiagramme.de (Assuan), eigene Darstellung (Rest); **6:** Photo courtesy Tim McCabe, USDA/NRCS; **7:** nach Daten von FAOCLIM2 und www.weatheronline.in; **8:** Datengrundlage: N. C. Thank u. a. (Hg.): Environmentally-sound Water Management, Bombay/Calcutta 1990; Quelle: Barandat, J.: Prognosen 1990er u. Fortschreibung der Trends 2011, Vortrag 21. 09. 12, Planungsbauamt der Bundeswehr, Berlin; **9:** © Aquastat/FAO; **12:** nach Bender, H.-U./Kümmerle, U./v. d. Ruhren, N./Thierer, M./Wallert, W.: Fundamente Landschaftszonen, Stuttgart 1986, S. 70, verändert; **14:** Fouad Ibrahim, Institut für Geowissenschaften der Universität Bayreuth; **15:** Darstellung nach Daten von CAPMAS, Statistical Yearbooks and Census, Arab Republic of Egypt, Cairo und Schätzung ab 2006 nach Ibrahim, F., Ägypten, Darmstadt: WBG 2006; **17:** © SW Breckle in Ecological Studies No. 218, „Aralkum – a man made desert", Springer Verlag Heidelberg/Berlin 2009, S. 30 ff.; **20:** picture-alliance/dpa; **23:** © imago/Larry Mc Dougal; **24:** www.agenda21-treffpunkt.de; **26:** nach Reus, A./v. d. Ruhren, N. (Hg.): Fundamente, Geographie Oberstufe, Stuttgart/Leipzig: Klett 2008, S. 156; **27:** Green economies around the world? © Monika Dittrich and Stefan Giljum, 2012, all rights reserved, S. 21 (oben); www.materialflows.net/images/stories/global_resource_extraction_2005-2030.jpg (unten); **29:** Center for Security Studies (CSS), ETH Zürich; **30:** nach Daten von IEA 2012 New Policies Scenario in DERA Energiestudie 2012; **33:** Fachagentur Nachwachsende Rohstoffe e. V. (FNR); **36:** nach Blacksmith Institute: Annual Report 2010, New York, S. 9; **39:** picture alliance/landov; **41:** Fouad Ibrahim, Institut für Geowissenschaften der Universität Bayreuth; **43/44:** Wissenschaftlicher Beirat der Bundesregierung/WBGU: Welt im Wandel – Herausforderungen für die deutsche Wissenschaft. Jahresgutachten 1996, Springer Verlag, Berlin 1996, S. 121 und 141; **45:** Darstellung nach Bastianin, Galeotti and Manera: Corn and ethanol prices, shares of fuel, food and export uses, 2013, Daten von http://faostat.fao.org (oben); Darstellung nach Fargione, J./Hill, J./Tilman, D./Polasky, S./Hawthorne, P.: „Land clearing and the biofuel carbon debt", in: Science, 2008, Nr. 319, S. 1235-1238 (unten); **47:** © Goran Bogicevic – Dreamstime.com; **49:** FUR, Reiseanalyse; **50:** www.stiftungfuerzukunftsfragen.de; **51:** Zusammenstellung nach Daten von dwif-Consulting (oben); Zusammenstellung nach Daten von diversen touristischen Verbänden und Instituten (unten); **53:** nach Butler, R. W.: Concept of a tourism area cycle of evolution: Implications for a management of resources. In: Canadian Geographer 24, 1980 (verändert); **58:** Vorlaufer, K.: Tourismus in Entwicklungsländern. Darmstadt: WBG 1996, S. 198 f.; **60:** Hömme, Job und Lanbrecht 1995; in: Becker, C./Job, H./Witzel, A.: Tourismus und nachhaltige Entwicklung, Darmstadt 1996, S. 144; **61/62:** Zusammenstellung aus Tourism Masterplan for Madagascar with focus on eco-tourism by ITO (Switzerland), Government Republic of Madagascar, CIA World Factbook; **63:** © Claas.com; **64:** FAO Statistical Yearbook 2013, S. 129, www.fao.org/docrep/018/i3107e/i3107e00.htm; **65:** www.biologie.uni-hamburg.de/b-online/d57/57a.htm, © Michael Pidwirny; **69:** eigene Darstellung und Übersetzung nach Waugh, D.: Geography: An Integrated Approach. Walton-on-Thames, Surrey, UK, 1995, S. 421; **70:** Neumann, J./Koch, R./Jeschek, S. (Hg.): Mensch und Raum Geographie Oberstufe, Ergänzungsband, Cornelsen, S. 27; **71:** Richter, D.: Geographie 1 kurz und klar. Wolfenbüttel 1991, S. 133; **74:** Neumann, J./ Kron, E. (Hg.): Mensch und Raum Geographie, Bd. 7/8, Cornelsen, Berlin 2008, S. 85 (Text/Karte); Statistics Netherlands (Tabelle); **76:** USDA, NASS: Agricultural Statistics, verschiedene Jahrgänge; USDA, NASS: Quick Stats; **77:** nach Kümmerle, U./v. d. Ruhren, N.: Fundamente Kursthemen Dritte Welt, Entwicklungsräume in den Tropen. Stuttgart: Klett 1990; **80:** NASA/Goddard Space Flight Center; **82:** www.sidra.ibge.gov.br; **83:** Lambert, T./Forschungs- und Dokumentationszentrum Chile-Lateinamerika e. V., http://land-grabbing.de/triebkraefte/futtermittel/sojaproduktion-in-lateinamerika/ (M 2); Nádia Pontes, Deutsche Welle 21. 1. 2013 (M 3); **85:** © imago/xinhua; **87:** nach Daten der FAO in: Grethe, H./ Dembélé, A./Nuray, D. (Institute of Agricultural Policy and Markets Food Security Center, Universität Hohenheim): How to feed the world's growing billions? Understanding FAO world food projections and their implications. Studie im Auftrag von WWF Deutschland und der Heinrich-Böll-Stiftung, 2011, S. 23; **88:** FAOSTAT © FAO Statistics; **90:** FH-SWF, Agrarwirtschaft Soest, Fundort: Hensche, H.-U. u. a., Cluster Agribusiness – ein starkes Stück der deutschen Volkswirtschaft! 2011, S. 2, veröffentlicht unter www4.fh-swf.de/media/downloads/fbaw_1/download_1/hensche/hensche_1/kurzfassungderstudieclusteragribusiness.pdf; **91:** Jürgen Neumann; **92:** nach www.transgen.de/anbau/flaechen_international/189.doku.html auf Basis offizieller US-Agrarstatistiken; **95:** IAASTD/UNEP/GRID-Arendal, K. Berger; **100/101:** © Bundesministerium für Ernährung, Landwirtschaft und Verbraucherschutz, www.bmelv-statistik.de; **102:** nach Daten von FiBL, IFOAM and SOEL 2000-2011; **103:** IFAD © 2005-2009 (Zahlen); Gänz, P.: Ökologische Kleinbauernwirtschaft als Beitrag zur Ernährungssicherheit in Mexiko. Eine Studie zur Kampagne „Fair ernährt mehr!" von Naturland e. V. und Weltladen Dachverband, 2011, veröffentlicht unter www.naturland.de/fileadmin/MDB/documents/Ueber_Naturland/Mais_Studie_End2011.pdf, S. 11 f. (Text zur Milpa-Wirtschaft); **105:** © imago/blickwinkel; **107:** Schätzl, L.: Wirtschaftsgeographie 1 Theorie. Paderborn: Schöningh 2003, S. 40–42; **110:** Grabow, B./Henckel, D./Hollbach-Grömig, B.: Kontinuum der harten und weichen Standortfaktoren, Stuttgart: W. Kohlhammer Verlag 1995; **112:** Schätzl, L.: Wirtschaftsgeographie der europäischen Gemeinschaft. Paderborn: Schöningh 1993, S. 28 (unten); **117:** Statistisches Bundesamt, Wiesbaden 2013; **120:** RAG AG, www.rag.de; **121:** Stadt Bottrop; liz. gem. CC-by-SA (Foto); IBA (Logo); **122:** Edwin Juran, Oberhausen (Foto rechts); duisport, Duisburger Hafen AG, Duisburg (Foto links); **124:** Audi AG; **125:** Pletsch, A.: Frankreich. Darmstadt: WBG 2003, S. 290 (M 1); **127:** © Fraport AG; **128:** zusammengestellt nach WTO (Statistiken auf www.wto.org) und Daten des IWF 2013; **129:** Busse, M.: HWWA Discussion Paper Nr. 116. BDI: Außenwirtschafts-Report 04/2002. CC-by-nc-nd/3.0/de, Bundeszentrale für politische Bildung (2009), http://www.bpb.de/files/YFCXFT.pdf, ergänzt nach Daten von UNCTAD; **130:** Hauchler, I./Messner, D./Nuscheler, F. (Hg.): Globale Trends 2004/2005. © Fischer Taschenbuch Verlag in der S. Fischer Verlag GmbH, Frankfurt/Main 2003, S. 216 f., Darstellung nach Daten von Hafen Hamburg Marketing e. V.; **131:** © WSA Hamburg/HPA (Grafik: fraujansen kommunikation); **132:** nach www.raonline.ch/edu_ecoindex 02.html; **133:** nach Daten von Hafen Hamburg Marketing e. V.; **134:** PR Plus AG; **135:** eigene Zusammenstellung nach www.oagtravel.com/Guides/Airline-Alliances (oben); eigene Zusammenstellung nach www.destatis.de (unten); **136:** Darstellung nach Coyle, J.J./Bardi, E.J./Novack, R.A.: Transportation, West Publishing Company, New York 1994, 4. Aufl., S. 402 (oben); Allianz pro Schiene auf Basis von BMVBS (Hg.): Verkehr in Zahlen 2011/2012 und Statistisches Bundesamt v. 07. 02. 2013 (unten); **137:** UIC 2010; **138:** DIW Berlin, Statistisches Bundesamt, Wiesbaden 2012 (oben); Bundesamt für Verkehr BAV (Schweiz) © BFS (unten); **139:** © UPI; http://www.upi-institut.de/upi35.htm; **140:** nach Daten von IFEU, Institut für Energie und Umweltplanung (rechts); Wasser- und Schifffahrtsverwaltung des Bundes, www.wsv.de/Schifffahrt/Binnenschiff_und_Umwelt/index.html (links); **141:** Heineberg, H.: Einführung in die Anthropogeographie/Humangeographie, 3., überarb. und akt. Auflage 2007, Paderborn: Schöningh, UTB 2445; **142:** Süddeutsche Zeitung vom 22. 03. 2010; **143:** TrendONE GmbH; **146:** eigene Darstellung nach www.internetworldstats.com, © 2012 Miniwatts Marketing Group; **147:** Initiative Magistrale für Europa (M 1); eigene Zusammenstellung (M 2); **149:** © environmantic/istockphoto.com; **150:** http://de.wikipedia.org/w/index.php?title=Datei:Fourastie.png&filetimestamp=20051009025335, public domain (oben); eigene Darstellung, Datengrundlage: Destatis (unten); **151:** CIA World Factbook; **152:** Destatis; **156:** eigene Zusammenstellung nach Angaben der jeweiligen Städte; **157:** © imago/Hans Blossey; **159:** Paesler, R.: Stadtgeographie. Darmstadt: WBG 2008, S. 66; **160:** Stadt Leipzig, Cluster Automobil- und Zulieferbetriebe, Leipzig 2008 (Grafik); **161:** nach http://eb.virtuelle-fabrik.com (Grafik); **163:** nach Zweckverband Entwicklungsgebiet Flugplatz Zweibrücken (M 1); Rheinland-pfälzisches Ministeriums für Wirtschaft, Klimaschutz, Energie und Landesplanung; www.mwvlw.rlp.de/icc/internet/nav/fe7/broker.jsp?_ic_output=dcontentstartat&uCon=3215612d-ce9b-821d-843f-7a65e1df7d18&SP_fontsize=0&uTem=aaaaaaaa-aaaa-aaaa-aaaa-000000000012&uMen=fe770101-a350-6401-a3b2-1714462b74cf (M 2); **165:** Neusser Eine-Welt-Initiative e. V.; **166:** Darstellung nach IBP Fraunhofer Institut für Bauphysik; **167:** nach Daten des Bundesumweltamtes; **168:** zitiert nach Schmidt-Bleek, F.: Nutzen wir die Erde richtig? Fischer Taschenbuch Verlag, 2007, S. 230 (Text); © Wuppertal Institut/VisLab 2001 (Grafik); eigene Berechnung nach ÖKO-Test Spezial Umwelt und Energie 2008, S. 93 (Tabelle); **170/171:** Global Footprint Network: National Footprint Accounts, 2012 Edition; p. 6; **175:** August, D./Geiger, M./Sonnenberg, A.: Der Wasser-Fußabdruck Deutschlands. Hg. von WWF Deutschland, Frankfurt am Main, 2009, S. 9 (oben); Chapagain, A. K/Hoekstra, A. Y. (2004): Waterfootprints of Nations. Volume I: Report. UNESCO-IHE, Delft, S. 42 (unten); **177:** zusammengestellt und aktualisiert nach Brameier, U.: Fairer Handel – alles andere ist kalter Kaffee. In: TransFair e. V./Fachzeitschrift Praxis Geographie, Bildungshaus Schulbuchverlage Westermann, Daten von Transfair; **178:** Alle

Rechte Transfair e. V.; **179:** verändert nach www.fairtrade-deutschland.de/ueber-fairtrade/fairtrade-standards.html; **180:** TransFair – Fairtrade Deutschland (Hg.): Fairtrade bewegt – TransFair-Jahresbericht 2010/11, S. 4; **181:** Transfair e. V.; **182:** August, D./Geiger, M./Sonnenberg, A.: Der Wasser-Fußabdruck Deutschlands, hg. von WWF Deutschland, Frankfurt am Main, 2009, S. 11 f.; **183:** Deutsche Stiftung Weltbevölkerung; **184:** nach Daten von UN, US Census; **185:** nach Daten von Population Division of the Department of Economic and Social Affairs of the United Nations Secretariat (2013), World Population Prospects: The 2012 Revision, New York: United Nations (oben); nach Daten von Deutsche Stiftung Weltbevölkerung, Länderdatenbank (unten); **186:** eigene Darstellung, Datengrundlage: World Population Data Sheet 2012, www.prb.org; **188:** Statistisches Bundesamt, Wiesbaden 2013; **190:** Statistisches Bundesamt, Wiesbaden 2013; **191:** eigene Darstellung, Datengrundlage: World Population Data Sheet 2012, www.prb.org; **193:** eigene Darstellung, Datengrundlage: World Population Data Sheet 2012, www.prb.org; **196:** Population Division of the Department of Economic and Social Affairs of the United Nations Secretariat (2013), World Population Prospects: The 2012 Revision. New York: United Nations; **198:** Darstellung auf Basis von Kuls, W., Bevölkerungsgeographie, Stuttgart: Klett 1993, S. 138 f.; **199:** Dr. Schloemer, C.; BBR, www.bbr.bund.de; **200:** Daten: Statistisches Bundesamt, Wiesbaden 2013; Berechnungen und grafische Darstellung: BiB; **201:** verändert nach Le Monde Diplomatique, Atlas der Globalisierung, 2. Aufl. 2010, S. 17; **202:** zusammengestellt nach Daten von Amt für Statistik Berlin-Brandenburg 2012 (M 1); © Berlin-Institut für Bevölkerung und Entwicklung (M 2); **203:** zusammengestellt nach Daten von Amt für Statistik Berlin-Brandenburg 2012 (M 3); **205:** Dr. Ulrich Theißen; **207:** TERRA global – Das Jahrtausend der Städte. Stuttgart: Klett Verlag, S. 17; **210:** Darstellung nach Lichtenberger, E.: The Nature of European Urbanism, 1970 (oben); Darstellung nach Stewig, R.: Die Stadt in Industrie- und Entwicklungsländern. Paderborn: Schöningh, 1983 (unten); **213:** © Heinz Schikora; **217:** Borsdorf, A./Bähr, J./Janoschka, M., 2002: Die Dynamik stadtstrukturellen Wandels in Lateinamerika im Modell der lateinamerikanischen Stadt. In: Geographica Helvetica 57/4 (2002), S. 300–310; **220:** nach Ehlers, E.: Die Stadt des Islamischen Orients. Modell und Wirklichkeit. In: GR 45, H. 1/1993, S. 32–39; **222:** nach Burgess, E. W. 1925 (Kreismodell); Hoyt, H. 1936 (Sektorenmodell); Harris, C. D. und Ullman, E. L. 1945 (Mehrkernmodell); **227:** nach BBSR Bonn 2013, Datenbasis: Laufende Raumbetrachtung des BBSR, geometrische Grundlage: BKG/BBSR, Raumordungsregionen, 31. 12. 2011; **229:** Christaller, W.: Die zentralen Orte in Süddeutschland, Jena: WBG 1933, S. 71; **230:** HafenCity Hamburg GmbH: HafenCity Hamburg. Städtebau, Freiraum und Architektur. Hamburg 2008, S. 8 f. (M 1); Michael Korol, HafenCity Hamburg GmbH (M 2); **231** © HHM/M. Lindner; **232:** nach Daten der Weltbank 2013; **233:** nach Daten des IWF 2013; **234:** Auslandsinvestitionen in der Industrie. Ergebnisse der DIHK-Umfrage bei den Industrie- und Handelskammern, Berlin 2012, S. 12; **235:** Darstellung nach Kulke, E.: Räumliche Aspekte der wirtschaftlichen Globalisierung in Geographie und Schule 122, 199, S. 12, Aulis Verlag in der Stark Verlagsgesellschaft GmbH; **236:** Text nach Umweltinstitut München e. V., www.umweltinstitut.org/images/bedarf/hemd.gif; Foto: © Neckermann GmbH; **237:** UNCTAD 2011–2013; **239:** picture-alliance/dpa-infografik; **241:** Engelhard, K. (Hg.): Welt im Wandel. Stuttgart: Omnia-Verlag 2007, S. 5; **242:** Christoph Hein, Singapur (Frankfurter Allgemeine Zeitung vom 03. 01. 10); **243:** WTO 2013; **246:** Redaktion Ökonomie AG, Heinrich-Heine-Gymnasium Ostfildern; www.e-globalisierung.org/kapitel4/6/; **248:** Le Monde Diplomatique: Atlas der Globalisierung, Berlin (taz-Verlag) 2012, S. 33; **249** © Philippe Hallé/istockphoto.com; **252** Cartomedia, Karlsruhe; **254:** zusammengestellt nach Daten der statistischen Ämter und Fischer Weltalmanach 2013; **255:** nach Daten und Prognosen des IWF 2013; **257:** Arbeitskreis Volkswirtschaftliche Gesamtrechnungen der Länder, Berechnungsstand Frühjahr 2013 © Statistische Ämter des Bundes und der Länder; **258:** zusammengestellt nach Daten von Statistik der Kohlenwirtschaft, Köln, in DEBRIV 2013; **265:** eigene Darstellung, Datengrundlage: Eurostat 2011, Europäische Kommission (Frühjahrsprognose vom 13. 5. 2011); **260:** Philip Plickert, Frankfurter Allgemeine Zeitung vom 2. 10. 2010; **265:** eigene Darstellung, Datengrundlage: Eurostat 2011, Europäische Kommission (Frühjahrsprognose vom 13. 5. 2011); **268:** Kohäsionspolitik der EU 2014–2020. Vorschläge der Europäischen Kommission; **271:** Darstellung nach Werner, F.: Zur wirtschaftsräumlichen Struktur Osteuropas, Berliner Osteuropa Info Nr. 14, S. 16–18; **272:** Darstellung nach Prof. Klaus Kunzmann in: Kleine Atlas van de Metropool Ruhr, RVR Essen 2011, S. 16; **273:** Zusammenstellung nach EUROSTAT und den statistischen Ämtern der Mitgliedsstaaten; **274:** Datenbasis: EU-Kommission; http://ec.europa.eu/regional_policy/thefunds/funding/index_de.cfm#3; Zugriff am 05.12.11

Ihre Meinung ist uns wichtig!

Ihre Anregungen sind uns immer willkommen. Bitte informieren Sie uns mit diesem Schein über Ihre Verbesserungsvorschläge!

Titel-Nr.	Seite	Vorschlag

Lernen • Wissen • Zukunft
STARK

Bitte hier abtrennen

23-V1T_GW

Bitte ausfüllen und im frankierten Umschlag an uns einsenden. Für Fensterkuverts geeignet.

Zutreffendes bitte ankreuzen!

Die Absenderin/der Absender ist:

- ☐ Lehrer/in in den Klassenstufen: ____
- ☐ Fachbetreuer/in
  Fächer: ____
- ☐ Seminarlehrer/in
  Fächer: ____
- ☐ Regierungsfachberater/in
  Fächer: ____
- ☐ Oberstufenbetreuer/in
- ☐ Schulleiter/in
- ☐ Referendar/in, Termin 2. Staatsexamen: ____
- ☐ Leiter/in Lehrerbibliothek
- ☐ Leiter/in Schülerbibliothek
- ☐ Sekretariat
- ☐ Eltern
- ☐ Schüler/in, Klasse: ____
- ☐ Sonstiges: ____

Unterrichtsfächer: (Bei Lehrkräften!)

____

STARK Verlag
Postfach 1852
85318 Freising

Kennen Sie Ihre Kundennummer?
Bitte hier eintragen.

Absender (Bitte in Druckbuchstaben!)

Name/Vorname

Straße/Nr.

PLZ/Ort/Ortsteil

Telefon privat

Geburtsjahr

E-Mail

Schule/Schulstempel (Bitte immer angeben!)

Bitte hier abtrennen

(Bitte blättern Sie um)

Geschichte

Geschichte 1 – Industrialisierung und Soziale Frage, Nationalstaatsgedanke und Nationalismus, Kaiserreich, Imperialismus, Erster Weltkrieg, Weimarer Republik, Nationalsozialismus und Zweiter Weltkrieg .... Best.-Nr. 84763
Geschichte 2 – Deutschland nach dem Zweiten Weltkrieg, die bipolare Welt nach 1945, der Umbruch in der DDR und die Wiedervereinigung, die europäische Einigung, Wendepunkte des 20. Jahrhunderts .... Best.-Nr. 84764
Geschichte 1 – Bayern
Gesellschaft im Wandel (15.–19. Jh.) · Demokratie und Diktatur – Probleme der deutschen Geschichte im 20. Jh. ... Best.-Nr. 947818
Geschichte 2 – Bayern
Historische Komponenten europäischer Kultur und Gesellschaft · Konfliktregionen und Akteure internationaler Politik in historischer Perspektive .... Best.-Nr. 947828
Geschichte 1 – Baden-Württemberg, Veränderungen in Wirtschaft und Gesellschaft durch die Industrialisierung · Die demokratische und nationale Bewegung in der Auseinandersetzung mit dem Obrigkeitsstaat .... Best.-Nr. 84760
Geschichte 2 – Baden-Württemberg
Besatzungszeit und Teilung Deutschlands im Rahmen des Ost-West-Konflikts · Die staatliche Einheit · Die bipolare Welt nach 1945 .... Best.-Nr. 84762
Geschichte 1 – NRW
Nationalstaatsgedanke und Nationalismus · Kaiserreich · Industriealisierung und Imperialismus · Erster Weltkrieg · Weimarer Republik und nationalsozialistische Diktatur .... Best.-Nr. 54761
Geschichte 2 – NRW
Deutschland nach dem Zweiten Weltkrieg · Die bipolare Welt nach 1945 · Der Umbruch in der DDR · Wiedervereinigung · Europäische Einigung · Wendepunkte des 20. Jahrhunderts ... Best.-Nr. 54762
Grundlagen, Arbeitstechniken und Methoden – Geschichte .... Best.-Nr. 94789
Abitur-Wissen Die Antike .... Best.-Nr. 94783
Abitur-Wissen Das Mittelalter .... Best.-Nr. 94788
Abitur-Wissen Französische Revolution .... Best.-Nr. 947812
Abitur-Wissen Die Ära Bismarck: Entstehung und Entwicklung des deutschen Nationalstaats .... Best.-Nr. 94784
Abitur-Wissen Imperialismus und Erster Weltkrieg Best.-Nr. 94785
Abitur-Wissen Die Weimarer Republik .... Best.-Nr. 47815
Abitur-Wissen
Nationalsozialismus und Zweiter Weltkrieg .... Best.-Nr. 94786
Abitur-Wissen
Deutschland von 1945 bis zur Gegenwart .... Best.-Nr. 947811
Abitur-Wissen USA .... Best.-Nr. 947813
Abitur-Wissen Naher Osten .... Best.-Nr. 947814
Kompakt-Wissen Abitur Geschichte Oberstufe ..... Best.-Nr. 947601
Klausuren Geschichte Oberstufe .... Best.-Nr. 107611

Wirtschaft/Recht

Wirtschaft – Wirtschaftliches Handeln im Sektor Unternehmen · Wirtschaftliches Handeln im Sektor Ausland .... Best.-Nr. 84852
Wirtschaft – Bayern .... Best.-Nr. 94852
Sozialwissenschaften NRW .... Best.-Nr. 54801
Recht .... Best.-Nr. 94853
Abitur-Wissen Volkswirtschaft .... Best.-Nr. 94881
Abitur-Wissen Rechtslehre .... Best.-Nr. 94882
Kompakt-Wissen Abitur Volkswirtschaft .... Best.-Nr. 948501

Pädagogik/Psychologie

Pädagogik · Psychologie 1 .... Best.-Nr. 102482

Erziehungswissenschaft

Erziehungswissenschaft
Zentralabitur ab 2014 – NRW .... Best.-Nr. 54942

Kunst

Abitur-Wissen Malerei · Plastik · Architektur .... Best.-Nr. 949618
Abitur-Wissen Werkerschließung .... Best.-Nr. 949628
Kompakt-Wissen Abitur Kunst .... Best.-Nr. 949601

Ethik

Abitur-Wissen Philosophische Ethik .... Best.-Nr. 94952
Abitur-Wissen Glück und Sinnerfüllung .... Best.-Nr. 94953
Abitur-Wissen Freiheit und Determination .... Best.-Nr. 94954
Abitur-Wissen Recht und Gerechtigkeit .... Best.-Nr. 94955
Abitur-Wissen Religion und Weltanschauungen ... Best.-Nr. 94956
Abitur-Wissen
Wissenschaft · Technik · Verantwortung .... Best.-Nr. 94957

Religion

Katholische Religion 1 .... Best.-Nr. 84991
Katholische Religion 2 .... Best.-Nr. 84992
Katholische Religion 1 – Bayern .... Best.-Nr. 94994
Katholische Religion 2 – Bayern .... Best.-Nr. 94995
Abitur-Wissen Jesus Christus .... Best.-Nr. 94978
Abitur-Wissen Die Frage nach dem Menschen ...... Best.-Nr. 94990
Abitur-Wissen Die Bibel .... Best.-Nr. 94992
Abitur-Wissen Christliche Ethik .... Best.-Nr. 94993

Sport

Bewegungslehre · Sportpsychologie .... Best.-Nr. 94981
Trainingslehre .... Best.-Nr. 94982
Kompakt-Wissen Abitur Sport .... Best.-Nr. 949801

Alle so gekennzeichneten Titel sind auch als eBook über **www.stark-verlag.de** erhältlich.

Bestellungen bitte direkt an:
STARK Verlagsgesellschaft mbH & Co. KG · Postfach 1852 · 85318 Freising
Tel. 0180 3 179000* · Fax 0180 3 179001* · www.stark-verlag.de · info@stark-verlag.de
*9 Cent pro Min. aus dem deutschen Festnetz, Mobilfunk bis 42 Cent pro Min.
Aus dem Mobilfunknetz wählen Sie die Festnetznummer: 08167 9573-0

Lernen · Wissen · Zukunft
STARK

23-VIT_GW